2023

Abitur

Original-Prüfungsaufgaben
mit Lösungen

Gymnasium · Bayern

Mathematik

STARK

13. ergänzte Auflage
www.stark-verlag.de

Inhalt

Vorwort
Stichwortverzeichnis

Hinweise und Tipps zum Abitur

1 Ablauf der Prüfung I
2 Leistungsanforderungen und Bewertung IV
3 Methodische Hinweise und allgemeine Tipps zur schriftlichen Prüfung V
4 Hinweise zum CAS VI

Übungsaufgaben zum Prüfungsteil A ohne Hilfsmittel

Übungsaufgabe 1 (Analysis, Stochastik, Geometrie) 1
Übungsaufgabe 2 (Analysis, Stochastik, Geometrie) 12
Übungsaufgabe 3 (Analysis, Stochastik, Geometrie) 21
Übungsaufgabe 4 (Analysis, Stochastik, Geometrie) 31

Abiturprüfung 2019

Prüfungsteil A Analysis – Aufgabengruppe 1 und 2 2019-1
Prüfungsteil A Stochastik – Aufgabengruppe 1 und 2 2019-14
Prüfungsteil A Geometrie – Aufgabengruppe 1 und 2 2019-20
Prüfungsteil B Analysis – Aufgabengruppe 1 2019-26
Prüfungsteil B Analysis – Aufgabengruppe 2 2019-37
Prüfungsteil B Stochastik – Aufgabengruppe 1 2019-48
Prüfungsteil B Stochastik – Aufgabengruppe 2 2019-55
Prüfungsteil B Geometrie – Aufgabengruppe 1 2019-61
Prüfungsteil B Geometrie – Aufgabengruppe 2 2019-68

Abiturprüfung 2020

Prüfungsteil A Analysis – Aufgabengruppe 1 und 2 2020-1
Prüfungsteil A Stochastik – Aufgabengruppe 1 und 2 2020-19
Prüfungsteil A Geometrie – Aufgabengruppe 1 und 2 2020-23
Prüfungsteil B Analysis – Aufgabengruppe 1 2020-28
Prüfungsteil B Analysis – Aufgabengruppe 2 2020-38
Prüfungsteil B Stochastik – Aufgabengruppe 1 2020-49
Prüfungsteil B Stochastik – Aufgabengruppe 2 2020-58
Prüfungsteil B Geometrie – Aufgabengruppe 1 2020-65
Prüfungsteil B Geometrie – Aufgabengruppe 2 2020-75

Abiturprüfung 2021

Prüfungsteil A Analysis – Aufgabengruppe 1 und 2 2021-1
Prüfungsteil A Stochastik – Aufgabengruppe 1 und 2 2021-11
Prüfungsteil A Geometrie – Aufgabengruppe 1 und 2 2021-14
Prüfungsteil B Analysis – Aufgabengruppe 1 2021-19
Prüfungsteil B Analysis – Aufgabengruppe 2 2021-31
Prüfungsteil B Stochastik – Aufgabengruppe 1 2021-41
Prüfungsteil B Stochastik – Aufgabengruppe 2 2021-49
Prüfungsteil B Geometrie – Aufgabengruppe 1 2021-55
Prüfungsteil B Geometrie – Aufgabengruppe 2 2021-63

Abiturprüfung 2022

Aufgaben .... www.stark-verlag.de/mystark

Sobald die Original-Prüfungsaufgaben 2022 freigegeben sind, können sie als PDF auf der Plattform MyStark heruntergeladen werden (Zugangscode vgl. Farbseiten vorne im Buch).

ActiveBook: weitere Aufgaben zum Download

Abiturprüfungen ohne CAS
Jahrgänge 2018 und 2022

Abiturprüfungen mit CAS
Jahrgänge 2018 bis 2022

Ihr Coach zum Erfolg: Mit dem **interaktiven Training zum hilfsmittelfreien Teil des Abiturs** lösen Sie online Aufgaben, die speziell auf diesen Prüfungsteil zugeschnitten sind. Am besten gleich ausprobieren!
Ausführliche Infos inkl. Zugangscode finden Sie auf den Farbseiten vorne in diesem Buch.

Sitzen alle mathematischen Begriffe? Im interaktiven Training und unter www.stark-verlag.de/mathematik-glossar/ finden Sie ein kostenloses Glossar zum schnellen Nachschlagen aller wichtigen Definitionen mitsamt hilfreicher Abbildungen und Erläuterungen.

Autoren:

Sybille Reimann (Lösungen zu Abituraufgaben ohne CAS, Übungsaufgaben)
Dr. Ewald Bichler (Lösungen zu Abituraufgaben mit CAS)

Vorwort

Liebe Schülerin, lieber Schüler,

für Sie ist Mathematik verbindlich als schriftliches Abiturfach vorgegeben. Ein Fach, auf das man sich durch konsequentes Üben optimal vorbereiten kann, wobei Sie dieser Band hervorragend unterstützt.

Seit dem **Schuljahr 2013/2014** gliedert sich die Abiturprüfung Mathematik in die beiden **Prüfungsteile A und B** (siehe Hinweise auf Seite I).

Das vorliegende Buch enthält:
- 4 Aufgaben im Stil der **Abiturprüfung ohne Hilfsmittel (Prüfungsteil A)**
- alle Aufgaben der **Abiturjahrgänge 2019 bis 2021 ohne CAS**

Zum Download stehen zur Verfügung:
- alle Aufgaben des **Abiturjahrgangs 2022 (ohne und mit CAS)**, sobald diese zur Veröffentlichung freigegeben sind
- alle Aufgaben des **Abiturjahrgangs 2018 ohne CAS**
- die kompletten **CAS-Abiturjahrgänge 2018 bis 2021**

Anhand dieser Fülle von Aufgaben können Sie mit eigenverantwortlichem Üben die nötige Sicherheit erlangen und somit die „Schrecksekunden" am Prüfungstag minimieren.

Zu allen Aufgaben gibt es umfassende und **ausführliche Lösungen**.

Sie finden bei allen Aufgaben zunächst die Aufgabenstellung, die Sie versuchen sollten, allein und in der vorgegebenen Zeit zu lösen (siehe hierzu auch den Abschnitt „Hinweise und Tipps zum Zentralabitur"). Sollten Sie sich bei einer Teilaufgabe nicht sicher sein, was sich hinter der Aufgabenstellung verbirgt, oder aber den Einstieg in die Bearbeitung nicht finden, so können Sie die **Tipps und Hinweise** unmittelbar hinter der Angabe im Buch aufschlagen. Hier werden Sie an Dinge erinnert, die in dieser Teilaufgabe wichtig sind, und Sie werden auf rechnerische Schritte aufmerksam gemacht, die Sie zur Lösung benötigen. Sie sollten immer nur den obersten Tipp lesen, es dann wieder allein versuchen und nur im Bedarfsfall auf die weiteren Tipps – möglichst immer nur einen als Anregung zum Weiterdenken – zurückgreifen. Auf diese Weise gelingt es Ihnen, die Aufgabe weitgehend selbstständig zu bearbeiten und erst anschließend Ihre Lösung mit der vorgegebenen Lösung zu vergleichen.

In den Lösungstipps und in den Lösungen selbst finden Sie oft einen Hinweis auf die Merkhilfe, wenn sich auf dieser eine passende Formel befindet. Die Merkhilfe ist ein wesentlicher Bestandteil der zugelassenen Hilfsmittel und unterstützt Sie bei der Abiturvorbereitung. Sie sollten frühzeitig den Umgang mit ihr lernen.

Um der aufgrund der Covid-19-Pandemie besonderen Lernsituation in den Schuljahren 2019/20, 2020/21 und 2021/22 Rechnung zu tragen, sind in den schriftlichen Abiturprüfungen 2021, 2022 und 2023 im Fach Mathematik einige Fachinhalte nicht prüfungsrelevant. Die betroffenen Aufgaben bzw. Aufgabenteile der Abiturjahrgänge 2018, 2019 und 2020 sowie der Übungsaufgaben sind mit einem * markiert.

Sollten nach Erscheinen dieses Bandes noch wichtige Änderungen in der Abitur-Prüfung 2023 vom Kultusministerium bekannt gegeben werden, finden Sie aktuelle Informationen dazu im Internet unter:
www.stark-verlag.de/mystark

So vorbereitet kann Ihr Abitur in Mathematik nur ein Erfolg werden!

Sybille Reimann

Dr. Ewald Bichler

Stichwortverzeichnis 2018 – 2022

Das Verzeichnis gliedert sich in die drei Themenbereiche Analysis, Stochastik und Geometrie.
Folgende Abkürzungen wurden zur Kennzeichnung der einzelnen Aufgaben gewählt:

Ü1 1b	**Ü**bungsaufgabe **1**, Aufgabe **1b**
21 A1 1a	Abiturprüfung 20**21**, Prüfungsteil **A**, Aufgabengruppe **1**, Aufgabe **1a**

Die Abiturprüfungen 2018 und 2022 finden Sie unter www.stark-verlag.de/mystark.

Analysis

Ableitung — Ü1 2; Ü2 1b; Ü4 2; 18 A1 3, 5b; 18 A2 2, 4b; 18 B1 1ab; 18 B2 1b, 2d; 19 A1 1; 19 A2 1b; 19 B1 1d, 2b, 3bc; 19 B2 bdj; 20 A1 1a; 20 A2 1b; 20 B1 1b, 3b; 20 B2 1ab, 2ef; 21 A1 1, 3a, 4b; 21 A2 3b; 21 B1 1b; 21 B2 1b; 22 A1 4a; 22 A2 1b; 22 A2 3ab, 4a; 22 B1 b; 22 B2 1b
- Kettenregel — Ü1 2; Ü4 2; 18 A2 1; 18 B1 1a; 19 A1 1; 19 B2 j; 20 A1 1ab; 20 A2 1b; 20 B2 1a, 2cf; 21 A1 1; 21 B2 1b; 22 A1 4a; 22 A2 3ab, 4a; 22 B1 b; 22 B2 1b
- Produktregel — 18 B1 1b; 19 B1 1d; 20 A1 1a; 20 B2 2b; 21 B2 1b; 22 B2 1b
- Quotientenregel — Ü2 1b; 19 A1 1; 19 B2 bdj; 20 B1 1b, 3b; 20 B2 2cf; 21 B1 1b; 21 B2 2a; 22 A2 1b

Ablesen aus gegebenem Graphen — 18 A1 4, 5a; 18 A2 4a; 20A1 2ab; 21 A2 4ab; 21 B1 3b; 22 A1 2b, 3ab; 22 A2 2ab

Änderungsrate
- mittlere — 19 B1 2b; 22 A1 2b
- momentane — 19 B1 2b; 20 B2 2cf; 22 A1 2b; 22 B1 k

arithmetisches Mittel — 20 B1 2d

Asymptote
- schiefe/schräge — Ü1 1c; 18 B1 1e; 20 A2 2a
- senkrechte — Ü1 1c; 18 B1 1e; 19 B2 a; 20 A2 2a; 21 B1 1a
- waagrechte — 19 B2 a; 20 A2 3a; 20 B1 1a; 20 B2 1a; 21 B1 1a; 22 A1 1b; 22 A2 1a

Begründung von Eigenschaften Ü4 1; 18 B1 1d; 18 B2 1def; 19 B2 ac; 20 A1 2a; 20 B1 2a; 21 B1 2b; 21 B2 1d; 22 B1 bd; 22 B2 2def

Berührung
- Graph mit x-Achse Ü3 3; Ü4 1b; 18 A1 3; 18 A2 2
- zweier Graphen 20 A1 3a

Beschreibung eines Lösungswegs 18 B1 2e; 19 B1 2c; 19 B2 f; 21 A2 3a

Definitionsmenge Ü1 1a; Ü2 1a; Ü4 4ac; 18 A1 1; 18 A2 1; 19 A2 1a; 19 B1 1a; 20 A1 1a; 20 A2 1a; 21 A1 2a; 21 A2 4a; 21 B1 2cd; 22 A1 1a; 22 A2 1a, 3b; 22 B1 e

Deutung eines Ergebnisses 18 B2 2aβ; 19 B1 2a; 19 B2 fgj; 20 A1 4b; 21 B1 3c; 21 B2 1f; 22 B1 cei; 22 B2 1e, 2c

Deutung eines Graphen 18 A1 5a; 18 A2 4a

Dreieck
- gleichschenklig 18 B1 2c; 20 B1 3
- gleichschenklig-rechtwinklig 20 B1 2b

Entfernung zweier Punkte 21 B2 1h

Extrempunkte/-stellen Ü2 2; Ü3 3; 18 A1 5b; 18 A2 4b; 18 B1 1a; 18 B2 2d; 19 A1 1; 19 B2 be; 20 A1 1b; 20 B1 2a 3b; 20 B2 1b; 21 B1 2d; 22 B1 b; 22 B2 2f

Extremwertaufgabe 20 B1 3b; 20 B2 1b

Flächenbilanz 18 B1 1d; 18 B2 1de; 20 B1 2a; 21 B2 1cf

Flächeninhalt
- abschätzen 20 A2 4; 21 B1 3d; 21 B2 1c
- berechnen 18 B1 1f, 2e; 18 B2 1g; 19 A1 2b; 19 A2 2b; 19 B1 2e; 19 B2 g; 20 A2 2b; 20 B1 2bc, 3ab; 20 B2 1bc; 21 B1 1d; 21 B2 2d
- markieren 20 A1 4b

Funktion
- cos Ü2 4; Ü4 4; 19 A1 4a; 20 B1 2c
- exponential Ü1 2; Ü2 3; Ü3 2; 19 A1 1; 19 B2 jk; 20 A1 4; 20 B2; 21 A1 1; 21 A2 2b; 21 B2; 22 A1 4; 22 A2 4; 22 B2
- ganzrational (Polynom) Ü3 2, 3; Ü4 1; 18 A1 3, 4, 5; 18 A2 2, 3, 4; 18 B2 1, 2; 19 B1 3; 20 A1 3; 20 A2 1a; 21 A2 2a, 3; 22 A1 3; 22 B1 k
- gebrochen-rational Ü1 1; Ü2 1, 4; Ü3 2; Ü4 3; 18 A1 1; 18 B1 1ef; 19 A1 2; 19 A2 2; 19 B2 a–i; 20 A2 2, 3; 20 B1 1; 21 A2 4a; 21 B1; 22 A1 1, 2; 22 A2 1
- Logarithmus Ü1 2; Ü3 4; Ü4 4; 18 A1 1; 18 B1; 19 B1 1, 2; 20 A1 1; 20 A2 1; 21 A1 2b; 22 A2 3
- sin Ü1 3; Ü4 2; 18 B2 1g

- verkettet 22 A1 3
- Wurzel Ü3 2; 18 A2 1; 19 A2 1; 21 A1 2a, 3; 21 A2 1, 2a; 22 B1

Funktionenschar 21 B1 2; 21 B2 1g–i; 22 A1 4; 22 A2 4; 22 B2 2

Funktionsterm
- aus Eigenschaften ermitteln Ü3 3; 18 A1 2; 18 B2 1a; 19 A1 4b; 21 A2 2; 22 A1 1b
- aus Grafik ermitteln Ü4 1

Funktionswerte (pos/neg) Ü2 1b; Ü4 3; 18 B1 1c, 2d; 18 B2 2b; 19 B2 c; 21 A2 4a; 22 B1 f

Gerade 18 B2 2bcd; 20 A1 2b, 3; 21 B1 1d

Gleichung lösen/umformen/ verifizieren Ü2 3; Ü3 4; Ü4 3, 4; 20 A1 1b, 3ab; 20 A2 3ab; 20 B1 1a; 20 B2 2b; 21 B1 2d; 21 B2 1ab; 22 B1 d

grafische Darstellung 18 A1 4; 18 B1 1c, 2a; 18 B2 2c; 19 A1 4a; 19 B2 c; 20 A1 3a, 4a; 20 A2 2a, 4; 20 B1 1c, 2d; 20 B2 1b, 2ef; 21 A2 1a; 21 B1 1c; 21 B2 1e, 2b; 22 B1 f; 22 B2 1c

grafische Lösung Ü1 3b; 18 B2 2aα, c; 19 B1 2c, 3d; 21 B1 3d; 21 B2 1c; 22 A1 2b; 22 A2 2b

Grenzwert für
- $x \to a$ Ü1 1b; 18 B1 1c; 19 B1 1a; 19 B2 c; 20 A2 2a; 21 B2 2a; 22 B1 e
- $x \to \pm\infty$ Ü1 1b; 18 A1 5a; 18 A2 4a; 18 B1 1c; 19 B1 1a, 3a; 19 B2 gk; 20 A2 3a; 20 B1 1a; 20 B2 1a, 2af; 21 B2 2a; 22 B2 1a

Integral
- bestimmtes 18 B1 1f, 2e; 18 B2 1g; 19 A1 2b; 20 A2 2b; 20 B1 2c; 21 A1 3b; 21 A2 1b; 21 B1 1d; 21 B2 1c, 2d; 22 A1 2a; 22 B1 k; 22 B2 1d

Integralfunktion 18 A2 3; 18 B2 1d; 20 A2 4; 20 B1 2

Integration Ü2 4
- Interpretation eines Sachverhalts 22 B2 1e
- von $\frac{f'(x)}{f(x)}$ Ü2 4; 21 B1 1d
- von $f(ax+b)$ 20 A1 4c; 20 B1 2c; 20 B2 1c

Krümmungsverhalten Ü4 1b; 22 B1 c

Länge 22 B1 h

Maßstab 18 B1 2d; 18 B2 2acd; 19 B1 2; 19 B2 e–k; 20 B2 2; 21 B1 3b; 21 B2 1c; 22 B1 ijk

Modellierung 19 B1 2; 19 B2 e–k; 20 B2 2; 21 B1 3bcd; 22 B1 ijk

Monotonieeigenschaften	Ü4 1c; 18 B2 2aβ; 19 A1 1, 3b, 4a; 19 A2 4b; 19 B1 1c; 19 B2 bj; 20 A1 2a; 20 B1 1b, 2a; 20 B2 1ab, 2a; 21 A1 1; 21 B1 1b; 21 B2 2a; 22 B2 1c
Näherungswert	20 A2 2b, 4; 20 B1 2b; 21 B1 3d; 21 B2 1c
Nullstellen	Ü2 2; Ü3 2; Ü4 1a; 18 A1 1; 18 A2 3; 18 B1 1ad; 18 B2 1acdefg; 19 A2 3b; 19 B1 1b; 19 B2 a; 20 A2 3a; 20 B1 2a; 21 A1 2a; 21 B1 2b; 21 B2 1agh; 22 A1 1a, 4b; 22 A2 3a, 4b; 22 B1 a; 22 B2 1a
Parabel	18 A2 3; 19 A2 3; 20 A1 3; 20 A2 1a
Parameter	
• Bestimmung von	18 A1 5b; 18 A2 4b; 18 B1 2b; 18 B2 1g; 19 A2 3ab; 19 B1 1d, 3c; 20 B1 3b; 20 B2 1b, 2f; 21 A1 3b, 4b; 21 A2 3b; 21 B1 2acd; 21 B2 1hi; 22 A1 4b; 22 A2 4b; 22 B2 2aeg
Pol	19 B2 c; 21 B1 1a
prozentuale Abweichung/Anteil	18 B1 1f; 20 B2 1c; 21 B1 3b
Pythagoras	22 B1 h
Rechenregeln für ln	21 B2 2d
Rechteck	20 B2 1bc; 22 B1 h
Sachzusammenhang	18 B2 2aβ; 19 B1 2a; 19 B2 f; 20 B2 2abcf; 21 B1 3c; 22 B1 ijk
Schnittpunkte	
• mit den Koordinatenachsen	21 B1 2b; 21 B2 1h; 22 A1 1b, 4b; 22 A2 4b; 22 B2 2b
• zweier Graphen/Kurven	Ü4 3; 19 A1 2a; 19 A2 2a; 20 A1 3ab; 20 A2 3b; 21 A2 4b
Schnittwinkel	siehe Winkelberechnung
Stammfunktion	Ü2 2, 4; 19 B1 1d; 19 B2 d; 20 A1 4c; 21 A1 3a; 21 B1 3d; 21 B2 1de; 22 A2 2
Steigung	18 A1 3, 4; 18 A2 1, 2; 18 B1 1c; 20 A1 2b; 21 A1 4a; 21 B1 1b, 3c; 21 B2 2b; 22 A1 4b; 22 A2 2b, 4b; 22 B1 g; 22 B2 2b
Symmetrie	
• bez. beliebigem Punkt	18 B2 1c
• bez. Parallele zur y-Achse	21 B1 3a; 22 B1 d
• bez. Ursprung	18 B2 1c; 21 B1 1, 2c; 22 B2 1a
• bez. x-Achse	21 B2 1i
• bez. y-Achse	19 A1 2; 19 A2 2; 20 B1 1a; 21 B1 2b, 3a
Tangente	Ü2 1b; Ü4 2; 18 A1 3, 4; 18 A2 1, 2; 18 B1 1b, 2c; 18 B2 1b; 19 A2 1a; 19 B1 3c; 20 A1 2b; 20 B1 1c; 21 B1 1bc; 21 B2 2b; 22 A1 4b; 22 A2 4b; 22 B1 g

Terrassenpunkt	18 A1 2; 20 A1 2a
Trapez	20 A2 2b; 21 B1 1d; 22 B2 2g
Umformung	22 B1 d
Umkehrfunktion	Ü4 4; 19 A1 4; 20 A1 4ab; 21 A1 1
Ungleichung lösen	22 A1 4b; 22 A2 4b
Vergleich zweier Funktionen	20 B2 2f
Verschiebung/Streckung/ Spiegelung von Graphen	Ü1 3a; Ü2 2a; Ü3 1; Ü4 4; 18 A1 2; 18 B1 2ab; 18 B2 1c; 19 B1 1c, 2a; 19 B2 i; 20 B1 2c; 21 A2 1a; 21 B1 3a; 21 B2 2c; 22 B2 2d
Volumen	
• Prisma	18 B1 2e
Wendepunkt	18 A1 4; 18 B1 1b; 18 B2 1b; 19 B1 3b; 19 B2 f; 20 B2 2d; 21 B1 3c
Wertemenge	Ü4 4ac; 21 A1 2b; 21 B2 2ac
Winkelberechnung	18 B1 2c; 19 B1 2d; 20 B1 1c; 22 B1 g
x-Wert bestimmen	19 B2 hk; 20 B1 1a; 20 B2 2b; 21 B1 3b; 22 B1 j
Zuordnung	
• Parameter–Graph	22 B2 2e
• Term–Graph	Ü2 2; Ü4 1; 18 A1 5a; 18 A2 4a
Zusammenhang von	
• Funktion und Ableitungsfunktion	Ü1 2; Ü2 2; Ü4 1c; 18 A1 4; 18 B1 1c; 19 A1 3a; 19 A2 4a; 20 A1 2; 20 B2 2d; 21 B1 3c
• Funktion und Integralfunktion	18 A2 3; 18 B1 1d; 18 B2 1d; 20 A2 4; 20 B1 2a
• Funktion und Stammfunktion	19 A1 3b; 19 A2 4b; 21 B1 3d; 21 B2 1de; 22 A2 2
• Graphen	Ü1 3; 19 B1 1c

Stochastik

Abhängigkeit/Unabhängigkeit von Ereignissen	Ü1 1; Ü4 b; 18 B1 1a; 19 A2 3; 20 B1 1; 20 B2 2a; 22 B2 1a
Ablehnungs-/Annahmebereich	18 B2 1b; 19 B1 d; 19 B2 3a
Ablesen von Werten	Ü3 a; 18 B1 1abc; 19 A2 2
absolute Häufigkeit	18 A1 1ab; 18 A2 1a; 19 B1 1
Additionssatz/Summenregel	Ü1 1a; 18 A1 2a; 18 A2 2a; 19 A1 1b; 19 A2 1b; 20 A1 b; 20 A2 a; 22 B2 2ac
Anzahl von Möglichkeiten	18 B2 2a; 20 B2 1a; 22 B2 2d

Baumdiagramm	Ü2 b; Ü4 a; 18 A1 2a; 18 A2 2a; 19 A2 3; 19 B2 3b
Begründung v. Eigenschaft/Term	Ü3 a; 18 B2 1c; 19 A1 3; 19 B1 2ae; 21 A1 b; 21 A2 b; 21 B1 4b; 22 A1 a, b; 22 B1 2b
Bernoullikette/Binomialverteilung	
• mit genau k Treffern	Ü3 a; 18 B2 1a; 19 A1 3; 20 B1 2a, 3c; 22 B1 1a
• mit höchstens k Treffern	18 B1 1c; 18 B2 1b; 19 A2 2; 19 B1 2c; 19 B2 1a; 21 A1 a; 21 A2 a; 22 B1 1a
• mit mehr als k Treffern	18 B1 2b; 19 B1 2b; 22 B2 2c
• mit mind. k Treffern	18 B2 1a; 20 B1 2a; 20 B2 3a; 21 B1 2a; 21 B2 2a
• mit mind. k und höchstens m Treffern	18 B1 1b; 19 B2 1c; 21 B1 2c; 22 B1 1a
• mit unbekannter Länge n und mind. 1 Treffer	18 B1 2a; 20 B1 2c; 22 B1 1b
• mit unbekannter Wahrscheinlichkeit p und mind. 1 Treffer	20 B2 3c; 21 B2 2c
Beschreibung eines Ereignisses/ einer Größe	Ü1 2; Ü3 b; 19 B1 f; 19 B2 1b; 20 B1 2b, 3c; 20 B2 1b, 3b; 21 B1 1; 21 B2 2b, 3
Bestimmung eines Parameters	21 B1 4c; 21 B2 4b; 22 A2 b; 22 B1 2a; 22 B2 2b; 22 B2 3a
Diagramm	Ü3 a; 19 A2 2; 20 B1 3a; 22 A1 b; 22 B2 3
Entscheidungsregel	siehe Ablehnungs-/Annahmebereich
Erwartungswert	Ü3 a; 18 B1 2b; 18 B2 2b; 19 A1 2; 19 B2 1c, 2; 20 A2 b; 20 B1 3a; 21 A1 b; 21 A2 b; 21 B1 3; 21 B2 4a; 22 A2 b; 22 B1 1c; 22 B2 2b; 22 B2 3a
faires Spiel	18 B2 2b
Fehler 2. Art	19 B1 f
Gegenereignis	21 B1 4a; 21 B2 3c; 22 B2 3b
Glücksrad	18 B2 2; 19 A1 1; 19 A2 1; 20 A2 ab; 21 B1 3
Interpretation	
• eines Ergebnisses	19 B2 1b; 20 B2 2a, 3ab; 21 B1 1; 21 B2 2b, 3c; 22 B1 1d
• stochastischer Zusammenhänge	18 B1 1a; 22 B2 3b
Kreisdiagramm	18 A2 1ab
Mengenschreibweise	Ü1 1; 20 B2 2b
Mittelpunktswinkel	18 A2 1b; 18 B2 2c; 21 B1 3
Nullhypothese	18 B2 1bc; 19 B1 def; 19 B2 3a

Pfadregeln	Ü2 b; Ü4 ab; 18 A1 2a; 18 A2 2a; 18 B2 2c; 19 A1 1; 19 A2 1, 3; 20 A1 b; 20 A2 a; 22 A2 a; 22 B2 2a
Produktregel / Multiplikationssatz	18 B2 2ac; 19 A1 1; 19 A2 1; 20 A1 b; 20 A2 a; 22 A2 a; 22 B2 2ad
relative Häufigkeit	18 A1 1a; 18 A2 1a; 22 B1 1c
Sachzusammenhang	Ü1 2; Ü3b; 18 B1 a; 19 B1 af; 19 B2 1b; 20 B1 2b; 20 B2 1b, 3a; 21 B1 1; 21 B2 2b; 21 B2 3c
Signifikanztest	18 B2 1b; 19 B1 2def; 19 B2 3a
Standardabweichung	18 B1 2b; 19 B2 1c; 22 B1 1c; 22 B2 3a
Varianz	20 B1 3bc; 21 B2 4a; 22 B1 1c; 22 B2 3a
Verteilungsfunktion	siehe Wahrscheinlichkeitsfunktion/-verteilung
Vierfeldertafel	Ü2 b; 18 A1 1a; 20 B1 1; 21 B2 3a; 22 B1 2a; 22 B2 1a
Wahrscheinlichkeit	
• bedingte	Ü4 a; 18 A1 1b; 20 B2 2a; 21 B2 3bc; 22 B1 2b; 22 B2 1b
• Berechnung	Ü4 ab; 18 A1 1b, 2a; 18 A2 2a; 18 B1 2b; 18 B2 2a; 19 A1 1ab, 2; 19 A2 1ab, 2, 3; 19 B1 2c; 19 B2 2, 3b; 20 A1 b; 20 A2 a; 20 B1 2a, 3b; 20 B2 1b, 3a; 21 A1 ab; 21 A2 ab; 21 B1 2, 3, 4ab; 21 B2 1, 2a, 3ab, 4a; 22 A1 a; 22 A2 a; 22 B2 2acd
• Laplace	18 B1 1a; 19 A1 1ab; 19 A2 1ab; 20 A1 b; 21 B1 1, 2b, 4b; 21 B2 2b; 22 A1 a; 22 A2 a; 22 B2 2a
• maximal mögliche	18 A1 2b; 18 A2 2b
Wahrscheinlichkeitsfunktion/ -verteilung	19 A1 2; 20 A2 b; 21 A1 a; 21 A2 a; 22 B2 2a
Ziehen	
• mit Zurücklegen	siehe Bernoullikette
• mit Zurücklegen, mit Reihenfolge	19 A1 1; 19 A2 1; 21 B1 1, 2b, 4b; 21 B2 2b
• ohne Zurücklegen	20 A1 a; 20 B2 1b; 21 B2 1
Zufallsgröße	19 A1 2; 19 A2 2; 19 B1 2abc; 19 B2 1, 2; 20 A1 b; 20 A2 b; 20 B1 3ac; 21 A1; 21 A2; 21 B1 2; 21 B2 4; 22 A1; 22 B1 1; 22 B2 2

Geometrie

Ablesen von Koordinaten	20 B1 a
Abschätzung	19 B1 f; 19 B2 f

Abstand	
• Gerade/Gerade	18 B2 e; 21 A1 b
• Punkt/Ebene	19 B2 df; 21 B1 de; 22 A1 b; 22 B1 f
• Punkt/Gerade	22 B1 e
Begründung einer geometrischen Eigenschaft	Ü3 c; 18 B1 c; 19 A1 1b, 2b; 19 A2 2b; 20 B2 a; 21 B1 g; 21 B2 e; 22 B1 ac; 22 B2 a
Berührung	
• Ebene/Kugel	20 B2 c; 21 B1 d
• Gerade/Kugel	18 A1 1b; 20 B2 d
Darstellung	
• eben	20 B1 f; 22 B2 f
• räumlich	Ü2 a; 18 B1 d; 19 B2 a; 20 B1 a
Doppelkegel	20 B2 f
Dreieck	Ü3; 18 A2 2b
• gleichschenklig	Ü3 c; 20 A2 ab; 21 B1 a; 22 B1 g; 22 B2 d
• rechtwinklig	18 B1 f; 19 A2 1b; 20 A1 b; 20 B2 e; 21 B2 a; 22 B1 ag
• stumpfwinklig	19 A1 1b
Durchmesser	20 A1 a; 21 B1 d; 22 B1 a
Ebenengleichung	
• Normalen-/Koordinatenform	18 A1 2a; 18 A2 1a; 18 B1 a; 18 B2 bf; 19 B1 c; 19 B2 b; 20 B1 d; 21 B1 b; 21 B2 b; 22 A2 a; 22 B1 b; 22 B2 c
• Parameterform	Ü1 c; Ü2 a; 20 B1 e
Einheitsvektor	21 B2 d
Entfernung	20 A2 a; 21 A2; 21 B2 g; 22 A2 b
Flächeninhalt	
• Dreieck	19 A1 1b; 20 B2 e
• Parallelogramm	18 B1 b
• Viereck	20 B2 e
Gerade in Ebene	Ü1 b; 19 B2 e; 22 B1 b
Geradengleichung	Ü4 c; 18 A1 1b, 2; 18 A2 2a; 18 B2 f; 19 A1 2b; 19 A2 2b; 19 B1 de; 19 B2 f; 20 B1 f; 20 B2 c; 21 A1 a; 21 A2; 22 B2 g
Höhe	
• Dreieck	Ü3 b; 18 A2 2b; 19 A1 1b
• Kegel	20 B2 f; 22 B1 g
• Pyramide	19 B2 f; 21 B2 f
Interpretation	
• einer Darstellung	18 B1 d; 20 B2 a
• eines Ergebnisses	Ü2 a; 20 B2 f
• eines Lösungswegs	22 B2 g

Kegel 22 B1 g
Koordinatenachse 18 A1 2b; 18 A2 1b; 18 B1 c; 22 B1 f
Koordinatenebene 18 A1 2a; 18 B1 ce; 18 B2 d; 22 A1 b
Kreis 21 A2
Kugel 18 A1 1; 19 A2 1; 20 A1 a; 20 B2 cd; 21 B1 deh; 21 B2 g; 22 A1 a

Lage
- einer Ebene Ü4 a; 19 B2 d; 21 B1 a; 21 B2 b
- einer Geraden 18 B1 c
- eines Punktes 18 B1 c

Länge 18 A1 1a; 18 B1 e; 18 B2 ae; 19 A2 1a; 19 B1 adef; 19 B2 a; 20 A1 a; 20 A2 a; 20 B2 cd; 21 A1 b; 21 A2; 21 B1 a; 21 B2 dg; 22 B1 ae; 22 B2 bg
Lotgerade 20 B2 c; 21 A1 a

Maßstab 18 B1 bf; 18 B2 ef; 19 B1 adef; 20 B1 adf; 21 B1 degh; 22 B1 ef; 22 B2 b
Mittelpunkt einer Strecke Ü3 a; 18 B2 a; 19 A1 1a; 19 A2 1b; 19 B2 c; 20 A1 a; 22 A2 a

Normalenvektor 22 A2 a; 22 B1 b; 22 B2 c

Orthogonalität
- bei Gerade/Ebene Ü4 ac; 22 A2 a
- bei Gerade/Gerade 18 A2 2a; 21 A1 a; 22 B1 e
- bei Vektor/Vektor Ü3 b; 19 B2 e; 20 A2 b; 20 B1 c; 20 B2 d; 22 B1 abe; 22 B2 g

Parallelität
- von Ebenen Ü4 a
- von Gerade/Ebene Ü1 a; 19 A1 2b; 19 A2 2b
- von Geraden 21 A1 a
- von Vektor/Ebene Ü2 b
- von Vektoren 18 B2 c; 19 B2 a; 21 B2 e

Parallelogramm 18 B2 e
Parameterbestimmung 18 A1 2ab; 18 B2 f; 19 B2 ce; 20 A2 a; 20 B2 f; 21 B1 f; 22 B1 e

Punkt
- auf einer Geraden Ü3 ab; Ü4 c; 18 A2 2a; 19 B1 d; 19 B2 c; 20 B2 d; 21 A1 a; 21 B2 e; 22 A2 b
- auf einer Kante 19 B2 f; 20 B1 c; 21 B2 d
- auf einer Kugel 18 A1 1a; 20 A1 a; 22 A1 a
- auf einer Strecke 19 B2 f; 20 A1 a
- im Koordinatensystem 19 B2 a
- in einer Ebene Ü1 b; Ü4 b; 19 A1 2a; 19 A2 2a; 20 B1 a; 21 B1 af

Pyramide	19 B2 f; 21 B1; 21 B2 f
Pythagoras	18 B1 f
Quadrat	20 A2 b; 21 B1 ac; 21 B2 f
Radius	21 A2; 21 B1 d; 21 B2 g
Raute	20 A2 b
Rechteck	19 A1 1
Richtungsvektor	20 B2 ad; 22 B2 f
Rotationskörper	20 B2 f
Schattenwurf	20 B1 f
Schnitt	
• von Ebene/Ebene	19 B2 e; 20 B1 e
• von Gerade/Ebene	Ü4 d; 18 A1 2a; 18 A2 1b; 19 B1 e; 20 B1 f; 20 B2 abc; 21 A2
• von Gerade/Gerade	18 A1 2b; 18 A2 2a; 18 B2 f
• von Kugel/Ebene	22 A1 b
• zweier Kugeln	19 A2 1ab
Skalarprodukt	Ü1 a; Ü3 b; 18 A1 1b; 18 A2 2a; 18 B1 e; 18 B2 d; 19 B2 e; 20 A2 b; 20 B1 c; 20 B2 ad; 21 A1 a; 21 B1 b; 21 B2 abc; 22 B1 abe; 22 B2 g
Spiegelebene	19 B2 e
Spiegelpunkt	19 B2 d; 22 A2 ab
Symmetrie	20 B1 f; 21 B2 fg; 22 B2 a
Tangente an eine Kugel	18 A1 1b; 20 B2 d
Thaleskreis	20 A1 b; 20 B2 e; 22 B1 a
Trapez	18 B2 c; 19 B2 a
Umkreis	20 B2 e; 22 B1 a
Umwandlung Ebene Normalenform in Parameterform	Ü1 c
Vektorkette	Ü2 a; 19 A1 1a
Vektorprodukt	18 A2 1a; 18 B1 ab; 18 B2 b; 19 B2 b; 20 B1 d; 21 B1 b; 21 B2 b; 22 B1 b; 22 B2 c
Volumen	
• Kegel	20 B2 f
• Kugel	21 B1 h; 21 B2 g
• Kugelsegment	18 B1 f
• Pyramide	21 B1 c; 21 B2 f; 22 B2 e
• Quader	22 B2 e
Winkel	
• zwischen Ebene/Ebene	18 B1 e; 18 B2 d; 20 B1 b; 21 B2 c; 22 B1 d; 22 B2 d
• zwischen Gerade/Ebene	20 B2 b
• zwischen Gerade/Gerade	19 B1 b; 21 B2 e

Hinweise und Tipps zum Zentralabitur

1 Ablauf der Prüfung

Die zentrale schriftliche Abiturprüfung
Die Aufgaben werden im Auftrag des Bayerischen Staatsministeriums für Unterricht und Kultus von einer Fachkommission zusammengestellt, die dabei Aufgaben verwendet, die von Fachlehrkräften erstellt wurden. Die verbindlichen curricularen Vorgaben (siehe auch www.isb.bayern.de), nach denen in den Jahrgangsstufen 11 und 12 der Qualifikationsphase unterrichtet wird, bestimmen Inhalte und Anforderungen der Abituraufgaben.

Prüfungsvarianten
Seit dem Schuljahr 2011/2012 wird in Bayern neben der „normalen" Abiturprüfung für alle Schulen auch eine CAS-Abiturprüfung angeboten. Jedes Gymnasium kann entscheiden, ob es ab der Jahrgangsstufe 10 Klassen oder Kurse einrichtet, die mit CAS arbeiten. Selbst wenn Sie in einer CAS-Klasse sind, können Sie ein paar Monate vor der Abiturprüfung selbst entscheiden, ob Sie die „normale" Abiturprüfung oder die CAS-Abiturprüfung schreiben möchten.

Aufbau der Prüfungsaufgaben
Die Abiturprüfung Mathematik gliedert sich in die beiden Prüfungsteile A und B, die ihrerseits wieder in die Fachgebiete **Analysis, Stochastik und Geometrie** unterteilt sind.
Bis einschließlich der Abiturprüfung 2019 verteilten sich die Bewertungseinheiten wie folgt:

Prüfungsteil A		Prüfungsteil B	
Analysis	20 BE	Analysis	40 BE
Stochastik	10 BE	Stochastik	20 BE
Geometrie	10 BE	Geometrie	20 BE

Seit dem Abitur 2020 bleibt die Summe je Fachgebiet zwar gleich, die Verteilung der Bewertungseinheiten verschiebt sich jedoch in Stochastik und Geometrie nach Prüfungsteil B:

Prüfungsteil A		Prüfungsteil B	
Analysis	20 BE	Analysis	40 BE
Stochastik	5 BE	Stochastik	25 BE
Geometrie	5 BE	Geometrie	25 BE

Bis einschließlich der Prüfung im Jahr 2019 hatte jede Schülerin und jeder Schüler für die „normale" Abiturprüfung (also ohne CAS) die individuelle Wahlmöglichkeit, den Prüfungsteil A mit oder ohne Hilfsmittel zu bearbeiten und sich somit vorab für eine der beiden folgenden Varianten zu entscheiden:

Variante 1: Schülerinnen und Schüler, die den Prüfungsteil A **ohne Hilfsmittel** bearbeiten wollten, erhielten als Prüfungszeit – wie länderübergreifend vorgesehen – **270 Minuten** (davon 90 Minuten für den Prüfungsteil A) und damit 30 Minuten mehr Zeit. Nach den ersten 90 Minuten wurde eine **Pause** von zusätzlichen **15 Minuten** eingelegt, in der der Prüfungsteil A eingesammelt und der Prüfungsteil B sowie die im Prüfungsteil B zugelassenen Hilfsmittel ausgeteilt wurden.

Variante 2: Schülerinnen und Schüler, die im Prüfungsteil A **nicht auf die zugelassenen Hilfsmittel verzichten wollten,** erhielten zu Beginn der Prüfungszeit sowohl Prüfungsteil A als auch Prüfungsteil B zusammen mit allen zugelassenen Hilfsmitteln. In der auch bislang üblichen Arbeitszeit von **240 Minuten** waren dann alle vorgelegten Aufgaben in frei gewählter Reihenfolge zu bearbeiten. Beide Prüfungsteile mussten erst am Ende der Prüfungszeit abgegeben werden.

Prüfung mit CAS: Schülerinnen und Schüler hatten statt der beiden oben beschriebenen Varianten auch die Möglichkeit, **freiwillig** an der Prüfung Mathematik mit **CAS** teilzunehmen. Da bei der Verwendung von CAS in besonderer Weise darauf zu achten ist, dass grundlegende mathematische Fertigkeiten beherrscht werden, war in diesem Fall der **Prüfungsteil A ohne Hilfsmittel** zu bearbeiten. Die Gesamtarbeitszeit betrug **270 Minuten**, davon 90 Minuten für den Prüfungsteil A. Wie in Variante 1 wurde nach den ersten 90 Minuten eine **Pause** von zusätzlichen **15 Minuten** eingelegt, in der der Prüfungsteil A eingesammelt und der Prüfungsteil B sowie die im Prüfungsteil B zugelassenen Hilfsmittel ausgeteilt wurden.

Seit dem Abitur 2020 besteht **keine Wahlfreiheit** zwischen den Varianten 1 und 2 mehr. **Alle Schülerinnen und Schüler** (auch die mit CAS) legen Prüfungsteil A ohne Hilfsmittel ab und dürfen die zugelassenen Hilfsmittel **nur** für die Bearbeitung von Prüfungsteil B benutzen. Zu Beginn der **Prüfungszeit von insgesamt 270 Minuten** werden allen Schülerinnen und Schülern die Angaben beider Prüfungsteile vorgelegt. Für die Bearbeitung von **Prüfungsteil A** sind **70 Minuten** vorgegeben, d. h., nach 70 Minuten wird der (hoffentlich vollständig) gelöste Prüfungsteil A eingesammelt. Die restlichen **200 Minuten** stehen für **Prüfungsteil B** zur Verfügung. Wer allerdings mit der Bearbeitung von Teil A schon vor Ablauf der 70 Minuten fertig ist, darf bereits mit der Lösung der Aufgaben aus Teil B beginnen, jedoch noch keine Hilfsmittel verwenden. Diese sind erst nach Ablauf der ersten 70 Minuten gestattet.

Die Angaben, die Sie vorgelegt bekommen, beinhalten für jeden der drei Bereiche **Analysis**, **Stochastik** und **Geometrie** (gilt in gleicher Weise für die CAS-Abiturprüfung) jeweils zwei Aufgabengruppen. Aus diesen wählt vor Beginn Ihrer Prüfungszeit jede Lehrkraft für ihre Klasse einheitlich jeweils eine aus. Dabei beachtet Ihre Lehrkraft, dass innerhalb eines Bereichs für beide Prüfungsteile dieselbe Aufgabengruppe gewählt werden muss. Sie haben also **aus jedem der drei Bereiche jeweils genau eine Aufgabengruppe** zu bearbeiten (z. B. in beiden Prüfungsteilen in Analysis Aufgabengruppe 1, in Stochastik Aufgabengruppe 2 und in Geometrie Aufgabengruppe 1).

Beachten Sie bereits bei der Vorbereitung auf Ihre Prüfung, dass für das Lösen der Aufgaben im **Prüfungsteil A** weder ein Taschenrechner noch die Merkhilfe noch das Stochastische Tafelwerk zugelassen sind. Das bedeutet jedoch nicht, dass Sie bei der Bearbeitung dieser Aufgaben weder rechnen müssen noch ohne jede Formel auskommen können! Um Ihnen für diesen Prüfungsteil A zusätzliche Übungsmöglichkeiten zu bieten, finden Sie hierzu in diesem Buch vier Übungsaufgaben mit der seit dem Abitur 2020 gültigen Verteilung der Bewertungseinheiten. In den Lösungen sind bei den Rechnungen Zwischenschritte angegeben, die Sie beim „Kopfrechnen" eventuell benötigen. In den Tipps und Hinweisen finden Sie benötigte Formeln eigens ausgewiesen.

Es wird vom Kultusministerium ausdrücklich darauf hingewiesen, dass sich der Prüfungsteil A der CAS-Abiturprüfung vom Prüfungsteil A der „normalen" Abiturprüfung unterscheiden kann, wenn dies Prüfungsteil B erforderlich macht. Dies wird beispielsweise im Abitur 2019 kenntlich, wo einige Analysisaufgaben von der „normalen" Prüfung abweichen.

Um der aufgrund der Covid-19-Pandemie besonderen Lernsituation in den Schuljahren 2019/20, 2020/21 und 2021/22 Rechnung zu tragen, sind in der schriftlichen Abiturprüfung 2023 die folgenden Fachinhalte nicht prüfungsrelevant:

- Integralfunktion
- Sinus- und Kosinusfunktion
  (Zur Berechnung von Winkeln sind sin und cos aber sehr wohl prüfungsrelevant.)
- Newton-Verfahren
- Signifikanztest
- Bestimmung einer Gleichung der Schnittgerade von Ebenen
- Bestimmung des Abstands windschiefer Geraden

Die betroffenen Aufgaben bzw. Aufgabenteile sind mit einem * markiert.

Zugelassene Hilfsmittel
Für die schriftliche Abiturprüfung im Fach Mathematik sind zugelassen

im **Prüfungsteil A**:

- für Mathematik übliche Schreib- und Zeichengeräte

im **Prüfungsteil B**:

- für Mathematik übliche Schreib- und Zeichengeräte
- Merkhilfe
- ein zugelassenes Stochastisches Tafelwerk

- **entweder** ein nicht programmierbarer und nicht grafikfähiger Taschenrechner (für die „normale" Abiturprüfung) **oder** eines der CAS-Systeme TI-Nspire CAS (nur noch während einer Übergangsfrist zugelassen), TI-Nspire CX CAS, TI-Nspire CX II-T CAS, CASIO ClassPad 330, CASIO ClassPad II fx-CP400, Prime Graphing Calculator von Hewlett Packard (für die CAS-Abiturprüfung)

Die Merkhilfe steht auf
http://www.isb.bayern.de/gymnasium/faecher/mathematik-informatik/mathematik/weitere-informationen/merkhilfe_fuer_das_fach_mathematik/
zum Download bereit.

Sämtliche Entwürfe und Aufzeichnungen gehören zur Abiturarbeit und dürfen nur auf Papier, das den Stempel der Schule trägt, angefertigt werden.

2 Leistungsanforderungen und Bewertung

Die Bewertung Ihrer Prüfungsarbeit erfolgt auf der Grundlage zweier Korrekturen: Die Erstkorrektur führt in der Regel die Mathematiklehrkraft durch, die Sie in der Jahrgangsstufe 12 unterrichtet hat. Die Zweitkorrektur erfolgt in der Regel durch eine andere Mathematiklehrkraft Ihrer Schule. Beide Lehrkräfte korrigieren Ihre Prüfungsarbeit unabhängig voneinander. Jede Korrektur ist an die bei jeder Aufgabe am linken Rand des Angabenblattes vermerkte, maximal erreichbare Zahl von Bewertungseinheiten (BE) gebunden. Auf der Grundlage dieser Punkteverteilung ermittelt jeder Korrektor die erreichte Gesamtpunktzahl für jede Aufgabe und damit auch die erzielte Gesamtsumme der Bewertungseinheiten. Diese werden nach der folgenden Tabelle in Notenpunkte umgesetzt, die mit der **Abiturprüfung 2020** leicht zugunsten der Prüflinge verändert wurde.

Notenpunkte	Noten	Bewertungseinheiten
15	1+	120 … 114
14	1	113 … 108
13	1–	107 … 102
12	2+	101 … 96
11	2	95 … 90
10	2–	89 … 84
9	3+	83 … 78
8	3	77 … 72
7	3–	71 … 66
6	4+	65 … 60
5	4	59 … 54
4	4–	53 … 48
3	5+	47 … 40
2	5	39 … 32
1	5–	31 … 24
0	6	23 … 0

In die Bewertung geht vor allem die **fachliche Richtigkeit** und **Vollständigkeit** ein. Ein weiteres wichtiges Bewertungskriterium ist die **Darstellungsqualität**, in welche der richtige Einsatz der Fachsprache und die Strukturierung der Ausführungen einfließen. Sollten Sie in Ihrer Lösung unkonventionelle, aber richtige Wege gehen, so werden diese natürlich entsprechend gewürdigt. Auch die **Sprachrichtigkeit** (Rechtschreibung, Grammatik, Zeichensetzung) bei Erläuterungen, Beschreibungen etc. und die äußere Form gehen in die Bewertung ein.

3 Methodische Hinweise und allgemeine Tipps zur schriftlichen Prüfung

Vorbereitung

- Bereiten Sie sich **langfristig** auf die Abiturprüfung vor und fertigen Sie sich eine Übersicht über die von Ihnen bereits bearbeiteten Themen, Inhalte und Verfahren an. Teilen Sie die Inhalte in sinnvolle Teilbereiche ein und legen Sie fest, bis wann Sie welche Teilbereiche bearbeitet haben wollen.
- Es ist zweckmäßig, alle Ihre korrigierten und mit Anmerkungen (was bereitet Schwierigkeiten, was wird in der Angabe missverstanden, welche Berechnungsart ist noch zu wenig geübt, u. ä.) versehenen Bearbeitungen der Übungs- und Prüfungsaufgaben dieses Buches übersichtlich aufzubewahren, das erleichtert spätere Wiederholungen.
- Benutzen Sie zur Prüfungsvorbereitung neben diesem Übungsbuch Ihre **Unterrichtsaufzeichnungen** und das Lehrbuch.
- Verwenden Sie während der Prüfungsvorbereitung grundsätzlich die **Hilfsmittel**, die auch in der Prüfung zugelassen sind. Prägen Sie sich wichtige Stellen Ihrer Merkhilfe ein und nutzen Sie Ihren Taschenrechner mit allen Funktionen.
- Oft ist der Zeitfaktor ein großes Problem. Testen Sie, ob Sie die Aufgabe in der dafür vorgegebenen Zeit allein lösen können.
  Simulieren Sie selbst eine Prüfungssituation.
- Gehen Sie optimistisch in die Prüfung. Wer sich gut vorbereitet, braucht sich keine Sorgen zu machen.

Bearbeitung der Prüfung

- Bearbeiten Sie jedes Gebiet auf gesonderten Blättern! Das schafft Ordnung, falls Sie eine Aufgabe nicht durchgehend bearbeiten, und erleichtert Ihnen den „Wiedereinstieg“.
- Lesen Sie die Aufgabenstellungen genau durch, bevor Sie mit der Lösung einer Aufgabe beginnen.
- Es ist hilfreich, wenn Sie bei der Analyse der Aufgabenstellungen wichtige Angaben oder Informationen (z. B. gegebene Größen, Lösungshinweise) **farblich markieren**.
- Um den Lösungsansatz zu einer Aufgabe zu finden oder die gegebene Problemstellung zu veranschaulichen, kann das **Anfertigen einer Skizze** nützlich sein.

- Beachten Sie, dass in manchen Aufgaben **„Zwischenlösungen“** angegeben sind, die Ihnen als Kontrolle dienen bzw. mit denen Sie unter allen Umständen weiterarbeiten sollten.
- Falls Sie bei einer Aufgabe gar nicht weiterkommen, so halten Sie sich nicht zu lange damit auf. Versuchen Sie, mit der nächsten Aufgabe oder mit einer Aufgabe aus einem anderen Gebiet weiterzumachen. Wenn Sie die anderen Aufgaben bearbeitet haben, kommen Sie nochmals auf die angefangene Aufgabe zurück und versuchen Sie in Ruhe, eine Lösung zu finden.
- Orientieren Sie sich **nicht** zu sehr an den angegebenen **Bewertungseinheiten**: Je nach dem, was Sie im Unterricht besonders geübt haben, fällt Ihnen vielleicht genau das leicht, was für andere eine Schwierigkeit darstellt.
- Achten Sie auf die **sprachliche Richtigkeit** und eine **saubere äußere Form** Ihrer Lösungen.

4 Hinweise zum CAS

Das CAS ist ein Hilfsmittel zum Lernen (und auch zum Lehren) von Mathematik. In den vergangenen Jahren ist es Ihnen ein selbstverständlicher Begleiter beim Lösen von mathematischen Aufgabenstellungen geworden. Die folgenden Hinweise sollen die Vorbereitung auf die Abiturprüfung mit CAS unterstützen. Sie haben für alle CAS-Systeme Gültigkeit, sodass Sie die Hinweise auf das von Ihnen verwendete System übertragen können.

Vor der Prüfung

- Achten Sie vor Prüfungen (und insbesondere vor der Abiturprüfung) darauf, dass Sie den Akku Ihres Geräts geladen bzw. neue Batterien eingesetzt oder als Ersatz griffbereit haben.
- Vor Beginn der Prüfung sind die CAS-Geräte in einen einheitlichen Ausgangszustand zu versetzen. Ihre Schule hat dazu spezielle (systemabhängige) Anweisungen. Es kann sein, dass Ihr System in einen Prüfungsmodus versetzt wird – ebenso ist es denkbar, dass der Speicher vollständig gelöscht wird. Wenn Sie auf Ihrem System Dateien gespeichert haben, die Sie später wieder benötigen, sollten Sie vorher zu Hause ein Backup durchführen.
- Machen Sie sich rechtzeitig mit Bedienungshilfen Ihres Systems vertraut. So kann man z. B. den Kontrast oder die Bildschirmhelligkeit ändern (das kann bei bestimmten Lichtverhältnissen im Prüfungsraum nützlich sein). Bei manchen Systemen kann man auch Schriftgrößen ändern. Sie sollten auch wissen, wo Sie die Sprachlokalisation einstellen – wenn Sie in der Prüfung versehentlich Ihr System z. B. auf norwegische Sprache einstellen, sollten Sie wissen, wie Sie dies wieder ändern können.
- Machen Sie sich damit vertraut, wo Sie Grundeinstellungen Ihres Systems ändern können, z. B. die Anzahl angezeigter Dezimalstellen oder das Winkelmaß, in dem Ihr System in der Grundeinstellung rechnet.

- Machen Sie sich mit dem Variablenmanagement Ihres Geräts vertraut, sodass Sie Variablen löschen können oder überprüfen können, welche Variablen belegt sind. Das kann vermeintliche Fehlberechnungen (zustande gekommen durch belegte Variablen) verhindern. Manche CAS zeigen sogar bereits bei der Eingabe an, wenn eine Variable durch einen Wert belegt ist.
- Machen Sie sich mit dem Dokumentenmanagement Ihres Systems vertraut. Moderne CAS eröffnen die Möglichkeit, Berechnungen in Dokumenten zu speichern. Sie sollten wissen, wie Sie neue Dokumente erzeugen, abspeichern, editieren und später darauf zugreifen können.
- Ihr CAS besitzt eine „Rückgängig"-Funktion. Sie sollten wissen, wie Sie diese benutzen können.
- Machen Sie sich rechtzeitig mit Hilfesystemen Ihres Geräts vertraut. So gibt es z. B. die Möglichkeit, zu einzelnen Befehlen eine kleine Syntax-Erklärung anzeigen zu lassen. Das kann bei Unsicherheiten während der Prüfung hilfreich sein.
- Machen Sie sich mit dem Funktionsplotter Ihres Systems vertraut, sodass Sie Sicherheit im Einstellen des Anzeigebereichs gewinnen. Für verschiedene Bedürfnisse gibt es oftmals eigene Einstellungsmöglichkeiten (automatische Anpassung an vorher gewählten x-Bereich, trigonometrische Funktionen, Auswahl bestimmter Quadranten, u. ä.).
- CAS rechnen (nach Möglichkeit) exakt. Machen Sie sich damit vertraut, wie Sie bewusst Näherungslösungen erzwingen können.
- Entwickeln Sie eine eigene Systematik für die Vergabe von Variablen und Bezeichnungen. Beispiele:
  - „f(x)" für den Funktionsterm,
  - „fs(x)" für den Term der ersten Ableitung,
  - „fss(x)" für den Term der zweiten Ableitung
  - „va", „vb" für die Vektoren $\vec{a}$ und $\vec{b}$
  - „a" für den Ortsvektor des Punktes A
  - „gg(x)", „gh(x)" für die Gerade g bzw. die Gerade h
  - …

Während der Prüfung

- Wenn Ihr CAS ein Dokumentenmanagement besitzt, sollten Sie sich angewöhnen, für zumindest jede größere Aufgabenstellung ein eigenes Dokument zu verwenden. Das hat den Vorteil, dass in einem neuen Dokument der Variablenspeicher zurückgesetzt wird und Sie daher jeden Variablennamen im Dokument nutzen können. Zudem können Sie dadurch Fehler durch unwissentliches Übernehmen von Variablen, die bereits mit Werten belegt sind, vermeiden. Wenn Sie im weiteren Verlauf der Prüfung an einer anderen Aufgabe arbeiten, können Sie das zugehörige Dokument öffnen und müssen nicht alle Variablen und Funktionen neu definieren.
- Es ist zweckmäßig, Namen von Variablen und Funktionen so zu wählen, wie sie in der Aufgabenstellung vorgegeben werden. Achten Sie darauf, dass Sie den gleichen Namen nicht mehrfach vergeben und dadurch die definierten Werte oder Terme überschreiben.

- Sollte ein unerwartetes Ergebnis auftreten, überprüfen Sie immer Ihre Eingabe. So kann es sein, dass z. B. der Term „ab – a · b“ nicht vom CAS vereinfacht wird, weil Sie im ersten Teil vergessen haben, das Multiplikationszeichen einzugeben und das CAS nun dies als eigenständige Variable „ab“ interpretiert.
- Machen Sie sich stets die vorliegende Situation klar und prüfen Sie die vom CAS erhaltenen Ergebnisse auf Plausibilität. Vertrauen Sie dem CAS nicht blind.
- Vergessen Sie nicht, dass Sie mit einem CAS schnell z. B. Funktionsgraphen erhalten. Das kann Überlegungen unterstützen, wie z. B. die Frage nach Vorzeichenbereichen oder Grenzwerten.
- Beachten Sie die Formulierung von Aufgabenstellungen. Manchmal werden Anforderungen an die Dokumentation von Lösungen gestellt (vgl. weiter unten).

Zur Dokumentation von Lösungen
- Dokumentieren Sie Ihre Lösungen nachvollziehbar, wie im Unterricht besprochen.
- Verzichten Sie in Ihren Lösungen auf Syntax.
- Beachten Sie Formulierungen in den Aufgabenstellungen.
  Folgende Beispiele veranschaulichen mögliche Aufgabenstellungen, stellen aber keinen verbindlichen Anforderungskatalog dar:

Geben Sie … an.	Es ist keine Begründung nötig. (vgl. 2021 Prüfungsteil A Analysis Gruppe 1 2a)
Begründen Sie …	Hier können Ausgaben des CAS zur Begründung herangezogen werden. (vgl. 2020 Prüfungsteil B Analysis Gruppe 2 1d)
Begründen Sie anhand des Funktionsterms …	Begründungen müssen von der Struktur und den Eigenschaften des Terms ausgehen. Nur mit Ausgaben des CAS allein zu argumentieren, reicht nicht aus. Das CAS kann für Termumformungen und Rechnungen eingesetzt werden. (vgl. 2020 Prüfungsteil B Analysis Gruppe 1 1a)
Weisen Sie rechnerisch nach …	Das CAS kann uneingeschränkt genutzt werden. (vgl. 2020 Prüfungsteil B Geometrie Gruppe 2 e)
Berechnen Sie schrittweise und nachvollziehbar …	Einzelne Schritte müssen erkennbar sein. CAS kann zu Berechnungen genutzt werden. Eine schrittweise Lösung kann auch in einer schrittweisen numerischen Annäherung bestehen.
Berechnen Sie …	„Berechnen“ kann auch mit CAS geschehen. (vgl. 2020 Prüfungsteil B Stochastik Gruppe 2 4a)
Zeigen Sie mithilfe des Funktionsterms schrittweise und nachvollziehbar …	Zur Argumentation muss der Term (seine Struktur, seine Eigenschaften) verwendet werden. Die Dokumentation muss so gestaltet sein, dass einzelne Schritte erkennbar sind. Das CAS kann zu Umformungen eingesetzt werden.

Bestimmen Sie näherungsweise mithilfe von Abbildung …	Die Abbildung muss verwendet werden (auch, wenn man die Aufgabenstellung rein rechnerisch durch CAS lösen könnte).
Begründen Sie mithilfe der Funktionsterme …	In der Argumentation müssen die Eigenschaften der Terme herangezogen werden. Das CAS kann zu Umformungen eingesetzt werden. (vgl. 2020 Prüfungsteil B Analysis Gruppe 1 1a)
Bestimmen Sie …	Die Überlegungen, die zur Bestimmung führen, müssen dokumentiert sein. CAS kann uneingeschränkt eingesetzt werden. (vgl. 2021 Prüfungsteil B Analysis Gruppe 1 2b)
Ermitteln Sie …	Die Schritte der Überlegungen, die zur Bestimmung führen, müssen dokumentiert werden. CAS kann uneingeschränkt eingesetzt werden. (vgl. 2021 Prüfungsteil B Stochastik Gruppe 2 2c)
Machen Sie plausibel …	Zu zeigen ist, dass die Situation in den umgebenden Kontext passend eingeordnet werden kann. CAS kann dazu uneingeschränkt genutzt werden. (vgl. 2018 Prüfungsteil A Analysis Gruppe 2 3)

Abitur Mathematik (Bayern): Prüfungsteil A
Übungsaufgabe 1

Analysis

BE

1. Gegeben ist die Funktion

$$f(x) = 3 - x + \frac{1}{x-3}.$$

a) Bestimmen Sie den Definitionsbereich $\mathbb{D}_f$. 1

b) Wie verhält sich die Funktion an den Rändern des Definitionsbereichs? 4

c) Geben Sie alle Asymptoten der Funktion an. 3

2. Gegeben sind sechs Graphen, die die drei Funktionen

$f(x) = e^{x+1}$ $\quad$ $g(x) = \ln(x+1)$ $\quad$ $h(x) = e^x + 1$

mit maximalem Definitionsbereich sowie ihre jeweiligen Ableitungen zeigen. Ordnen Sie die Graphen entsprechend zu. 6

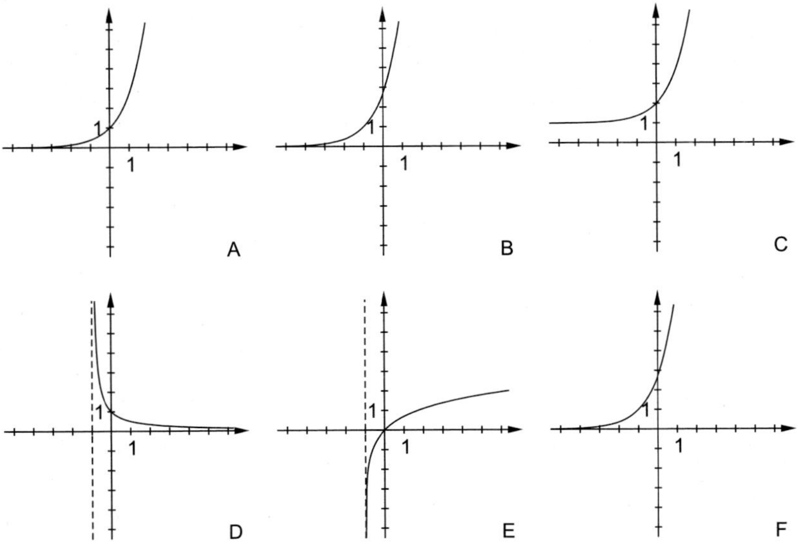

*3. a) Beschreiben Sie, wie der Graph der Funktion $f(x) = \frac{3}{2}\sin\left(\frac{2}{3}x\right) - 1$ aus dem Graphen der Funktion $y = \sin x$ entwickelt werden kann. 3

* Die Aufgabe 3 ist für die Abiturprüfung 2023 nicht relevant.

b) Beschreiben Sie, wie sich grafisch eine Lösung der Gleichung

$$\frac{3}{2}\sin\left(\frac{2}{3}x\right)-1=-\frac{1}{2}x$$

finden lässt. 3

20

Stochastik

BE

1. A und B sind zwei unabhängige Ereignisse eines Zufallsexperiments, für die gilt:

   $$P(A)=\frac{1}{5} \quad \text{und} \quad P(A\cup B)=\frac{1}{2}$$

   Berechnen Sie:

   a) $P(B)$ 2

   b) $P(A\setminus B)$ 1

2. Eine Firma braucht 5 neue Mitarbeiter. Nach ersten Gesprächen sind noch 15 geeignete Bewerber (9 Männer und 6 Frauen) „im Rennen“.
   Beschreiben Sie ein Ereignis, dessen Wahrscheinlichkeit durch den Term

   $$P(E)=\frac{\binom{9}{5}+\binom{9}{4}\cdot\binom{6}{1}}{\binom{15}{5}}$$

   angegeben werden kann, im Sachzusammenhang. 2

5

Geometrie

BE

Gegeben ist die Ebene $E: 2x_1-x_2+4x_3+6=0$.

a) Für welches s verläuft die Gerade

$$g: \vec{X}=\begin{pmatrix}3\\4\\-2\end{pmatrix}+\lambda\begin{pmatrix}s\\6\\-1\end{pmatrix} \quad \text{mit } \lambda\in\mathbb{R}$$

parallel zur Ebene E? 2

b) Liegt die Gerade g dann in der Ebene E? 1

c) Geben Sie eine Parametergleichung der Ebene E an. 2

5

Tipps und Hinweise

Analysis

Aufgabe 1 a

- Um welche Art Funktion handelt es sich bei f(x)?
- Warum besitzen die meisten gebrochen-rationalen Funktionen einen eingeschränkten Definitionsbereich?
- Der Nenner eines Bruchs darf nie den Wert null annehmen.

Aufgabe 1 b

- Wie viele Ränder hat der Definitionsbereich?
- Schreiben Sie den Definitionsbereich in Intervallschreibweise.
- $\mathbb{R}\setminus\{3\} =]-\infty; 3[\cup]3; +\infty[$
- Den vier Rändern müssen die vier Grenzwerte entsprechen.
- Es sind Grenzwerte zu bilden für $x \to +\infty$; $x \to -\infty$; $x \to 3^+$ und $x \to 3^-$.
- $x \to 3^+$ bedeutet, dass Sie x-Werte betrachten, die beliebig nahe an 3 liegen, jedoch stets größer als 3 sind.
- $x \to 3^-$ bedeutet, dass Sie x-Werte betrachten, die beliebig nahe an 3 liegen, jedoch stets kleiner als 3 sind.
- Bilden Sie die Grenzwerte, indem Sie zunächst anstelle von x den jeweiligen Wert (also $+\infty$ bzw. $-\infty$ bzw. 3^+ bzw. 3^-) setzen.
- Für die Grenzwerte $x \to \pm\infty$ erhalten Sie Brüche, deren Nenner unendlich groß $(+\infty)$ bzw. unendlich klein $(-\infty)$ sind.
- Was geschieht mit dem Wert eines Bruchs, wenn sich der Nenner vergrößert?
  Z. B. $\frac{1}{10}; \frac{1}{100}; \frac{1}{1\,000}; \frac{1}{1\,000\,000}; \frac{1}{1\,000\,000\,000}; \ldots$
- Das Vorzeichen des Nenners darf auch vor den Bruch geschrieben werden:
  Z. B. $\frac{a}{-b} = -\frac{a}{b}$
- Für den Grenzwert $x \to 3^+$ erhalten Sie einen Bruch mit dem Nenner $3^+ - 3$. Da 3^+ eine Zahl ist, die zwar nahe bei 3 liegt, aber größer ist als 3 (z. B. 3,01 oder 3,001 oder 3,0001 …), ist die Differenz eine sehr kleine, positive Zahl, also 0^+.
- Für den Grenzwert $x \to 3^-$ erhalten Sie einen Bruch mit dem Nenner $3^- - 3$. Da 3^- eine Zahl ist, die zwar nahe bei 3 liegt, aber kleiner ist als 3 (z. B. 2,99 oder 2,999 oder 2,9999 …), ist die Differenz eine – vom Betrag – sehr kleine, negative Zahl, also 0^-.
- Was geschieht mit dem Wert eines Bruchs, wenn sich der Nenner verkleinert?
  Z. B. $\frac{1}{\frac{1}{10}}; \frac{1}{\frac{1}{100}}; \frac{1}{\frac{1}{1\,000}}; \frac{1}{\frac{1}{1\,000\,000}}; \ldots$

Aufgabe 1 c

Betrachten Sie die Grenzwerte für $x \to 3^{\pm}$.

Die Funktionswerte von f(x) werden für $x \to 3^{\pm}$ also beliebig groß bzw. klein.

Welcher Geraden nähert sich der Funktionsgraph für $x \to 3^{\pm}$ an?

Betrachten Sie den Funktionsterm.

Der gebrochene Teil des Funktionsterms $\left(\frac{1}{x-3}\right)$ strebt für $x \to \pm\infty$ gegen null (siehe Grenzwerte in Aufgabe 1 b).

Der „Rest" des Funktionsterms $(3-x)$ bildet die Gleichung der Geraden $y = 3 - x$, die die schräge (Steigung $m = -1$) Asymptote der Funktion darstellt.

Aufgabe 2

Bilden Sie zu jeder der drei gegebenen Funktionen die Ableitung.

Beachten Sie, dass B und F identische Graphen sind.

Die Graphen A, B, C und F haben dieselbe Form, sind aber verschoben (B und F im Vergleich zu A nach links, C nach oben).

Nutzen Sie die Asymptoten bei D und E.

Beachten Sie bei D und E den Definitionsbereich.

Aufgabe 3 a

Die Entwicklung erfolgt in drei Schritten.

Jeder Schritt ist durch eine Zahl im Funktionsterm von f(x) bedingt:

$$f(x) = \underset{\uparrow}{\frac{3}{2}} \sin\left(\underset{\uparrow}{\frac{2}{3}} x\right) - \underset{\uparrow}{1}$$

Die Reihenfolge der Schritte wird von Ihnen gewählt.

Als Veränderungen kommen infrage:

- Änderung der Periode
- Änderung der Amplitude
- Verschiebung in x-Richtung
- Verschiebung in y-Richtung

$y = \sin(ax)$ hat die Periode $\frac{1}{a} \cdot 2\pi$.
$y = c \cdot \sin x$ hat die Amplitude c.
$y = \sin(x+b)$ ist verschoben um $-b$ in x-Richtung.
$y = \sin x + d$ ist verschoben um d in y-Richtung.

Aufgabe 3 b

- Fassen Sie beide Seiten der Gleichung als je eine Funktion auf.
- Das algebraische Gleichsetzen zweier Funktionsterme entspricht dem grafischen Schnitt zweier Funktionsgraphen.
- Welche Variable soll als Lösung der Gleichung bestimmt werden?
- Der Schnittpunkt zweier Funktionsgraphen hat eine x- und eine y-Koordinate. Welche entspricht der Lösung der Gleichung?

Stochastik

Aufgabe 1 a

- Achten Sie darauf, dass die Wahrscheinlichkeit der Vereinigungs-, **nicht** der Schnittmenge von A und B gegeben ist.
- Wie lässt sich die Wahrscheinlichkeit der Vereinigungsmenge darstellen?
- Es gilt der Additionssatz: $P(A \cup B) = P(A) + P(B) - P(A \cap B)$
- A und B sollen unabhängig sein. Was folgt daraus?
- A und B sind unabhängig, wenn $P(A \cap B) = P(A) \cdot P(B)$ gilt.
- Einsetzen der gegebenen Werte in den Additionssatz liefert eine Gleichung für P(B).

Aufgabe 1 b

- Veranschaulichen Sie sich die Menge A\B in einem Mengendiagramm.
- Beachten Sie auch hier die Unabhängigkeit von A und B.

Aufgabe 2

- Betrachten Sie den Nenner. Wie spricht man ihn?
- Es werden „5 aus 15“ ausgesucht.
- Im Zähler steht eine Summe.
- Im Zähler wird nach männlich und weiblich unterschieden.
- Welche beiden Ereignisse werden im Zähler dargestellt?
- Fassen Sie die beiden Ereignisse sprachlich zusammen.

Aufgabe a

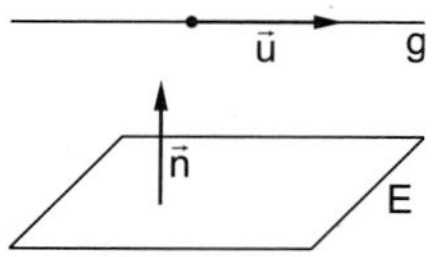

- Skizzieren Sie eine Ebene und eine dazu parallele Gerade.
- Sie kennen den Richtungsvektor der Geraden und den Normalenvektor der Ebene.
- Welche Lage müssen Richtungsvektor und Normalenvektor zueinander haben, damit $g \parallel E$ gilt?
- Zwei Vektoren stehen aufeinander senkrecht, wenn ihr Skalarprodukt null ergibt.
- Berechnung des Skalarprodukts:

$$\vec{a} \circ \vec{b} = \begin{pmatrix} a_1 \\ a_2 \\ a_3 \end{pmatrix} \circ \begin{pmatrix} b_1 \\ b_2 \\ b_3 \end{pmatrix} = a_1 b_1 + a_2 b_2 + a_3 b_3$$

Aufgabe b

- Die Lage von g ist durch Richtungsvektor und Aufpunkt bestimmt.
- Gehört der Aufpunkt von g der Ebene E an?
- Erfüllen die Koordinaten des Aufpunkts die Ebenengleichung?

Aufgabe c

- Lösen Sie die Ebenengleichung nach einem x_i (hier am leichtesten x_2) auf.
- Die anderen beiden x_i werden zu Parametern.
- Wenn Sie die drei Gleichungen für die x_i sauber untereinanderschreiben, entsteht eine Vektorgleichung für den Ebenenpunkt X.

oder:

- Suchen Sie mithilfe der Ebenengleichung drei Punkte, die auf E und nicht auf einer Geraden liegen.
- Die Parametergleichung der Ebene ergibt sich durch die 3-Punkte-Form:
  $\vec{X} = \vec{A} + \lambda \overrightarrow{AB} + \mu \overrightarrow{AC}$

oder:

- Mit der Geraden g hat man bereits den Aufpunkt und einen Richtungsvektor.
- Man sucht also nur noch einen weiteren Punkt (der nicht auf g liegt!).

Lösungen

Analysis

1. a) $\mathbb{D}_f = \mathbb{R} \setminus \{3\}$

b) $\lim\limits_{x \to +\infty} f(x) = \lim\limits_{x \to +\infty} \left(3 - x + \frac{1}{x-3}\right) = „3 - \infty + \frac{1}{\infty}“ = „3 - \infty + 0“ = -\infty$

$\lim\limits_{x \to -\infty} f(x) = \lim\limits_{x \to -\infty} \left(3 - x + \frac{1}{x-3}\right) = „3 - (-\infty) + \frac{1}{-\infty}“ = „3 + \infty - \frac{1}{\infty}“$

$= „3 + \infty - 0“ = +\infty$

$\lim\limits_{x \to 3^+} f(x) = \lim\limits_{x \to 3^+} \left(3 - x + \frac{1}{x-3}\right) = „3 - 3^+ + \frac{1}{3^+ - 3}“ = „(3 - 3^+) + \frac{1}{0^+}“$

$= „0^- + \infty“ = +\infty$

$\lim\limits_{x \to 3^-} f(x) = \lim\limits_{x \to 3^-} \left(3 - x + \frac{1}{x-3}\right) = „3 - 3^- + \frac{1}{3^- - 3}“ = „(3 - 3^-) + \frac{1}{0^-}“$

$= „0^+ - (+\infty)“ = -\infty$

c) senkrechte Asymptote: $x = 3$
schräge Asymptote: $y = 3 - x$, da $\lim\limits_{x \to \pm\infty} \frac{1}{x-3} = 0$

2. Die Graphen müssen den sechs Funktionen

$f(x) = e^{x+1}$	$g(x) = \ln(x+1)$	$h(x) = e^x + 1$
$f'(x) = e^{x+1}$	$g'(x) = \frac{1}{x+1}$	$h'(x) = e^x$

zugeordnet werden.

A zeigt den Graphen von $y = e^x$.	$\Rightarrow$	A zeigt den Graphen von $h'(x)$.
B zeigt den um 1 nach links verschobenen Graphen von $y = e^x$; also den Graphen von $y = e^{x+1}$.	$\Rightarrow$	B zeigt den Graphen von $f(x) = f'(x)$.
C zeigt den um 1 nach oben verschobenen Graphen von $y = e^x$; also den Graphen von $y = e^x + 1$.	$\Rightarrow$	C zeigt den Graphen von $h(x)$.
D besitzt die Asymptoten $y = 0$ und $x = -1$; somit hat die hier gezeigte Funktion eine Definitionslücke bei $x = -1$.	$\Rightarrow$	D zeigt den Graphen von $g'(x)$.

E zeigt den um 1 nach links verschobenen Graphen von $y = \ln x$; also den Graphen von $y = \ln(x+1)$. $\Rightarrow$ E zeigt den Graphen von g(x).

F ist identisch mit B. $\Rightarrow$ F zeigt den Graphen von $f(x) = f'(x)$.

3. a) $y = \sin x$

$y = \sin\left(\frac{2}{3}x\right)$ — gleiche Amplitude; Dehnung der Periode auf $\frac{3}{2} \cdot 2\pi = 3\pi$

$y = \frac{3}{2}\sin\left(\frac{2}{3}x\right)$ — Dehnung der Amplitude auf $\frac{3}{2}$; Periode bleibt 3π

$y = \frac{3}{2}\sin\left(\frac{2}{3}x\right) - 1$ — Verschiebung des Graphen um 1 nach unten

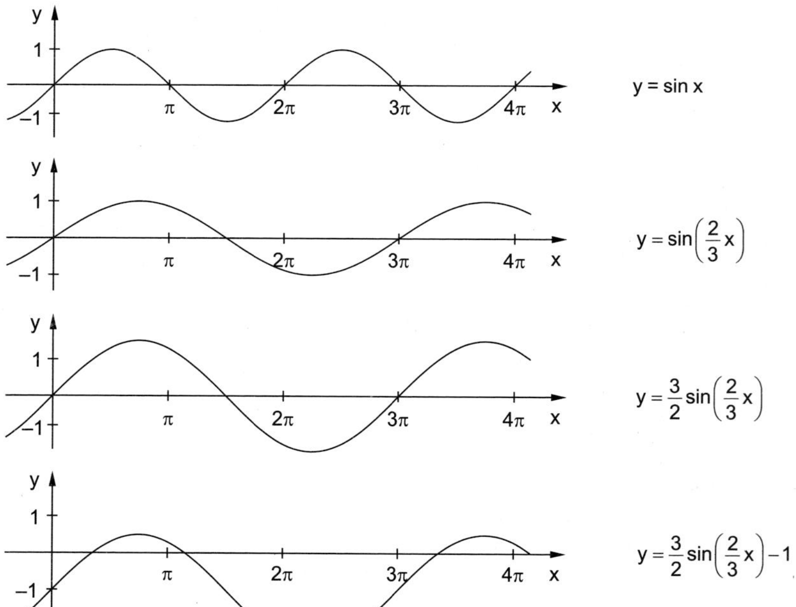

Die Funktionsgraphen sind *nicht* verlangt (die Arbeitsanweisung lautet „beschreiben Sie“). Sie sind hier nur zur Veranschaulichung eingefügt.

b) Man zeichnet in *ein* Koordinatensystem die Graphen der *beiden* Funktionen $f(x) = \frac{3}{2}\sin\left(\frac{2}{3}x\right) - 1$ und $g(x) = -\frac{1}{2}x$.

Der x-Wert des Schnittpunkts der beiden Graphen ist Lösung der Gleichung (es ergibt sich ein im Koordinatensystem abgelesener Näherungswert x_0).

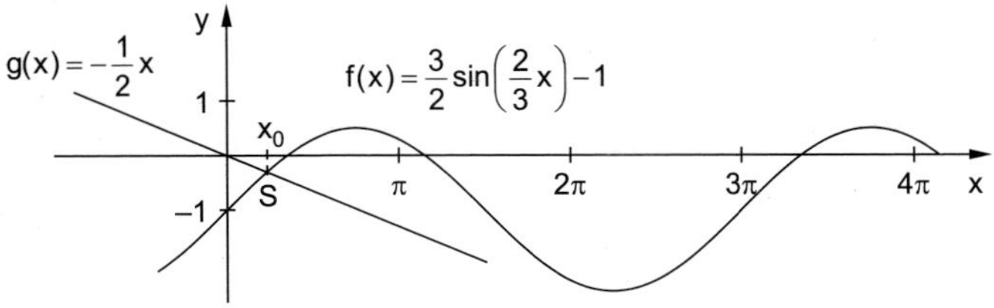

Auch hier ist die Zeichnung nicht verlangt, sondern dient nur der Veranschaulichung.

Stochastik

1. a) Additionssatz: $P(A \cup B) = P(A) + P(B) - P(A \cap B)$

   Da A und B unabhängig sind, muss gelten: $P(A \cap B) = P(A) \cdot P(B)$

   Somit:

   $P(A \cup B) = P(A) + P(B) - P(A) \cdot P(B)$

   $$\frac{1}{2} = \frac{1}{5} + P(B) - \frac{1}{5} \cdot P(B)$$

   $$\frac{1}{2} - \frac{1}{5} = \frac{4}{5} \cdot P(B)$$

   $$\frac{5}{10} - \frac{2}{10} = \frac{4}{5} \cdot P(B)$$

   $$\frac{3}{10} = \frac{4}{5} \cdot P(B)$$

   $$P(B) = \frac{3}{10} : \frac{4}{5} = \frac{3}{10} \cdot \frac{5}{4} = \frac{3}{8}$$

   b) $P(A \setminus B) = P(A) - P(A \cap B) = P(A) - P(A) \cdot P(B)$

   $$= \frac{1}{5} - \frac{1}{5} \cdot \frac{3}{8} = \frac{8}{40} - \frac{3}{40} = \frac{5}{40} = \frac{1}{8}$$

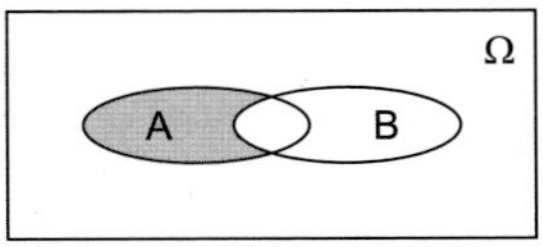

2. Aus den 15 Bewerbern werden 5 ausgesucht, die entweder alle 5 männlich sind oder von denen 4 männlich sind und 1 weiblich ist.
   Somit: Aus den 15 Bewerbern werden 5 ausgesucht, von denen mindestens 4 männlich sind.

   oder:

   Aus den 15 Bewerbern werden 5 ausgesucht, von denen höchstens 1 weiblich ist.

a) Die Gerade verläuft parallel zur Ebene, wenn der Richtungsvektor der Geraden auf dem Normalenvektor der Ebene senkrecht steht, ihr Skalarprodukt also null ergibt.

$$\begin{pmatrix} s \\ 6 \\ -1 \end{pmatrix} \circ \begin{pmatrix} 2 \\ -1 \\ 4 \end{pmatrix} = 0$$

$$\begin{aligned} 2s - 6 - 4 &= 0 \\ 2s &= 10 \\ s &= 5 \end{aligned}$$

b) Die mit $s = 5$ zu E parallele Gerade g liegt in der Ebene E, wenn der Aufpunkt der Geraden in der Ebene liegt.

$2 \cdot 3 - 4 + 4 \cdot (-2) + 6 = 6 - 4 - 8 + 6 = 0$

Also gehört der Aufpunkt der Ebene an und somit gilt $g \subset E$.

c) Man löst die Ebenengleichung nach einem x_i auf und setzt für die anderen beiden x_i die beiden Parameter:

$$\begin{aligned} E:\; x_2 &= 2x_1 + 4x_3 + 6 \\ x_1 &= \lambda \\ x_3 &= \mu \\ \Rightarrow\; x_2 &= 2\lambda + 4\mu + 6 \end{aligned}$$

Fasst man die drei Gleichungen für x_1, x_2 und x_3 als Vektorgleichung zusammen, so ergibt sich:

$$E:\; \vec{X} = \begin{pmatrix} 0 \\ 6 \\ 0 \end{pmatrix} + \lambda \begin{pmatrix} 1 \\ 2 \\ 0 \end{pmatrix} + \mu \begin{pmatrix} 0 \\ 4 \\ 1 \end{pmatrix} \quad \text{mit } \lambda, \mu \in \mathbb{R}$$

oder:

Man sucht 3 Punkte, die in der Ebene E liegen.
Bereits bekannt: $(3|4|-2)$
Mögliche weitere Punkte: $(0|6|0)$ und $(-3|0|0)$
Daraus ergibt sich z. B.:

$$E:\; \vec{X} = \begin{pmatrix} 0 \\ 6 \\ 0 \end{pmatrix} + \lambda \left[\begin{pmatrix} 3 \\ 4 \\ -2 \end{pmatrix} - \begin{pmatrix} 0 \\ 6 \\ 0 \end{pmatrix} \right] + \mu \left[\begin{pmatrix} -3 \\ 0 \\ 0 \end{pmatrix} - \begin{pmatrix} 0 \\ 6 \\ 0 \end{pmatrix} \right]$$

$$= \begin{pmatrix} 0 \\ 6 \\ 0 \end{pmatrix} + \lambda \begin{pmatrix} 3 \\ -2 \\ -2 \end{pmatrix} + \mu \begin{pmatrix} -3 \\ -6 \\ 0 \end{pmatrix} = \begin{pmatrix} 0 \\ 6 \\ 0 \end{pmatrix} + \lambda \begin{pmatrix} 3 \\ -2 \\ -2 \end{pmatrix} + \mu \begin{pmatrix} 1 \\ 2 \\ 0 \end{pmatrix} \quad \text{mit } \lambda, \mu \in \mathbb{R}$$

oder:

Man verwendet die Gerade g und sucht noch einen weiteren Punkt, z. B. (0|6|0).
Daraus ergibt sich:

$$E: \vec{X} = \begin{pmatrix} 3 \\ 4 \\ -2 \end{pmatrix} + \lambda \begin{pmatrix} 5 \\ 6 \\ -1 \end{pmatrix} + \mu \left[\begin{pmatrix} 0 \\ 6 \\ 0 \end{pmatrix} - \begin{pmatrix} 3 \\ 4 \\ -2 \end{pmatrix} \right] = \begin{pmatrix} 3 \\ 4 \\ -2 \end{pmatrix} + \lambda \begin{pmatrix} 5 \\ 6 \\ -1 \end{pmatrix} + \mu \begin{pmatrix} -3 \\ 2 \\ 2 \end{pmatrix} \quad \text{mit } \lambda, \mu \in \mathbb{R}$$

Abitur Mathematik (Bayern): Prüfungsteil A
Übungsaufgabe 2

Analysis

BE

1. Gegeben ist die Funktion $f(x) = \dfrac{x^2 - 2}{x^2 + x}$.

   a) Bestimmen Sie den Definitionsbereich $\mathbb{D}_f$. 2

   b) Geben Sie eine Gleichung der Tangente an den Graphen von f an der Stelle $x = 1$ an. 4

2. Gegeben sind drei Graphen, die eine Funktion sowie ihre 1. und 2. Ableitung zeigen. Ordnen Sie die Graphen entsprechend zu und begründen Sie Ihre Wahl. 6

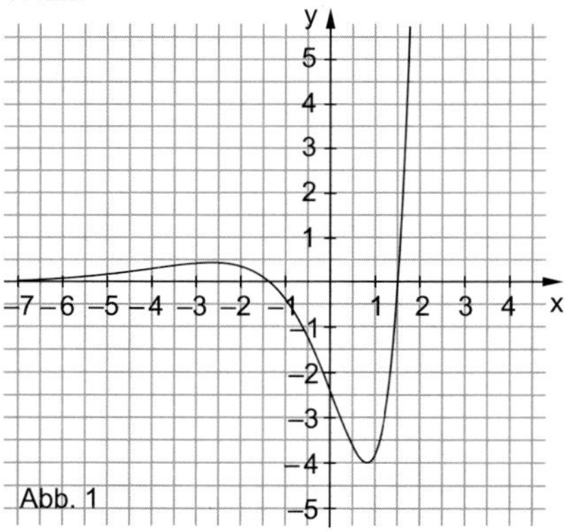

Abb. 1

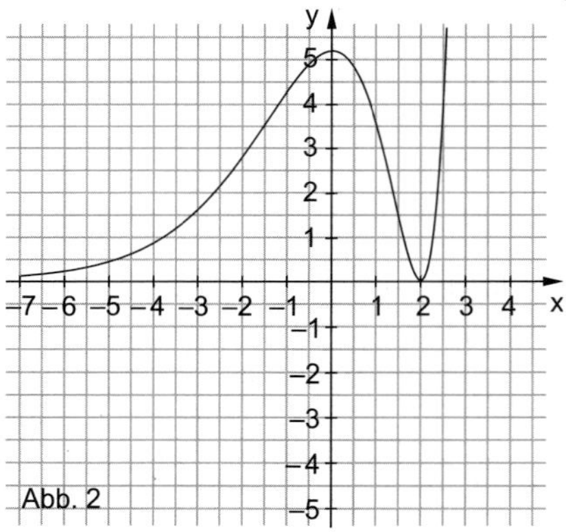

Abb. 2

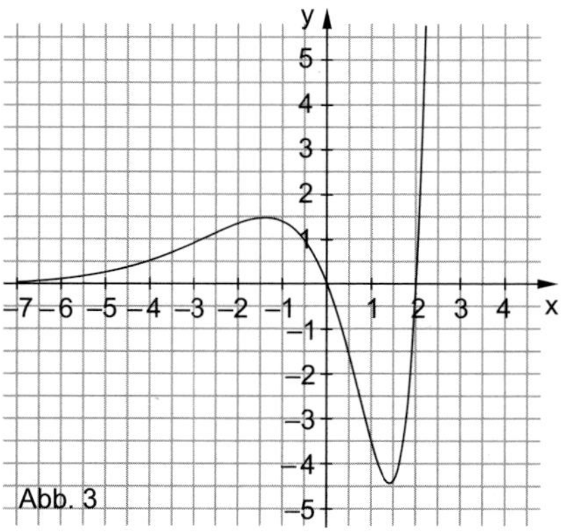

Abb. 3

3. Lösen Sie die Gleichung $e^x - 4e^{-x} = 0$. 4

∗ 4. Bestimmen Sie für die beiden Funktionen jeweils den Term einer Stammfunktion.

$$f(x) = 2\cos\left(\frac{1}{4}x\right) - \frac{1}{2}x^4 \qquad g(x) = \frac{2x+3}{x^2+3x-1}$$ $\frac{4}{20}$

Stochastik

BE

Bei einer Umfrage (60 % der Beteiligten männlich) geben 30 % der Frauen und 80 % der Männer an, regelmäßig Fußball zu schauen.

a) Fertigen Sie eine Vierfeldertafel an. 2

b) Tragen Sie beim Baumdiagramm an allen Pfaden die zugehörigen Wahrscheinlichkeiten an.

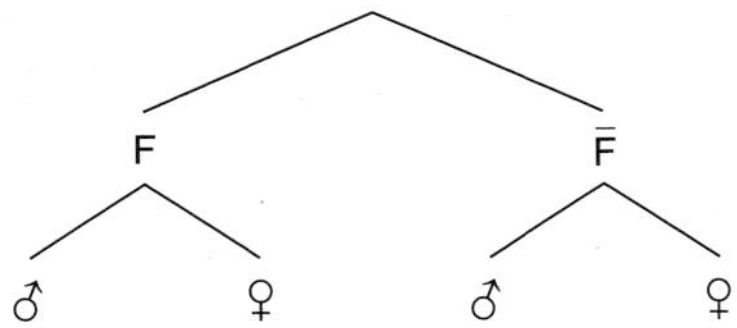

$\frac{3}{5}$

Geometrie

BE

Die Vektoren $\vec{a}$, $\vec{b}$ und $\vec{c}$ legen das Prisma OABCDE fest. Es gilt:

$$\overrightarrow{OR} = \frac{2}{3}\overrightarrow{OA}$$

$$\overrightarrow{RS} = \frac{3}{4}\overrightarrow{RE}$$

$$\overrightarrow{CT} = \frac{1}{6}\overrightarrow{CD}$$

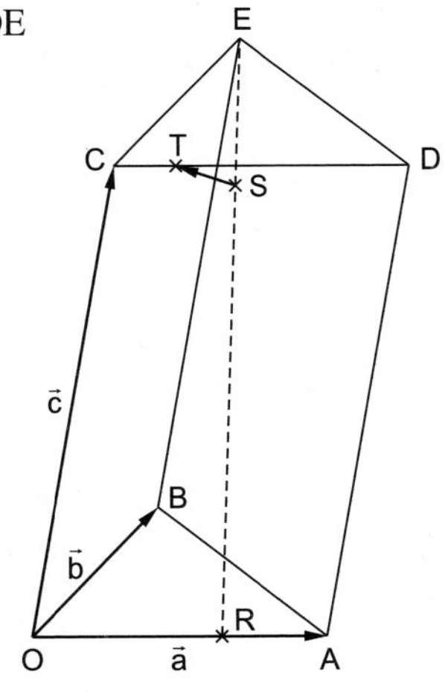

a) Stellen Sie den Vektor $\overrightarrow{ST}$ durch die Vektoren $\vec{a}$, $\vec{b}$ und $\vec{c}$ dar. 2

b) Interpretieren Sie das Ergebnis geometrisch. 2

c) Geben Sie mithilfe der Vektoren $\vec{a}$, $\vec{b}$ und $\vec{c}$ eine Parameterdarstellung der Ebene F durch die Punkte A, D und E an. $\frac{1}{5}$

* Die Funktion f ist für die Abiturprüfung 2023 nicht relevant.

Tipps und Hinweise

Analysis

Aufgabe 1 a

- Der Nenner eines Bruches darf nicht null werden.
- Faktorisieren Sie den Nenner.
- Ein Produkt ist null, wenn einer der Faktoren null ist.

Aufgabe 1 b

- Wie heißen die Koordinaten des Punkts auf dem Funktionsgraphen, durch den die Tangente verlaufen soll?
- Jede Tangente hat als Gerade die Gleichung $y = m \cdot x + t$.
- Die Steigung der Tangente ergibt sich mithilfe der 1. Ableitung $f'(x)$.
- Wie nennt man einen Rechenausdruck, der die Form des Funktionsterms hat?
- Beachten Sie bei der Berechnung von $f'(x)$ die Quotientenregel.
  $$f(x) = \frac{u(x)}{v(x)} \quad \Rightarrow \quad f'(x) = \frac{u'(x) \cdot v(x) - u(x) \cdot v'(x)}{[v(x)]^2}$$
- Durch welche Zahl müssen Sie in $f'(x)$ das x ersetzen, um die gesuchte Tangentensteigung zu erhalten?
- Beachten Sie, dass die Tangente durch den Ihnen bekannten Punkt (mit $x = 1$) verläuft.

Aufgabe 2

- Aus „$f'(x)$ ist 1. Ableitung von $f(x)$“ folgt „$f(x)$ ist Stammfunktion von $f'(x)$“.
- Beachten Sie den HDI – Hauptsatz der Differenzial- und Integralrechnung. Der HDI besagt, dass die Ableitung jeder Stammfunktion von $f(x)$ mit der Funktion $f(x)$ identisch ist: $F'(x) = f(x)$
- Was folgt aus $F'(x) = f(x)$ für die Extremstellen von $F(x)$?
- $F'(x) = 0$ liefert Extremstellen von $F(x)$.
  $f(x) = 0$ liefert Nullstellen von $f(x)$.
- Lesen Sie für jede Abbildung die Nullstellen und die Extremstellen aus der Zeichnung ab. Es geht dabei **nur** um die jeweiligen „Stellen“, also **nur** um die x-Werte.
- Stimmen die Extremstellen einer Abbildung mit den Nullstellen einer anderen Abbildung überein? Was folgt daraus?
- Wie lassen sich die Abbildungen zu einer „Kette“ hintereinander anordnen?

Aufgabe 3

- Wie lässt sich e^{-x} auch schreiben?
- Multiplizieren Sie die Gleichung so, dass keine Potenz mit negativem Exponenten bzw. kein Bruch mehr auftritt.
- $e^x \cdot e^x = (e^x)^2$
- Sie erhalten für e^x zwei Lösungen.
- Aus $e^x = a$ folgt $x = \ln a$.
- Es gilt $e^x > 0$ für alle $x \in \mathbb{R}$.

oder:

- Formen Sie die Gleichung so um, dass auf beiden Seiten eine Potenz von e steht.
- Logarithmieren Sie beide Seiten.
- $\ln x$ und e^x sind Funktion und Umkehrfunktion. Sie „heben sich auf".
- $\ln(e^x) = x$
- Beachten Sie die Rechenregeln für Logarithmen.
- $\ln(uv) = \ln u + \ln v$ und $\ln u^z = z \ln u$

Aufgabe 4

- Bei f(x) suchen Sie für jedes der beiden Glieder getrennt die Stammfunktion.
- Es gilt: $\int \cos x \, dx = \sin x + C$
- Beachten Sie, dass das Argument bei der cos-Funktion nicht x, sondern $\frac{1}{4}x$ lautet.
- Wenn Sie die Stammfunktion zur Kontrolle ableiten, müssen Sie also die Kettenregel beachten: $(\sin(ax))' = \cos(ax) \cdot a$
- Für das zweite Glied von f(x) gilt $\int x^r \, dx = \frac{1}{r+1} \cdot x^{r+1} + C$.
- Welche Eigenschaft hat der Zähler von g(x) bezüglich des Nenners?
- Es gilt: $\int \frac{f'(x)}{f(x)} \, dx = \ln|f(x)| + C$

Stochastik

Aufgabe a

- Die beiden Seiten der Vierfeldertafel kennzeichnen das Geschlecht (männlich oder weiblich) und das Verhältnis zum Fußball (F: „schaut regelmäßig Fußball“ oder $\overline{F}$: „schaut nicht regelmäßig Fußball“).
- Achten Sie beim Ausfüllen der Vierfeldertafel darauf, dass sich in der Angabe die Prozentzahlen nur(!) auf Frauen bzw. nur(!) auf Männer beziehen.
- Vervollständigen Sie die Vierfeldertafel durch entsprechende Additionen bzw. Subtraktionen.

Aufgabe b

- Tragen Sie in das Baumdiagramm die Wahrscheinlichkeiten ein, die sich aus der Vierfeldertafel ablesen lassen.
- Sie können die Wahrscheinlichkeiten von F und $\overline{F}$ der Vierfeldertafel entnehmen.
- Die Vierfeldertafel liefert Ihnen auch die Wahrscheinlichkeiten der vier Schnittmengen, die unterhalb des Baumdiagramms notiert werden.
- Die fehlenden Wahrscheinlichkeiten ergeben sich mithilfe der 1. Pfadregel.

Geometrie

Aufgabe a

- Finden Sie einen Weg, der über die angegebenen Punkte vom Punkt S zum Punkt T führt.
- Drücken Sie alle Vektoren durch $\vec{a}$, $\vec{b}$ und $\vec{c}$ aus.
- Fassen Sie so weit wie möglich zusammen.

Aufgabe b

- Was fällt am Ergebnis von Teilaufgabe a auf?
- Welche Fläche des Prismas wird ebenfalls nur von den Vektoren $\vec{b}$ und $\vec{c}$ aufgespannt?
- Welche Lage muss der Ergebnisvektor von Teilaufgabe a bzgl. dieser Fläche haben?

Aufgabe c

- Die Ebene durch A, D und E enthält auch den Punkt B.
- Für die Parameterform der Ebene benötigt man einen Aufpunkt und zwei Richtungsvektoren.
- Als Aufpunkt kann A verwendet werden. Als Richtungsvektoren können $\overrightarrow{AD}$ und $\overrightarrow{AB}$ dienen.

Lösungen

Analysis

1. a) $f(x)=\frac{x^2-2}{x^2+x}=\frac{x^2-2}{x(x+1)}$ $\qquad \mathbb{D}_f=\mathbb{R}\setminus\{0;-1\}$

b) $f(1)=\frac{1^2-2}{1^2+1}=\frac{-1}{2}=-\frac{1}{2}$ $\qquad P\left(1\left|-\frac{1}{2}\right.\right)=P(1|-0{,}5)$

$$f'(x)=\frac{2x\cdot(x^2+x)-(x^2-2)\cdot(2x+1)}{(x^2+x)^2}=\frac{2x^3+2x^2-2x^3-x^2+4x+2}{(x^2+x)^2}$$

$$=\frac{x^2+4x+2}{(x^2+x)^2}$$

$$f'(1)=\frac{1+4+2}{(1+1)^2}=\frac{7}{4}=1{,}75$$

Tangente: $\quad y=m\cdot x+t \qquad$ mit $m=f'(1)=1{,}75$

$y=1{,}75\cdot x+t \qquad$ Einsetzen von $P(1|-0{,}5)$

$-0{,}5=1{,}75\cdot 1+t$

$t=-0{,}5-1{,}75=-2{,}25$

$\Rightarrow \quad y=1{,}75x-2{,}25$

2. Lösung über den HDI: $F'(x)=f(x)$

Jede Extremstelle von F(x) – der Stammfunktion – muss also Nullstelle von f(x) sein.

	Nullstellen	Extremstellen
Abbildung 1	$x=-1{,}5$ / $x=1{,}5$	$x\approx-2{,}75$ / $x\approx 0{,}75$
Abbildung 2	$x=2$ doppelt	$x=0$ / $x=2$
Abbildung 3	$x=0$ / $x=2$	$x=-1{,}5$ / $x=1{,}5$

Somit zeigt Abbildung 3 eine Stammfunktion von Abbildung 1 und Abbildung 2 eine Stammfunktion von Abbildung 3.

Also $\left.\begin{array}{l}(\text{Abb. }3)'=\text{Abb. }1\\(\text{Abb. }2)'=\text{Abb. }3\end{array}\right\}\Rightarrow (\text{Abb. }2)''=(\text{Abb. }3)'=\text{Abb. }1$

und somit

$(\text{Abb. }2)'=\text{Abb. }3$

$(\text{Abb. }2)''=\text{Abb. }1$

Also stellen

Abb. 2 die ursprüngliche Funktion f(x),
Abb. 3 die 1. Ableitung f'(x),
Abb. 1 die 2. Ableitung f''(x)

dar.

3. $e^x - 4e^{-x} = 0 \qquad \text{bzw.}\ e^x - \frac{4}{e^x} = 0$

$$e^x = 4e^{-x} \qquad \text{bzw.} \qquad e^x = \frac{4}{e^x} \qquad |\cdot e^x$$

$$(e^x)^2 = 4$$

$$e^x = \pm 2$$

$e^x = 2 \;\Rightarrow\; x = \ln 2$

$e^x = -2$ ↯ da $e^x > 0$ für alle $x \in \mathbb{R}$

$\mathbb{L} = \{\ln 2\}$

oder:

$$e^x - 4e^{-x} = 0$$

$$e^x = 4e^{-x} \qquad |\ln$$

$$x = \ln(4e^{-x})$$

$$x = \ln 4 + \ln e^{-x}$$

$$x = \ln 4 + (-x)$$

$$2x = \ln 4$$

$$x = \frac{1}{2}\ln 4 = \ln 4^{\frac{1}{2}} = \ln 2$$

$\mathbb{L} = \{\ln 2\}$

4. $f(x) = 2\cos\left(\frac{1}{4}x\right) - \frac{1}{2}x^4$

$$F(x) = 2 \cdot \frac{1}{\frac{1}{4}} \cdot \sin\left(\frac{1}{4}x\right) - \frac{1}{2} \cdot \frac{1}{5}x^5 + C = 8\sin\left(\frac{1}{4}x\right) - \frac{1}{10}x^5 + C$$

$g(x) = \frac{2x+3}{x^2+3x-1}$ Es gilt: $(x^2+3x-1)' = 2x+3$

$$g(x) = \frac{(x^2+3x-1)'}{x^2+3x-1}$$

$$G(x) = \ln|x^2+3x-1| + C$$

Stochastik

a)

	♂	♀	
F	80 % von 60 % $=0{,}8\cdot 0{,}6=0{,}48$	30 % von 40 % $=0{,}3\cdot 0{,}4=0{,}12$	**0,6**
$\overline{F}$	**0,12**	**0,28**	**0,4**
	0,6	**0,4**	1

Die zu berechnenden Werte sind fett gedruckt.

b) Aus der Vierfeldertafel ergeben sich die Wahrscheinlichkeiten von F und $\overline{F}$ und die Wahrscheinlichkeiten der Schnittmengen.
Die zu berechnenden Werte sind fett gedruckt.

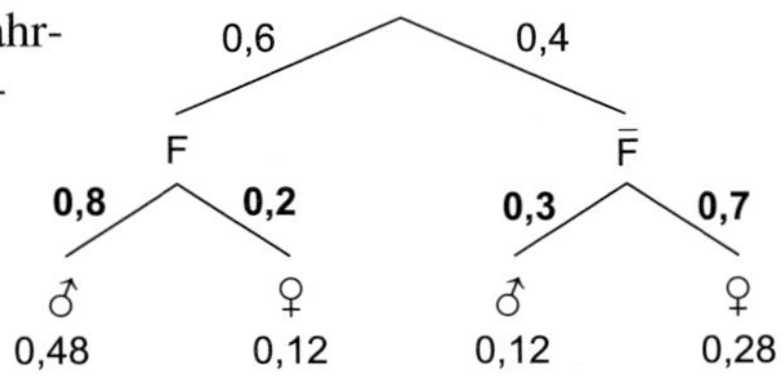

Mithilfe der 1. Pfadregel lassen sich die noch fehlenden bedingten Wahrscheinlichkeiten (fett gedruckt) berechnen.

$$0{,}6\cdot P_F(♂)=0{,}48 \quad\Rightarrow\quad P_F(♂)=\frac{0{,}48}{0{,}6}=\frac{48}{60}=\frac{8}{10}=0{,}8 \quad\Rightarrow\quad P_F(♀)=0{,}2$$

$$0{,}4\cdot P_{\overline{F}}(♂)=0{,}12 \quad\Rightarrow\quad P_{\overline{F}}(♂)=\frac{0{,}12}{0{,}4}=\frac{12}{40}=\frac{3}{10}=0{,}3 \quad\Rightarrow\quad P_{\overline{F}}(♀)=0{,}7$$

Geometrie

a) $$\overrightarrow{ST}=\overrightarrow{SE}+\overrightarrow{EC}+\overrightarrow{CT}=\frac{1}{4}\overrightarrow{RE}-\vec{b}+\frac{1}{6}\vec{a}=\frac{1}{4}(\overrightarrow{RO}+\overrightarrow{OC}+\overrightarrow{CE})-\vec{b}+\frac{1}{6}\vec{a}$$

$$=\frac{1}{4}\left(-\frac{2}{3}\vec{a}+\vec{c}+\vec{b}\right)-\vec{b}+\frac{1}{6}\vec{a}=-\frac{1}{4}\cdot\frac{2}{3}\vec{a}+\frac{1}{4}\vec{c}+\frac{1}{4}\vec{b}-\vec{b}+\frac{1}{6}\vec{a}$$

$$=-\frac{1}{6}\vec{a}+\frac{1}{4}\vec{c}-\frac{3}{4}\vec{b}+\frac{1}{6}\vec{a}=\frac{1}{4}\vec{c}-\frac{3}{4}\vec{b}$$

oder:

$$\overrightarrow{ST}=\overrightarrow{SR}+\overrightarrow{RO}+\overrightarrow{OC}+\overrightarrow{CT}=\frac{3}{4}\overrightarrow{ER}-\frac{2}{3}\vec{a}+\vec{c}+\frac{1}{6}\vec{a}$$

$$=\frac{3}{4}(\overrightarrow{EC}+\overrightarrow{CO}+\overrightarrow{OR})-\frac{2}{3}\vec{a}+\vec{c}+\frac{1}{6}\vec{a}=\frac{3}{4}\left(-\vec{b}-\vec{c}+\frac{2}{3}\vec{a}\right)-\frac{2}{3}\vec{a}+\vec{c}+\frac{1}{6}\vec{a}$$

$$=-\frac{3}{4}\vec{b}-\frac{3}{4}\vec{c}+\frac{3}{4}\cdot\frac{2}{3}\vec{a}-\frac{2}{3}\vec{a}+\vec{c}+\frac{1}{6}\vec{a}=-\frac{3}{4}\vec{b}-\frac{3}{4}\vec{c}+\vec{c}+\frac{1}{2}\vec{a}-\frac{2}{3}\vec{a}+\frac{1}{6}\vec{a}$$

$$=-\frac{3}{4}\vec{b}+\frac{1}{4}\vec{c}+\frac{3}{6}\vec{a}-\frac{4}{6}\vec{a}+\frac{1}{6}\vec{a}=-\frac{3}{4}\vec{b}+\frac{1}{4}\vec{c}$$

b) Da $\overrightarrow{ST}$ nur von den Vektoren $\vec{b}$ und $\vec{c}$ abhängt, verläuft der Vektor $\overrightarrow{ST}$ parallel zur Seitenfläche OBEC, die von $\vec{b}$ und $\vec{c}$ aufgespannt wird.

c) Mit A, D und E gehört auch B der Ebene an.
Verwendet man A als Aufpunkt und die Richtungsvektoren $\overrightarrow{AD}$ und $\overrightarrow{AB}$, so ergibt sich
F: $\vec{X} = \vec{A} + \lambda \cdot \overrightarrow{AD} + \mu \cdot \overrightarrow{AB} = \vec{A} + \lambda \cdot \vec{c} + \mu \cdot (\vec{b} - \vec{a})$ mit $\lambda, \mu \in \mathbb{R}$.

Abitur Mathematik (Bayern): Prüfungsteil A
Übungsaufgabe 3

Analysis

BE

1. Gegeben sind vier Funktionsbilder. Graph A zeigt die Funktion f(x). Welche Funktionen sind durch die Graphen B, C und D dargestellt? 4

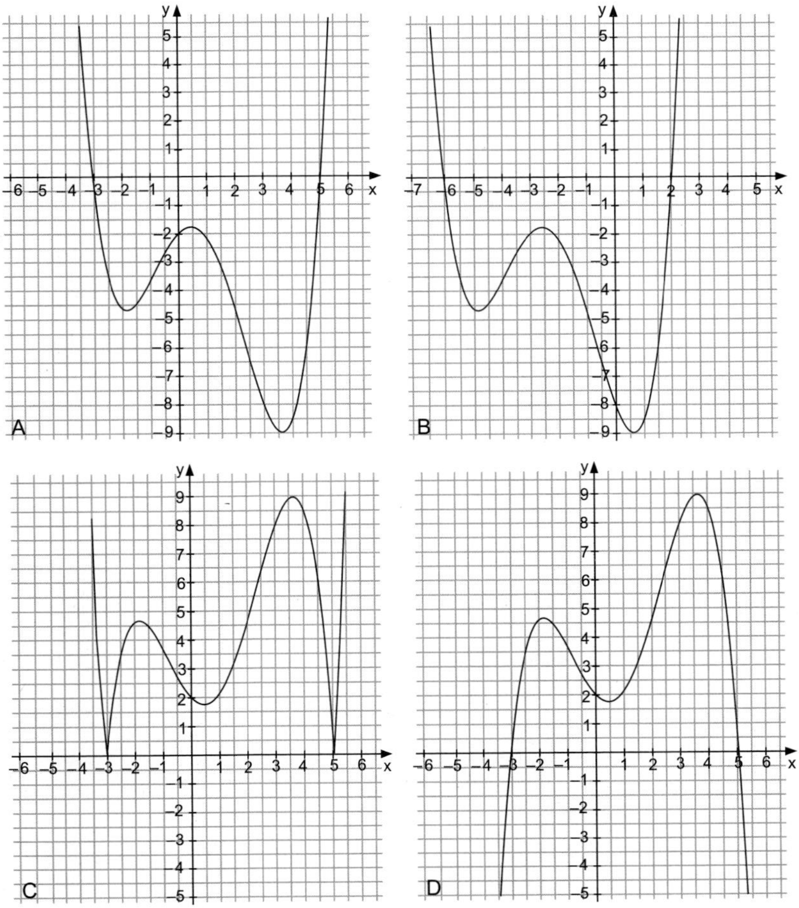

2. Untersuchen Sie die folgenden Funktionen auf Nullstellen:

$$f(x) = (x^2 - 4)(x + 2) \qquad g(x) = \frac{x^2 - 4}{x + 2}$$

$$h(x) = e^{(x^2 - 4)(x + 2)} \qquad i(x) = \sqrt{x^2 - 4}$$ 6

3. Der Graph einer rationalen Funktion 3. Grades berührt die x-Achse für $x = -3$ und hat im Punkt $(0|4)$ ein relatives Maximum.
Geben Sie die Gleichung dieser Funktion an. 6

4. Lösen Sie die Gleichung:

$$4\ln(2x) - (\ln(2x))^2 = 0$$ 4

20

Stochastik

BE

In einer Schale befinden sich nur durch die Farbe zu unterscheidende Kugeln. 25 % sind rot, 20 % blau, 20 % weiß, 15 % gelb, 10 % grün und 10 % lila. Aus der Schale werden nacheinander mit Zurücklegen 50 Kugeln entnommen.

a) Für dieses Zufallsexperiment wurden Funktionsgraphen angefertigt, die näherungsweise die Binomialverteilung B(50; p) darstellen, wobei p die Wahrscheinlichkeit für die jeweilige Farbe ist.
Zu welcher Farbe gehört der abgebildete Graph? Begründen Sie Ihre Antwort.

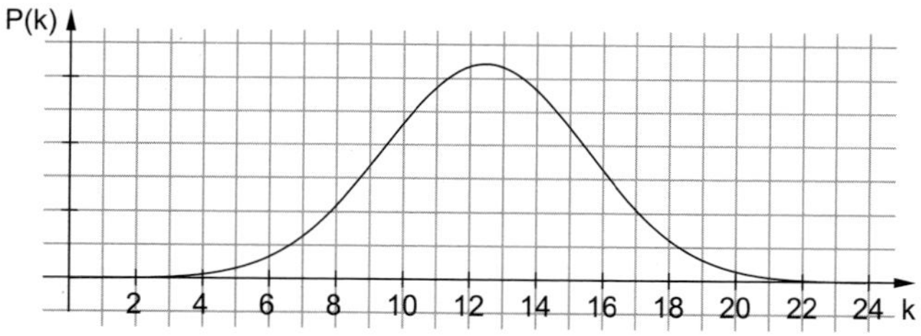

3

b) Beschreiben Sie im Sachzusammenhang ein Ereignis, dessen Wahrscheinlichkeit durch

$$P(E) = 1 - \sum_{i=0}^{10} B(50; 0{,}15; i)$$

angegeben wird. 2

5

Geometrie

BE

Gegeben ist das Dreieck ABC durch A(0|–3|–1), B(–1|2|–5) und C(1|2|3) sowie die Gerade

$$g: \vec{X} = \begin{pmatrix} 0 \\ 0 \\ -1 \end{pmatrix} + \lambda \begin{pmatrix} 0 \\ 1 \\ 0 \end{pmatrix} \quad \text{mit } \lambda \in \mathbb{R}.$$

a) Zeigen Sie, dass die Gerade g durch den Mittelpunkt der Strecke [BC] verläuft. 2

b) Zeigen Sie, dass die Dreieckshöhe h_a auf der Geraden g liegt. 2

c) Welche besondere Eigenschaft besitzt das Dreieck ABC? (Begründung!) 1

5

Tipps und Hinweise

Analysis

Aufgabe 1

Wie verändert sich der Graph beim Übergang von A nach B?

Wie muss der Graph verschoben werden, um von A nach B zu gelangen?

Wie lässt sich eine solche Verschiebung in der Funktionsgleichung ablesen?

Es gibt zwei mögliche Verschiebungen:
- Verschiebung in y-Richtung um b nach oben/nach unten, aus f(x) wird f(x) + b/ f(x) − b.
- Verschiebung in x-Richtung um a nach rechts/nach links, aus f(x) wird f(x − a)/ f(x + a).

Was fällt am Graphen C auf?

Welche Rechenoperation verwandelt bei einer negativen Zahl nur das Vorzeichen?

Es gilt:

$$|y| = \begin{cases} y, & \text{falls } y \geq 0 \\ -y, & \text{falls } y < 0 \end{cases}$$

Wenn $y < 0$ gilt, so ist $-y$ eine positive Zahl!

Wie verändert sich der Graph beim Übergang von A nach D?

Woran muss der Graph gespiegelt werden, um von A nach D zu gelangen?

Wie lässt sich eine solche Spiegelung in der Funktionsgleichung ablesen?

Es gibt zwei mögliche Spiegelungen:
- Spiegelung an der y-Achse, aus f(x) wird f(–x).
- Spiegelung an der x-Achse, aus f(x) wird –f(x).

Aufgabe 2

Nullstellen sind die Schnittpunkte mit der x-Achse. Diese hat die Gleichung $y = 0$.

Ein Produkt ist null, wenn einer der Faktoren null ist.

$x^2 - 4$ kann faktorisiert werden (binomische Formel!).

Beachten Sie die vollständige Faktorisierung von f(x) auch bei den folgenden Funktionen.

Bei jeder gebrochenen Funktion muss auf den Definitionsbereich geachtet werden.

Welchen Definitionsbereich hat g(x)?

- Warum besitzt g(x) nur eine einzige Nullstelle, obwohl der Zähler für zwei verschiedene x-Werte den Wert null annimmt?
- Wie verläuft die Funktion $y = e^x$? Besitzt sie Schnittpunkte mit der x-Achse?
- Bei jeder Wurzelfunktion muss auf den Definitionsbereich geachtet werden.
- Welchen Definitionsbereich hat i(x)?
- Ein Produkt aus zwei Faktoren ist positiv, wenn beide Faktoren dasselbe Vorzeichen haben, also entweder für beide >0 oder für beide <0 gilt.
- Ein Quadrat kann nicht negativ werden.
- Die Nullstelle muss dem Definitionsbereich angehören.

Aufgabe 3

- Wie lautet die allgemeine Funktionsgleichung für eine rationale Funktion 3. Grades?
- Wie viele Unbekannte hat diese allgemeine Funktionsgleichung? Sie brauchen ebenso viele Bestimmungsgleichungen.
- In der Angabe finden Sie Informationen zu zwei Punkten, die dem Graphen der Funktion angehören.
- Was bedeutet „berührt die x-Achse"? Eine Skizze hilft.
- Für $x = -3$ muss $y = 0$ gelten, damit die x-Achse berührt wird.
- Das Wort „berührt" lässt die x-Achse für $x = -3$ zur Tangente werden. Was folgt daraus für die Steigung im Berührpunkt?
- Was bedeutet „in $(0|4)$ ein relatives Maximum"?
- Der Punkt $(0|4)$ muss auf dem Graphen liegen.
- Welche Eigenschaften hat jeder Extrempunkt?
- Sie erhalten vier Gleichungen für die vier Unbekannten.
- Durch zwei dieser Gleichungen sind zwei Unbekannte unmittelbar bestimmt. Setzen Sie diese in die beiden anderen Gleichungen ein.
- Lösen Sie die beiden Gleichungen mit den beiden verbliebenen Unbekannten.

Aufgabe 4

- Klammern Sie aus.
- Ein Produkt ist null, wenn einer der Faktoren null ist.
- Wo besitzt die Funktion $f(x) = \ln x$ ihre Nullstelle?
- Es gilt: $\ln 1 = 0$

- $\ln x$ und e^x sind Funktion und Umkehrfunktion, sie „heben sich auf".
- $\ln a = b \quad \Rightarrow \quad a = e^b$

Stochastik

Aufgabe a

- Es handelt sich nicht um ein Histogramm, da nur eine Näherung dargestellt ist.
- Wo nehmen die Histogramm-Darstellungen von Binomialverteilungen die größten Werte an?
- Das Maximum einer Binomialverteilung befindet sich stets in der (unmittelbaren) Umgebung des Erwartungswerts.
- Berechnen Sie die Erwartungswerte der verschiedenen Farben.
- Ist die Zufallsgröße X binomialverteilt, so gilt für ihren Erwartungswert $E(X) = n \cdot p$.
- Beachten Sie, dass $n = 50$ gilt.
- Wo besitzt der abgebildete Graph sein Maximum?
- Für welche Farbe stimmt dieser abgelesene Wert am besten mit dem Erwartungswert überein?

Aufgabe b

- E ist das Gegenereignis eines Ereignisses A, dessen Wahrscheinlichkeit sich durch $P(A) = \sum_{i=0}^{10} B(50; 0{,}15; i)$ angeben lässt.
- Die Trefferwahrscheinlichkeit p beim Ereignis A beträgt $0{,}15 = 15\,\%$.
- Um Kugeln welcher Farbe handelt es sich beim Ereignis A?
- Wie viele gelbe Kugeln sollen sich beim Ereignis A bei den 50 Ziehungen ergeben?
- Die Anzahl der gelben Kugeln entspricht einem Intervall.
- Das Ereignis E gibt die Anzahl der gelben Kugeln an, die nicht dem Intervall angehören.
- Das zu E gehörige Intervall lautet [11; 50].
- Formulieren Sie E mit „mindestens".

Aufgabe a

- Der Mittelpunkt M_{BC} der Strecke [BC] ergibt sich aus $\overrightarrow{M_{BC}} = \frac{1}{2}(\vec{B} + \vec{C})$.
- Zeigen Sie, dass M_{BC} auf der Geraden g liegt.
- Ein Punkt liegt auf einer Geraden, wenn seine Koordinaten die Geradengleichung für genau einen Parameter erfüllen.

Aufgabe b

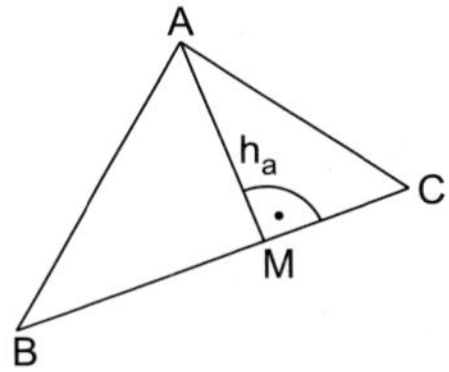

- Skizzieren Sie ein beliebiges Dreieck ABC und zeichnen Sie auch die Höhe h_a ein.
- Durch welchen Dreieckspunkt verläuft die Höhe h_a?
- Zeigen Sie, dass A auf der Geraden g liegt.
- Ein Punkt liegt auf einer Geraden, wenn seine Koordinaten die Geradengleichung für genau einen Parameter erfüllen.
- Jede Höhe schneidet die Gegenseite und steht auf ihr senkrecht.
- Der Schnittpunkt von h_a und BC ist der Punkt M_{BC} (siehe Aufgabe a).
- Zeigen Sie, dass die Gerade g auf der Geraden durch B und C senkrecht steht.
- Zeigen Sie, dass $\overrightarrow{BC}$ und der Richtungsvektor von g aufeinander senkrecht stehen.
- Zwei Vektoren stehen aufeinander senkrecht, wenn ihr Skalarprodukt null ergibt.
- Berechnung des Skalarprodukts:

$$\vec{a} \circ \vec{b} = \begin{pmatrix} a_1 \\ a_2 \\ a_3 \end{pmatrix} \circ \begin{pmatrix} b_1 \\ b_2 \\ b_3 \end{pmatrix} = a_1 b_1 + a_2 b_2 + a_3 b_3$$

Aufgabe c

- Die Höhe h_a des Dreiecks ABC verläuft durch den Mittelpunkt der Strecke [BC].
- Die Höhe h_a ist also zugleich Seitenhalbierende.
- h_a ist somit Symmetrieachse im Dreieck ABC.
- Welche Dreiecksseiten sind somit Strecke und Spiegelstrecke?
- Welche Eigenschaft besitzen gespiegelte Strecken?
- Wie nennt man ein Dreieck, bei dem zwei Seiten gleich lang sind?

Lösungen

Analysis

1. Graph B ist der um 3 nach links verschobene Graph A.
   $\Rightarrow$ B: $f(x+3)$

   Graph C besitzt keine negativen Funktionswerte. Die bei Graph A unterhalb der x-Achse liegenden Teile des Graphen werden an der x-Achse gespiegelt („nach oben geklappt").
   $\Rightarrow$ C: $|f(x)|$

   Graph D entsteht, wenn Graph A in seiner Gesamtheit an der x-Achse gespiegelt wird.
   $\Rightarrow$ D: $-f(x)$

2. $f(x)=(x^2-4)(x+2)=(x+2)(x-2)(x+2)=(x-2)(x+2)^2$ $\qquad \mathbb{D}=\mathbb{R}$
   Nullstellen: $(2\,|\,0)$, $(-2\,|\,0)$ doppelte Nullstelle

   Verlangt ist nur die Angabe der Nullstellen.

   Zusätzlicher Hinweis: Jede doppelte Nullstelle ist ein Berührpunkt der x-Achse. Der Funktionsgraph hat die x-Achse also als Tangente. Somit ist jede doppelte Nullstelle zugleich ein Extrempunkt.

   $g(x)=\dfrac{x^2-4}{x+2}=\dfrac{(x-2)(x+2)}{(x+2)}$ $\qquad \mathbb{D}=\mathbb{R}\setminus\{-2\}$

   Für $x=-2$ ergibt sich keine Nullstelle, da $-2 \notin \mathbb{D}$!
   (Nur zur Information: $g(x)$ besitzt an der Stelle $(-2\,|\,-4)$ ein „Loch".)
   Einzige Nullstelle: $(2\,|\,0)$

   $h(x)=e^{(x^2-4)(x+2)}=e^{(x-2)(x+2)^2}$ $\qquad \mathbb{D}=\mathbb{R}$

   Die Funktion besitzt keine Nullstelle, da $e^x>0$ für $x\in\mathbb{R}$.

   $i(x)=\sqrt{x^2-4}=\sqrt{(x-2)(x+2)}$ $\qquad \mathbb{D}=]-\infty;-2]\cup[2;\infty[$

   Die Funktion ist nur definiert, wenn der Radikand (= Term unter der Wurzel) nicht negativ ist.
   Nullstellen: $(2\,|\,0)$ und $(-2\,|\,0)$

3. $f(x)=ax^3+bx^2+cx+d$

   „berührt die x-Achse in $(-3\,|\,0)$" $\Rightarrow$ (1) $f(-3)=0$
   (2) $f'(-3)=0$

   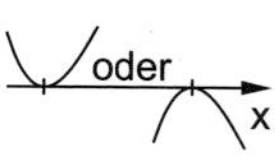

   „relatives Maximum in $(0\,|\,4)$" $\Rightarrow$ (3) $f(0)=4$
   (4) $f'(0)=0$

Wegen $f'(x) = 3ax^2 + 2bx + c$ ergibt sich:

(1) $-27a + 9b - 3c + d = 0$

(2) $27a - 6b + c = 0$

(3) $d = 4$

(4) $c = 0$

Einsetzen von (3) und (4) in (1) und (2):

(1) $-27a + 9b + 4 = 0$

(2) $27a - 6b = 0$

(1)+(2) $3b + 4 = 0 \Rightarrow b = -\frac{4}{3}$

in (2) $27a - 6 \cdot \left(-\frac{4}{3}\right) = 0 \Rightarrow 27a + 8 = 0 \Rightarrow a = -\frac{8}{27}$

$$f(x) = -\frac{8}{27}x^3 - \frac{4}{3}x^2 + 4$$

4. $4\ln(2x) - (\ln(2x))^2 = 0$

$\ln(2x)(4 - \ln(2x)) = 0$

$\ln(2x) = 0$ oder $4 - \ln(2x) = 0$

$2x = 1$ $\qquad \ln(2x) = 4$

$x = \frac{1}{2}$ $\qquad 2x = e^4$

$\qquad x = \frac{1}{2}e^4$

$$\mathbb{L} = \left\{\frac{1}{2}; \frac{1}{2}e^4\right\}$$

Stochastik

a) Der Graph gehört zu $p = 0{,}25$, also rot.

Der Graph hat sein Maximum bei etwa $x = 12{,}5$.

Für den Erwartungswert $\mu = n \cdot p$ ergibt sich für

rot: 12,5	blau: 10	weiß: 10
gelb: 7,5	grün: 5	lila: 5

Da sich bei einer Binomialverteilung das Maximum stets in der Umgebung des Erwartungswerts befindet, kommt nur die Farbe Rot in Betracht.

b) Betrachtet wird zunächst das Ereignis A mit $P(A) = \sum_{i=0}^{10} B(50; 0{,}15; i)$.

Die Wahrscheinlichkeit von A wird durch eine kumulative Binomialverteilung der Länge 50 und der Trefferwahrscheinlichkeit $p = 0{,}15 = 15\ \%$ beschrieben, wobei 0 bis 10 Treffer erzielt werden.

Da $p = 15\ \%$ nur für die Farbe Gelb gilt, beschreibt A das Ereignis:
Es werden bei 50 Ziehungen höchstens 10 gelbe Kugeln gezogen.

E ist das Gegenereignis von A und beschreibt somit:
Es werden bei 50 Ziehungen mehr als 10 gelbe Kugeln gezogen.

oder:

Es werden bei 50 Ziehungen mindestens 11 gelbe Kugeln gezogen.

Geometrie

a) $\overrightarrow{M_{BC}} = \frac{1}{2} \cdot \left[\begin{pmatrix} -1 \\ 2 \\ -5 \end{pmatrix} + \begin{pmatrix} 1 \\ 2 \\ 3 \end{pmatrix}\right] = \frac{1}{2} \cdot \begin{pmatrix} 0 \\ 4 \\ -2 \end{pmatrix} = \begin{pmatrix} 0 \\ 2 \\ -1 \end{pmatrix}$

$M_{BC} \in g$? $\quad \begin{pmatrix} 0 \\ 2 \\ -1 \end{pmatrix} = \begin{pmatrix} 0 \\ 0 \\ -1 \end{pmatrix} + \lambda \begin{pmatrix} 0 \\ 1 \\ 0 \end{pmatrix}$ ist erfüllt für $\lambda = 2$.

M_{BC} liegt auf g.

b) Die Höhe h_a liegt dann auf der Geraden g, wenn A auf g liegt und sich BC und g senkrecht schneiden.

$A \in g$? $\quad \begin{pmatrix} 0 \\ -3 \\ -1 \end{pmatrix} = \begin{pmatrix} 0 \\ 0 \\ -1 \end{pmatrix} + \lambda \begin{pmatrix} 0 \\ 1 \\ 0 \end{pmatrix}$ ist erfüllt für $\lambda = -3$.

A liegt auf g.

M_{BC} ist der Schnittpunkt von BC und g. Steht die Gerade g (bzw. ihr Richtungsvektor $\vec{u}$) auf BC senkrecht?

$\vec{u} \perp \overrightarrow{BC}$? $\quad \vec{u} \circ \overrightarrow{BC} = \begin{pmatrix} 0 \\ 1 \\ 0 \end{pmatrix} \circ \left[\begin{pmatrix} 1 \\ 2 \\ 3 \end{pmatrix} - \begin{pmatrix} -1 \\ 2 \\ -5 \end{pmatrix}\right] = \begin{pmatrix} 0 \\ 1 \\ 0 \end{pmatrix} \circ \begin{pmatrix} 2 \\ 0 \\ 8 \end{pmatrix} = 0 + 0 + 0 = 0$

Somit gilt $\vec{u} \perp \overrightarrow{BC}$.

Die Höhe h_a liegt auf der Geraden g.

c) Die Höhe h_a ist im Dreieck ABC zugleich Seitenhalbierende, da sie durch den Mittelpunkt M_{BC} der Seite [BC] verläuft. Somit ist g die Symmetrieachse des Dreiecks. Die Seiten [AB] und [AC] sind also gleich lang.

Das Dreieck ABC ist gleichschenklig.

Abitur Mathematik (Bayern): Prüfungsteil A
Übungsaufgabe 4

Analysis

BE

1. Gegeben ist der Graph einer Funktion 3. Grades f(x). Entscheiden Sie, ob die folgenden Aussagen richtig oder falsch sind, und begründen Sie Ihre Antworten.

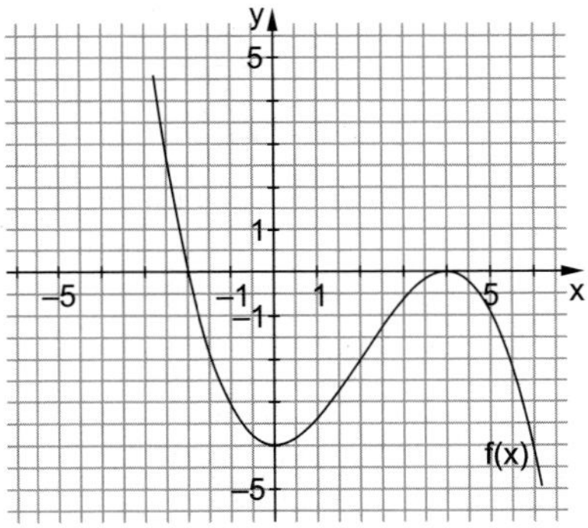

   a) Die Funktion f(x) lässt sich in der Form $f(x) = a(x + b)(x + c)^2$ angeben. 2

   b) Es gilt: $f''(4) = 0$ 2

   c) Der Graph der Ableitungsfunktion f'(x) ist eine nach unten geöffnete Parabel. 2

∗ 2. Wo besitzt der Graph der Funktion

$$f(x) = 3\sin(4x + 1) + 5$$

waagrechte Tangenten? 4

3. Berechnen Sie die Schnittpunkte der Graphen der beiden Funktionen.

$$f(x) = \frac{3x}{x+1} \qquad g(x) = 8 - \frac{7x}{x-3}$$ 4

4. Gegeben ist die Funktion $f(x) = 2\ln(x + 3)$.

   a) Bestimmen Sie Definitions- und Wertemenge der Funktion. 2

   b) Bestimmen Sie den Term der Umkehrfunktion $f^{-1}(x)$. 3

   c) Geben Sie Definitions- und Wertemenge der Umkehrfunktion an. 1

20

∗ Die Aufgabe 2 ist für die Abiturprüfung 2023 nicht relevant.

Stochastik

BE

Herr Meier fährt jeden Morgen mit dem Auto zur Arbeit. Dass er einen Arbeitstag zu spät beginnt, liegt zum einen daran, dass er nicht pünktlich daheim losfährt, zum anderen daran, dass auf der Strecke zur Arbeit oft ein Verkehrsstau auftritt.
Er kommt an sieben von zehn Tagen ohne Stau durch, wenn er pünktlich von zu Hause aufbricht. Die Wahrscheinlichkeit, dass Herr Meier pünktlich losfährt und nicht in einen Stau gerät, beträgt 42 %. Die Wahrscheinlichkeit, in einen Verkehrsstau zu geraten, beträgt 80 %, wenn Herr Meier nicht pünktlich losfährt.

a) Berechnen Sie die Wahrscheinlichkeit, dass Herr Meier pünktlich daheim losfährt. 2

b) Zeigen Sie, dass die beiden Ereignisse „nicht pünktlich losfahren“ und „Verkehrsstau“ stochastisch abhängig sind. 3

5

Geometrie

BE

Gegeben ist die Ebene E: $3x_1 - 4x_3 + 1 = 0$.

a) Welche besondere Lage hat die Ebene E im Koordinatensystem? 1

b) Untersuchen Sie, ob der Punkt $A(8\,|\,1\,|\,0)$ der Ebene E angehört. 1

c) Geben Sie eine Gleichung der Geraden g an, die senkrecht auf E steht und durch den Punkt A verläuft. 1

d) Berechnen Sie die Koordinaten des Schnittpunkts S der Geraden g mit der Ebene E. 2

5

Tipps und Hinweise

Analysis

Aufgabe 1 a

- Der Graph zeigt, dass die Funktion zwei Nullstellen besitzt.
- Für $x = -2$ hat f(x) eine einfache Nullstelle (f(x) wechselt das Vorzeichen).
- Für $x = 4$ hat f(x) eine doppelte Nullstelle (f(x) wechselt das Vorzeichen nicht; der Graph berührt die x-Achse in $(4\,|\,0)$).
- Hat eine Funktion eine Nullstelle für $x = k$, so muss sich der Funktionsterm durch $(x - k)$ dividieren lassen.
- Hat eine Funktion eine Nullstelle für $x = k$, so lässt sich der Funktionsterm als Produkt angeben, dessen einer Faktor $(x - k)$ lautet.
- Die Bestimmung der Parameter a, b und c ist nicht verlangt, hilft Ihnen aber – auch für andere Aufgaben – weiter.

Aufgabe 1 b

- Die 2. Ableitung bestimmt das Krümmungsverhalten einer Funktion.
- $f''(4) = 0$ bedeutet, dass die Funktion im Punkt $(4\,|\,0)$ weder rechts- noch linksgekrümmt ist.
- $f''(x_0) = 0$ ist ein notwendiges Kriterium für einen Wendepunkt.
- Der Graph zeigt, dass $(4\,|\,0)$ doppelte Nullstelle und Maximum ist. Welchen Wert hat $f'(4)$ daher?

Aufgabe 1 c

- Die 1. Ableitung bestimmt das Monotonieverhalten einer Funktion.
- Es gilt:
  $f'(x) < 0 \;\Rightarrow\;$ f(x) fällt streng monoton.
  $f'(x) > 0 \;\Rightarrow\;$ f(x) steigt streng monoton.
- Lesen Sie am Graphen ab, in welchen Intervallen f(x) fällt/steigt.
- Wo verläuft der Graph von f'(x) unterhalb/oberhalb der x-Achse?
- f(x) ist eine Polynomfunktion 3. Grades. Welchen Grad hat die Ableitungsfunktion?
- Wie nennt man den Graphen einer Polynomfunktion 2. Grades?

Aufgabe 2

- Eine Tangente ist waagrecht, wenn sie die Steigung null hat.
- Die Tangentensteigungen werden durch die 1. Ableitung angegeben.

- Beachten Sie beim Ableiten, dass $(\sin x)' = \cos x$ gilt.
- Vergessen Sie nicht, die Kettenregel anzuwenden (nachdifferenzieren).
- Wo besitzt $g(x) = \cos x$ Nullstellen? Achten Sie auf die Periode von $\cos x$.
- Die „erste“ Nullstelle von $\cos x$ befindet sich bei $x = \frac{\pi}{2}$.
- Benachbarte Nullstellen von $\cos x$ haben eine Entfernung von π.

Aufgabe 3

- Die Schnittpunkte von Funktionsgraphen ergeben sich durch Gleichsetzen der Funktionsterme.
- Wie nennt man eine solche Gleichung?
- Warum ist es wichtig, eine Definitionsmenge der Gleichung anzugeben?
- Erscheint x im Nenner, so muss darauf geachtet werden, dass der Nenner nicht null werden darf.
- Um weiteres Rechnen mit Bruchtermen zu vermeiden, multiplizieren Sie die Gleichung mit den auftretenden Nennern.
- Es ergibt sich eine quadratische Gleichung.
- Die quadratische Gleichung $ax^2 + bx + c = 0$ besitzt die Lösungen
  $x_{1;\,2} = \frac{-b \pm \sqrt{b^2 - 4ac}}{2a}$.
- Achten Sie darauf, dass die Lösung der Definitionsmenge angehören muss.
- Da nach den Schnittpunkten (nicht den Schnittstellen) gefragt ist, müssen Sie auch den jeweiligen y-Wert berechnen.

Aufgabe 4 a

- Stellen Sie sich den Funktionsgraphen von $g(x) = \ln x$ vor.
- Für $g(x) = \ln x$ gilt $\mathbb{D}_g = \mathbb{R}^+$ (also $x > 0$) und $\mathbb{W}_g = \mathbb{R}$.
- Das Argument von $\ln x$ muss positiv sein.
- $f(x) = 2\ln(x+3)$ ist im Vergleich zu $g(x) = \ln x$ in x-Richtung verschoben und in y-Richtung gestreckt.

Aufgabe 4 b

- „Umkehrfunktion“ bedeutet, dass der Funktionsgraph an $y = x$ gespiegelt wird und in der Funktionsvorschrift x und y vertauscht werden.
- Die Funktionsvorschrift der Umkehrfunktion lautet somit zunächst $x = f(y)$.
- Lösen Sie diese Gleichung nach y auf, um die Funktionsvorschrift von $f^{-1}(x)$ zu erhalten.

Aufgabe 4 c

- Da x und y vertauscht werden, müssen auch $\mathbb{D}$ und $\mathbb{W}$ vertauscht werden.
- Es gilt $\mathbb{D}_{f^{-1}} = \mathbb{W}_f$ und $\mathbb{W}_{f^{-1}} = \mathbb{D}_f$.

Stochastik

Aufgabe a

- Benennen Sie die beiden Ereignisse „pünktlich losfahren" und „Stau" entsprechend.
- Machen Sie sich klar, welche Wahrscheinlichkeiten gegeben sind.
- Sie können die Angaben auch in ein Baumdiagramm eintragen.
- Sie kennen sowohl die Wahrscheinlichkeit einer Schnittmenge („pünktlich losfahren und nicht in Stau geraten") als auch die bedingte Wahrscheinlichkeit, bei pünktlichem Aufbruch nicht in Stau zu geraten.
- Verwenden Sie die 1. Pfadregel bzw. die Beziehung $P(P \cap \overline{S}) = P(P) \cdot P_P(\overline{S})$.

Aufgabe b

- Zwei Ereignisse A und B sind stochastisch unabhängig, wenn $P(A \cap B) = P(A) \cdot P(B)$ gilt.
- Sie sollen zeigen: $P(\overline{P} \cap S) \neq P(\overline{P}) \cdot P(S)$
- Sie kennen P(P) aus Aufgabe a. Daraus ergibt sich $P(\overline{P})$.
- $P(\overline{P} \cap S)$ ergibt sich mithilfe der 1. Pfadregel bzw. aus $P(\overline{P} \cap S) = P(\overline{P}) \cdot P_{\overline{P}}(S)$.
- P(S) lässt sich aus zwei Schnittmengen-Wahrscheinlichkeiten zusammensetzen.
- $P(S) = P(P \cap S) + P(\overline{P} \cap S)$

Geometrie

Aufgabe a

- Was fällt an der Normalenform der Ebene E auf?
- Wie lautet der Normalenvektor der Ebene E?
- Parallel zu welcher Koordinatenebene verläuft der Normalenvektor?
- Auf welcher Koordinatenachse steht der Normalenvektor senkrecht?
- Zu welcher Koordinatenachse muss E parallel verlaufen?

oder:

- Geben Sie einen Punkt an, der der Ebene E angehört.
- Welche Punkt-Koordinate können Sie verändern, damit der Punkt trotzdem auf E liegt?
- Mit z. B. $Q(1 | 1 | 1)$ liegen auch alle Punkte $P(1 | p | 1)$ in der Ebene.
- Zu welcher Koordinatenachse ist die Gerade parallel, auf der alle Punkte P liegen?

Aufgabe b

- Liegt ein Punkt in einer Ebene, so erfüllen seine Koordinaten die Ebenengleichung.
- Setzen Sie die Koordinaten von A in die Ebenengleichung E ein. Ist diese erfüllt?

Aufgabe c

- Eine Gerade, die senkrecht auf einer Ebene steht, heißt Lotgerade oder Normale.
- Welchen Richtungsvektor besitzt eine Lotgerade/Normale auf eine Ebene?
- Da der Normalenvektor der Ebene senkrecht auf der Ebene steht, lässt er sich als Richtungsvektor der Geraden verwenden.
- Verwenden Sie A als Aufpunkt und den Normalenvektor als Richtungsvektor.

Aufgabe d

- Alle Punkte auf der Geraden g erfüllen die Geradengleichung. Somit lässt sich jeder Punkt auf g schreiben als: $(8+3k | 1 | -4k)$
- Der Schnittpunkt S liegt nicht nur auf g, sondern auch in der Ebene E, also müssen seine Koordinaten auch die Ebenengleichung erfüllen.
- Setzen Sie $(8+3k | 1 | -4k)$ in die Normalenform der Ebene E ein.
- Es ergibt sich eine Gleichung mit einer Unbekannten k.
- Auflösen nach k und Einsetzen dieses Werts in die Geradengleichung liefert die Koordinaten des Schnittpunkts S.

Lösungen

Analysis

1. a) richtig
   Der Graph zeigt eine Funktion 3. Grades mit einer einfachen Nullstelle für $x = -2$ ($\Rightarrow b = 2$) und einer doppelten Nullstelle (da die x-Achse berührt wird) für $x = 4$ ($\Rightarrow c = -4$).
   Der Verlauf der Funktion ($f(x) \to +\infty$ für $x \to -\infty$ bzw. $f(x) \to -\infty$ für $x \to +\infty$) zeigt auch, dass $a < 0$ gelten muss.

   b) falsch
   Die Nullstelle $x = 4$ ist zugleich ein Extremwert, da der Graph die x-Achse berührt, die x-Achse also Tangente ist. Somit gilt $f'(4) = 0$.
   Die Krümmung wird jedoch an der Stelle $x = 4$ nicht zu null (Rechtskrümmung bleibt erhalten).

   c) richtig
   Beim Ableiten erniedrigt sich der Grad um 1. Die 1. Ableitung zeigt die Monotonie:
   - In $]-\infty; 0[$ fällt $f(x)$, also gilt $f'(x) < 0$ in $]-\infty; 0[$.
   - In $]0; 4[$ steigt $f(x)$, also gilt $f'(x) > 0$ in $]0; 4[$.
   - In $]4; +\infty[$ fällt $f(x)$, also gilt $f'(x) < 0$ in $]4; +\infty[$.

   Der Graph von $f'(x)$ zeigt somit eine Funktion 2. Grades, die nur in $]0; 4[$ oberhalb der x-Achse liegt, also eine nach unten geöffnete Parabel.

2. Die 1. Ableitung gibt die Tangentensteigung an.
   $f'(x) = 3\cos(4x+1) \cdot 4 = 12\cos(4x+1)$
   Die Tangente verläuft waagrecht, wenn ihre Steigung null ist.
   $12\cos(4x+1) = 0 \quad \Rightarrow \quad \cos(4x+1) = 0$
   Die Nullstellen von $\cos a$ befinden sich bei $a = \frac{\pi}{2} + k\pi$ mit $k \in \mathbb{Z}$.
   Somit besitzt der Graph von $f(x)$ waagrechte Tangenten, falls:
   $$4x + 1 = \frac{\pi}{2} + k\pi \quad \Rightarrow \quad x = \frac{\pi}{8} - \frac{1}{4} + \frac{k}{4}\pi \text{ mit } k \in \mathbb{Z}$$

3. $$f(x) = g(x)$$
   $$\frac{3x}{x+1} = 8 - \frac{7x}{x-3} \qquad \mathbb{D} = \mathbb{R} \setminus \{-1; 3\}$$
   $$3x(x-3) = 8(x+1)(x-3) - 7x(x+1)$$
   $$3x^2 - 9x = 8x^2 - 24x + 8x - 24 - 7x^2 - 7x$$
   $$3x^2 - 9x = x^2 - 23x - 24$$

$\Rightarrow \quad 2x^2 + 14x + 24 = 0$

$\quad x^2 + 7x + 12 = 0$

$\Rightarrow \quad x = \dfrac{-7 \pm \sqrt{49-48}}{2} \quad \Rightarrow \quad x_1 = -4 \qquad x_2 = -3$

Schnittpunkte: $(-4\,|\,4)$ und $(-3\,|\,4{,}5)$

4. a) $x+3>0 \;\Rightarrow\; x>-3 \;\Rightarrow\; \mathbb{D}_f =]-3;+\infty[$

$\mathbb{W}_f = \mathbb{R}$ da f(x) durch Verschiebung um 3 nach links und durch Streckung mit dem Faktor 2 aus ln x entsteht.

b) f: $y = 2\ln(x+3)$

Vertauschen von x und y:

f^{-1}: $x = 2\ln(y+3)$

Auflösen nach y:

$\frac{1}{2}x = \ln(y+3)$

$e^{\frac{1}{2}x} = y+3$

$y = e^{\frac{1}{2}x} - 3$

$f^{-1}(x) = e^{\frac{1}{2}x} - 3$

c) $\mathbb{D}_{f^{-1}} = \mathbb{W}_f = \mathbb{R}$

$\mathbb{W}_{f^{-1}} = \mathbb{D}_f =]-3;+\infty[$

Stochastik

a) Mit P für „pünktlich losfahren“ und S für „Stau“ sind gegeben:

$P_P(\overline{S}) = 70\,\%$ $\qquad P(P \cap \overline{S}) = 42\,\%$ $\qquad P_{\overline{P}}(S) = 80\,\%$

Die Angaben lassen sich auch in einem Baumdiagramm darstellen (nicht gefordert!).

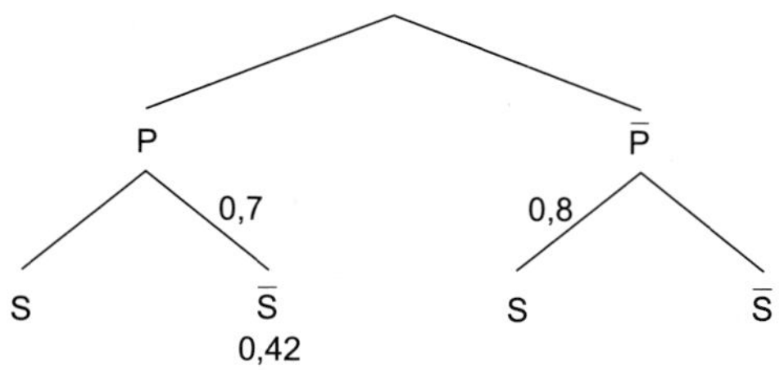

$$P_P(\overline{S}) = \frac{P(P \cap \overline{S})}{P(P)}$$

$$P(P) = \frac{P(P \cap \overline{S})}{P_P(\overline{S})}$$

$$P(P) = \frac{0,42}{0,7}$$

$$P(P) = 0,6 = 60\ \%$$

oder:

$$P(P \cap \overline{S}) = P(P) \cdot P_P(\overline{S})$$

$$0,42 = P(P) \cdot 0,7$$

$$P(P) = 0,42 : 0,7 = 0,6 = 60\ \%$$

b) Zu zeigen: $P(\overline{P} \cap S) \neq P(\overline{P}) \cdot P(S)$

Aus Aufgabe a: $P(P) = 0,6 \Rightarrow P(\overline{P}) = 1 - P(P) = 1 - 0,6 = 0,4$

$$P(S) = P(P \cap S) + P(\overline{P} \cap S)$$

$$= P(P) \cdot P_P(S) + P(\overline{P}) \cdot P_{\overline{P}}(S) = P(P) \cdot \left(1 - P_P(\overline{S})\right) + P(\overline{P}) \cdot P_{\overline{P}}(S)$$

$$= 0,6 \cdot (1 - 0,7) + 0,4 \cdot 0,8 = 0,6 \cdot 0,3 + 0,32 = 0,18 + 0,32 = 0,5$$

oder:

Aus dem vollständig beschrifteten Baumdiagramm ergibt sich:
$P(S) = 0,18 + 0,32 = 0,5$

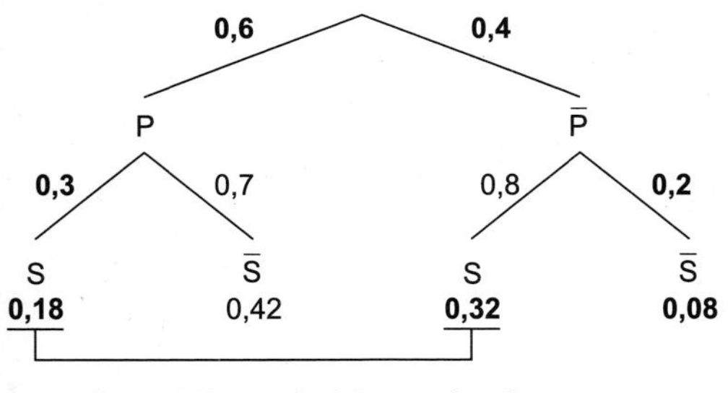

Berechnete Werte sind fett gedruckt.

Somit: $P(\overline{P}) \cdot P(S) = 0,4 \cdot 0,5 = 0,2$

$$P(\overline{P} \cap S) = 0,4 \cdot 0,8 = 0,32 \neq 0,2$$

$\overline{P}$ und S sind daher stochastisch abhängig.

a) $\vec{n} = \begin{pmatrix} 3 \\ 0 \\ -4 \end{pmatrix}$

Der Normalenvektor der Ebene verläuft also parallel zur x_1x_3-Ebene und steht damit auf der x_2-Achse senkrecht. $\Rightarrow$ $E \parallel x_2$-Achse

oder:

Der Punkt $Q(1\,|\,1\,|\,1)$ erfüllt die Ebenengleichung, liegt also in E.
Mit Q liegen alle Punkte $P(1\,|\,p\,|\,1)$ ebenfalls in der Ebene E. Da sich alle Punkte P nur in ihrer x_2-Koordinate unterscheiden, liegen alle Punkte P auf einer Geraden, die parallel zur x_2-Achse verläuft.
Also muss auch E parallel zur x_2-Achse verlaufen.

b) Einsetzen der Koordinaten von $A(8\,|\,1\,|\,0)$ in die Ebenengleichung ergibt:

$3 \cdot 8 - 4 \cdot 0 + 1 = 24 - 0 + 1 = 25 \neq 0$

Somit liegt A nicht in der Ebene E.

c) g: $\vec{X} = \begin{pmatrix} 8 \\ 1 \\ 0 \end{pmatrix} + k \begin{pmatrix} 3 \\ 0 \\ -4 \end{pmatrix} \qquad k \in \mathbb{R}$

d) Da $S \in g$, gilt $S(8+3k\,|\,1\,|\,-4k)$. Eingesetzt in E erhält man:

$$\begin{aligned} 3 \cdot (8+3k) - 4 \cdot (-4k) + 1 &= 0 \\ 24 + 9k + 16k + 1 &= 0 \\ 25 + 25k &= 0 \\ k &= -1 \end{aligned}$$

Somit:

$\vec{S} = \begin{pmatrix} 8 \\ 1 \\ 0 \end{pmatrix} - 1 \cdot \begin{pmatrix} 3 \\ 0 \\ -4 \end{pmatrix} = \begin{pmatrix} 5 \\ 1 \\ 4 \end{pmatrix} \quad \Rightarrow \quad S(5\,|\,1\,|\,4)$

Aufgabengruppe 1

BE

1. Gegeben ist die Funktion $f\colon x \mapsto \frac{e^{2x}}{x}$ mit Definitionsbereich $D_f = \mathbb{R} \setminus \{0\}$.
   Bestimmen Sie Lage und Art des Extrempunkts des Graphen von f. 5

2. Gegeben ist die in $\mathbb{R} \setminus \{0\}$ definierte Funktion $f\colon x \mapsto 1 - \frac{1}{x^2}$, die die Nullstellen $x_1 = -1$ und $x_2 = 1$ hat. Abbildung 1 zeigt den Graphen von f, der symmetrisch bezüglich der y-Achse ist. Weiterhin ist die Gerade g mit der Gleichung $y = -3$ gegeben.

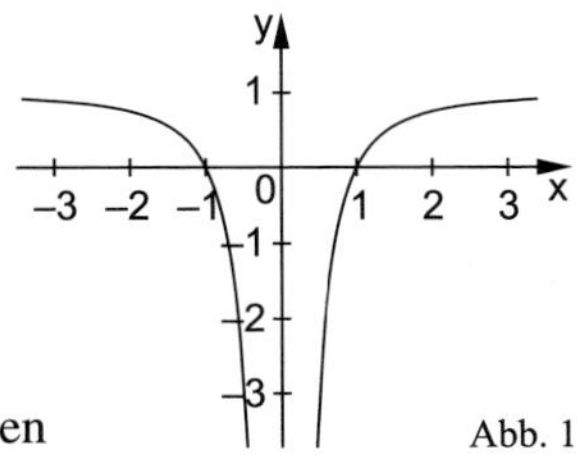

Abb. 1

   a) Zeigen Sie, dass einer der Punkte, in denen g den Graphen von f schneidet, die x-Koordinate $\frac{1}{2}$ hat. 1

   b) Bestimmen Sie rechnerisch den Inhalt der Fläche, die der Graph von f, die x-Achse und die Gerade g einschließen. 4

3. Die nebenstehende Abbildung 2 zeigt den Graphen einer Funktion f.

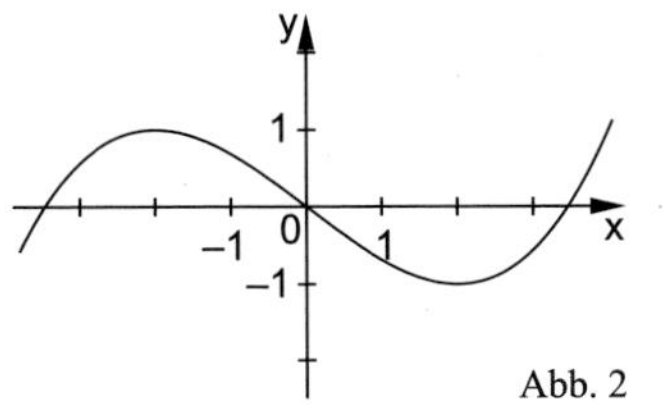

Abb. 2

   a) Einer der folgenden Graphen I, II und III gehört zur ersten Ableitungsfunktion von f. Geben Sie diesen Graphen an. Begründen Sie, dass die beiden anderen Graphen dafür nicht infrage kommen.

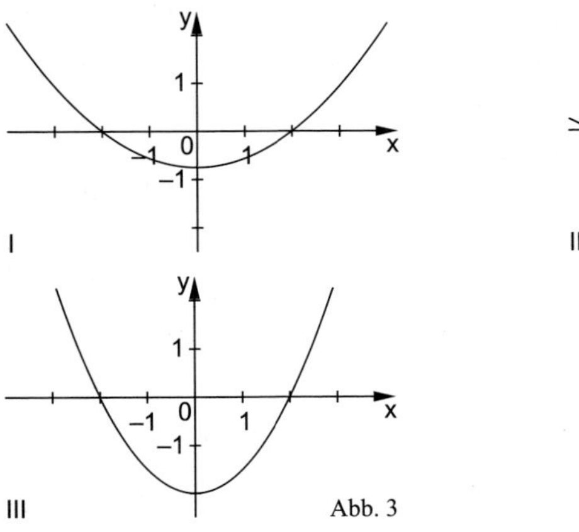

Abb. 3

3

b) Die Funktion F ist eine Stammfunktion von f. Geben Sie das Monotonieverhalten von F im Intervall [1; 3] an. Begründen Sie Ihre Angabe. 2

* 4. a) Betrachtet wird eine Schar von Funktionen h_k mit $k \in \mathbb{R}^+$, die sich nur in ihren jeweiligen Definitionsbereichen D_k unterscheiden.
Es gilt $h_k\colon x \mapsto \cos x$ mit $D_k = [0; k]$.
Abbildung 4 zeigt den Graphen der Funktion h_7. Geben Sie den größtmöglichen Wert von k an, sodass die zugehörige Funktion h_k umkehrbar ist. Zeichnen Sie für diesen Wert von k den Graphen der Umkehrfunktion von h_k in Abbildung 4 ein und berücksichtigen Sie dabei insbesondere den Schnittpunkt der Graphen von Funktion und Umkehrfunktion.

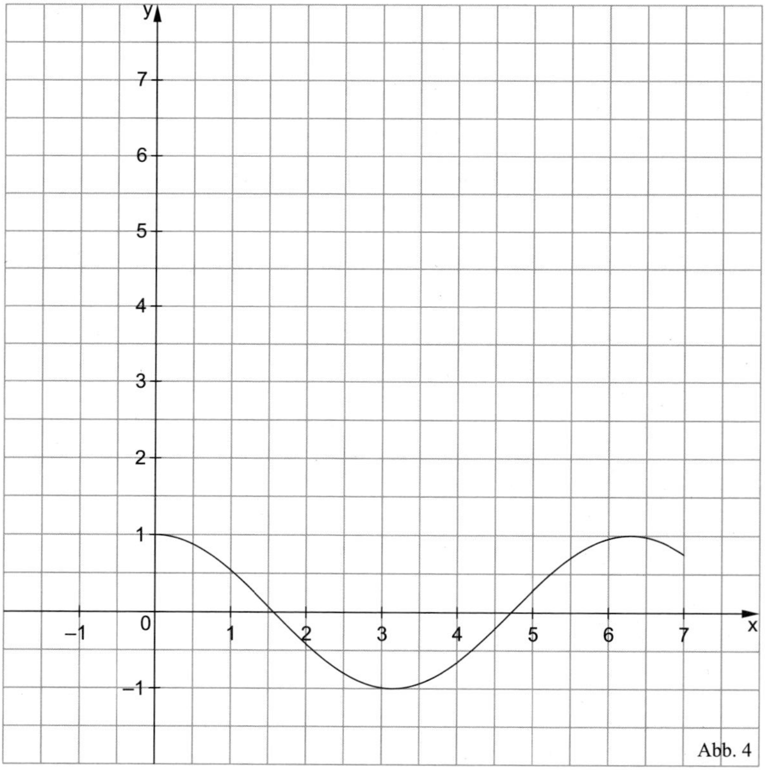

3

b) Geben Sie den Term einer in $\mathbb{R}$ definierten und umkehrbaren Funktion j an, die folgende Bedingung erfüllt: Der Graph von j und der Graph der Umkehrfunktion von j haben keinen gemeinsamen Punkt. 2

20

* Die Teilaufgabe 4 a ist für die Abiturprüfung 2023 nicht relevant.

Aufgabengruppe 2

BE

1. Gegeben ist die Funktion $g\colon x \mapsto \sqrt{x+1}-2$ mit maximaler Definitionsmenge D.

   a) Geben Sie D an. 1

   b) Bestimmen Sie die Gleichung der Tangente an den Graphen von g im Punkt $(8\,|\,g(8))$. 4

2. Gegeben ist die in $\mathbb{R}\setminus\{0\}$ definierte Funktion $f\colon x \mapsto 1-\frac{1}{x^2}$, die die Nullstellen $x_1=-1$ und $x_2=1$ hat. Abbildung 1 zeigt den Graphen von f, der symmetrisch bezüglich der y-Achse ist. Weiterhin ist die Gerade g mit der Gleichung $y=-3$ gegeben.

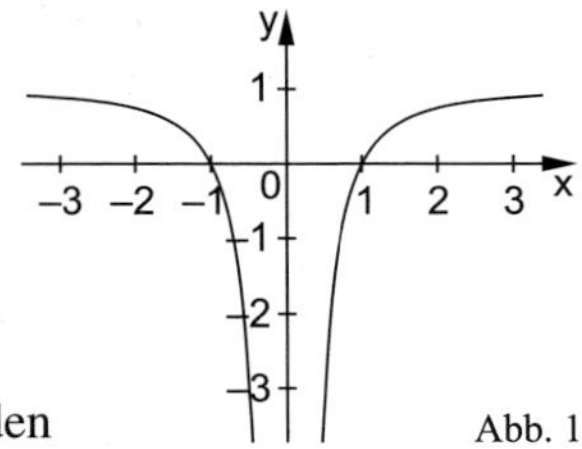

Abb. 1

   a) Zeigen Sie, dass einer der Punkte, in denen g den Graphen von f schneidet, die x-Koordinate $\frac{1}{2}$ hat. 1

   b) Bestimmen Sie rechnerisch den Inhalt der Fläche, die der Graph von f, die x-Achse und die Gerade g einschließen. 4

3. Gegeben ist die Schar der in $\mathbb{R}$ definierten Funktionen $p_k\colon x \mapsto kx^2-4x-3$ mit $k\in\mathbb{R}\setminus\{0\}$, deren Graphen Parabeln sind.

   a) Bestimmen Sie den Wert von k so, dass der Punkt $(2\,|\,-3)$ auf der zugehörigen Parabel liegt. 2

   b) Ermitteln Sie diejenigen Werte von k, für die die jeweils zugehörige Funktion p_k keine Nullstelle besitzt. 3

4. Die nebenstehende Abbildung 2 zeigt den Graphen einer Funktion f.

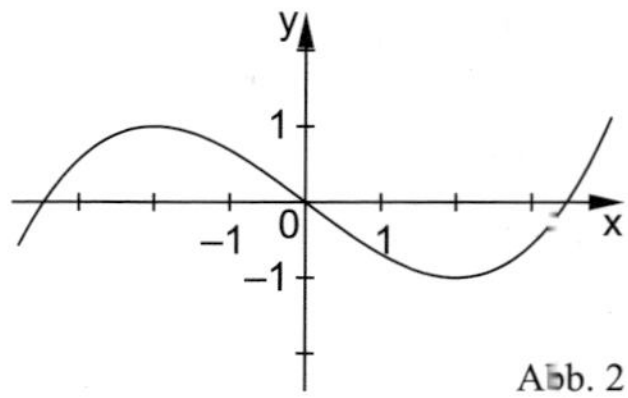

Abb. 2

a) Einer der folgenden Graphen I, II und III gehört zur ersten Ableitungsfunktion von f. Geben Sie diesen Graphen an. Begründen Sie, dass die beiden anderen Graphen dafür nicht infrage kommen.

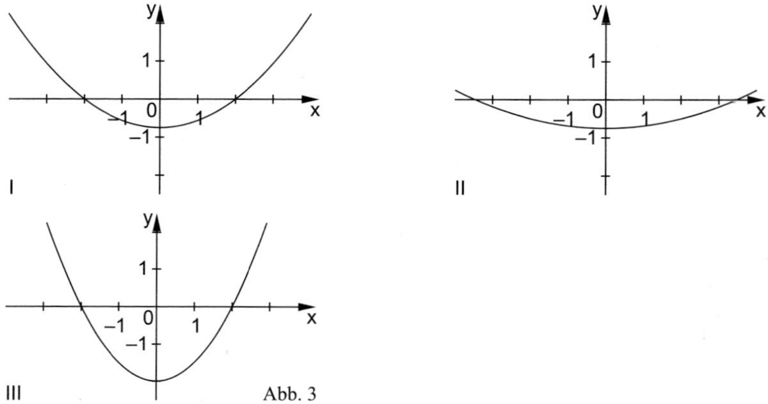

Abb. 3

3

b) Die Funktion F ist eine Stammfunktion von f. Geben Sie das Monotonieverhalten von F im Intervall [1; 3] an. Begründen Sie Ihre Angabe. 2

20

Tipps und Hinweise

Aufgabengruppe 1

Aufgabe 1

- Wie lässt sich die Lage eines Extrempunkts bestimmen?
- Man setzt zunächst die 1. Ableitung gleich null.
- Um welche Art Funktion handelt es sich bei f?
- Worauf ist bei der Ableitung einer gebrochenen Funktion zu achten?
- Verwenden Sie für f'(x) die Quotientenregel.
- Für die Ableitung gebrochener Funktionen gilt:

$$f(x)=\frac{u(x)}{v(x)} \quad \Rightarrow \quad f'(x)=\frac{u'(x)\cdot v(x)-u(x)\cdot v'(x)}{(v(x))^2}$$

- Die Nullstelle der 1. Ableitung liefert die x-Koordinate des Extrempunkts.
- Ein Bruch hat den Wert null, wenn der Zähler den Wert null hat.
- Ein Produkt ist null, wenn einer der Faktoren null ist.
- Für alle x gilt: $e^{2x}>0$
- Einsetzen der x-Koordinate in f(x) ergibt die zugehörige y-Koordinate.
- Das Vorzeichen von f'(x) entscheidet über das Monotonieverhalten von f(x).
- Fertigen Sie eine Monotonietabelle und entscheiden Sie damit über die Art des Extrempunkts.

oder:

- Bestimmen Sie die Art des Extrempunkts mithilfe der 2. Ableitung.
- Ist die zweite Ableitung an der Stelle des Extremwerts positiv, so handelt es sich um einen Tiefpunkt; ist die zweite Ableitung an der Stelle des Extremwerts negativ, so handelt es sich um einen Hochpunkt.

Aufgabe 2 a

- Schneiden Sie die beiden Funktionen.
- Die beiden Funktionsterme müssen gleichgesetzt werden.
- Da beide Graphen symmetrisch zur y-Achse sind, unterscheiden sich die beiden x-Werte für die Schnittstellen nur durch das Vorzeichen.

Aufgabe 2 b

- Mit den Funktionsgraphen ist auch die gesuchte Fläche symmetrisch zur y-Achse. Es genügt also, nur die Hälfte (z. B. die im IV. Quadranten) zu betrachten.
- Die gesamte Fläche befindet sich unter der x-Achse.
- Die halbe Fläche lässt sich in ein Rechteck und eine weitere Fläche zerlegen.
- Vielleicht sehen Sie die Zerlegung leichter, wenn Sie die Angabe auf den Kopf stellen.
- Bestimmen Sie Länge und Breite des Rechtecks.
- Die weitere Fläche wird von der x-Achse, der Parallelen $x = 0{,}5$ zur y-Achse und dem Graphen der Funktion eingeschlossen.
- Diese weitere Fläche lässt sich mithilfe eines bestimmten Integrals berechnen.
- Da sich die Fläche unterhalb der x-Achse befindet, sind Absolutbetragsstriche nötig.
- $h(x) = -\frac{1}{x^2} \quad \Rightarrow \quad H(x) = \frac{1}{x}$
- Vergessen Sie nicht, auch den Wert der Gesamtfläche anzugeben.

Aufgabe 3 a

- Wo besitzt die Funktion f Extremstellen?
- Was muss sich an diesen Stellen beim Graphen der 1. Ableitung befinden?
- Wo f Extremstellen besitzt, muss f' Nullstellen haben.
- Welcher Graph in Abbildung 3 erfüllt diese Bedingung nicht?
- Sowohl Graph I als auch Graph III besitzen für $x = 2$ und $x = -2$ Nullstellen, kommen also als Graphen der Ableitungsfunktion infrage.
- Graph I und Graph III unterscheiden sich durch den y-Wert für $x = 0$.
- Der y-Wert der Ableitungsfunktion für $x = 0$ gibt die Steigung der Funktion für $x = 0$ an.
- Zeichnen Sie in den Graphen der Funktion (Abbildung 2) die Tangente für $x = 0$ ein.
- Tragen Sie auch die Winkelhalbierende $y = -x$ ein.
- Welche der beiden Geraden verläuft steiler?
- Was lässt sich über die Größe der Tangentensteigung für $x = 0$ aussagen?
- Welcher Graph in Abbildung 3 erfüllt diese Bedingung?

Aufgabe 3 b

- Welcher Zusammenhang besteht zwischen der Stammfunktion F und f?
- Es gilt: $F' = f$
- Das Monotonieverhalten wird durch das Vorzeichen der 1. Ableitung bestimmt.
- Lesen Sie das Vorzeichen von f im Intervall [1; 3] in Abbildung 2 ab.
- f verläuft in [1; 3] unterhalb der x-Achse.
- Für $f > 0$ ist F streng monoton steigend; für $f < 0$ ist F streng monoton fallend.

Aufgabe 4 a

- Eine Funktion ist nur in den Intervallen umkehrbar, in denen sie streng monoton ist.
- Das gesuchte Intervall hat die untere Grenze null.
- Verfolgen Sie den Graphen der Funktion so weit, bis sich das Monotonieverhalten ändert.
- Die Funktion cos x ist in $[0; \pi]$ streng monoton fallend.
- Der Graph der Umkehrfunktion ergibt sich durch Spiegelung an der Winkelhalbierenden $y = x$.
- Die Koordinaten welcher Punkte auf dem Graphen sind bekannt bzw. lassen sich leicht ablesen?
- Bei der Spiegelung vertauschen sich x- und y-Koordinate.
- Spiegeln Sie die Punkte $(0 \mid 1)$ und $(\frac{\pi}{2} \mid 0)$ sowie $(\pi \mid -1)$.
- Der Punkt, in dem sich der Graph der Funktion und $y = x$ schneiden, gehört auch zum Graphen der Umkehrfunktion.
- Achten Sie darauf, dass der Graph der Umkehrfunktion in $(1 \mid 0)$ beginnt und in $(-1 \mid \pi)$ endet.

Aufgabe 4 b

- Funktion und Umkehrfunktion können sich nur auf der Winkelhalbierenden $y = x$ schneiden.
- Sollen sich Funktion und Umkehrfunktion nicht schneiden, so darf die Funktion die Winkelhalbierende nicht schneiden.
- Gesucht ist also eine streng monotone Funktion, die mit $y = x$ keinen Punkt gemeinsam hat.
- Jede Gerade ist streng monoton (sofern sie nicht parallel zu einer Koordinatenachse verläuft).

- Gibt es Geraden, die die Gerade $y = x$ nicht schneiden?
- Echt parallele Geraden haben keinen Punkt gemeinsam.
- Geben Sie eine Gleichung einer Geraden an, die zu $y = x$ echt parallel verläuft.

Aufgabengruppe 2

Aufgabe 1 a

- Um welche Art Funktion handelt es sich?
- Welche Bedingung muss der Radikand (Term unter der Wurzel) erfüllen?
- Der Radikand darf nicht negativ werden.

Aufgabe 1 b

- Berechnen Sie die y-Koordinate des Punkts.
- Die Tangente hat als Gerade die Gleichung $y = mx + t$.
- m ist die Steigung der Tangente.
- Die Steigung der Tangente wird durch die 1. Ableitung angegeben.
- Bestimmen Sie $g'(8)$.
- Beachten Sie beim Ableiten: $(\sqrt{x})' = \frac{1}{2\sqrt{x}}$
- Die Tangente muss durch den Punkt $(8 \mid g(8) = 1)$ verlaufen.
- Setzen Sie zur Berechnung von t die Koordinaten des Punkts und die Steigung $g'(8)$ in die Geradengleichung ein.

Aufgabe 2

- siehe Analysis – Aufgabengruppe 1, Aufgabe 2

Aufgabe 3 a

- Ein Punkt liegt auf dem Graphen einer Funktion, wenn er die Funktionsgleichung erfüllt.
- Setzen Sie $x = 2$ und $y = -3$ ein und lösen Sie die Gleichung nach k auf.

Aufgabe 3 b

- p_k ist eine quadratische Funktion.
- Die Nullstellen einer quadratischen Funktion bestimmt man mithilfe der Lösungsformel für quadratische Gleichungen.

Die Lösungsformel lautet: $x_{1/2} = \frac{-b \pm \sqrt{b^2 - 4ac}}{2a}$

Wann liefert diese Formel keine Lösung?

Es ergibt sich keine Lösung, wenn unter der Wurzel ein negativer Wert steht.

Bestimmen Sie den Term unter der Wurzel in Abhängigkeit von k und setzen Sie ihn kleiner null.

Lösen Sie die Ungleichung nach k auf.

Aufgabe 4

siehe Analysis – Aufgabengruppe 1, Aufgabe 3

Lösungen

Aufgabengruppe 1

1. $f(x) = \frac{e^{2x}}{x}$ mit $\mathbb{D}_f = \mathbb{R} \setminus \{0\}$

$$f'(x) = \frac{e^{2x} \cdot 2 \cdot x - e^{2x} \cdot 1}{x^2} = \frac{e^{2x} \cdot (2x-1)}{x^2}$$

$$f'(x) = 0 \;\Rightarrow\; e^{2x} \cdot (2x-1) = 0 \;\Rightarrow\; 2x - 1 = 0 \;\Rightarrow\; x = 0{,}5$$

$$f(0{,}5) = \frac{e^{2 \cdot 0{,}5}}{0{,}5} = \frac{e^1}{\frac{1}{2}} = 2e$$

Da sowohl $x^2 > 0$ als auch $e^{2x} > 0$ gilt, entscheidet das Vorzeichen von $2x - 1$ über das Vorzeichen von $f'(x)$.

$x \in$	$]-\infty; 0{,}5[\, \setminus \{0\}$	$]0{,}5; +\infty[$
$2x-1$	<0	>0
$f'(x)$	<0	>0
$f(x)$	fällt	steigt

Somit besitzt f in $(0{,}5 \,|\, 2e)$ einen Tiefpunkt.

oder:

$$f''(x) = \frac{\left[e^{2x} \cdot 2 \cdot (2x-1) + e^{2x} \cdot 2\right] \cdot x^2 - e^{2x} \cdot (2x-1) \cdot 2x}{(x^2)^2}$$

$$= \frac{\left[e^{2x} \cdot 2 \cdot (2x-1) + e^{2x} \cdot 2\right] \cdot x - e^{2x} \cdot (2x-1) \cdot 2}{x^3}$$

$$= \frac{2e^{2x} \cdot \{[(2x-1)+1] \cdot x - (2x-1)\}}{x^3} = \frac{2e^{2x} \cdot (2x^2 - 2x + 1)}{x^3}$$

$$f''(0{,}5) = \frac{2e^{2 \cdot 0{,}5} \cdot (2 \cdot 0{,}5^2 - 2 \cdot 0{,}5 + 1)}{0{,}5^3} = \frac{2e \cdot (0{,}5 - 1 + 1)}{0{,}5^3} = \frac{e}{0{,}5^3} > 0$$

Somit besitzt f in $(0{,}5 \,|\, 2e)$ einen Tiefpunkt.

2. a) $f(x) = -3$

$$1 - \frac{1}{x^2} = -3$$

$$-\frac{1}{x^2} = -4$$

$$-1 = -4x^2$$

$$x^2 = \frac{1}{4}$$

$$x = \pm\frac{1}{2}$$

b) Da die Funktion symmetrisch bezüglich der y-Achse ist, genügt es, den Flächenteil im IV. Quadranten zu betrachten. Dieser lässt sich in ein Rechteck und eine Fläche zerlegen, die von der x-Achse, der Geraden $x = 0{,}5$ und dem Graphen von f unterhalb der x-Achse begrenzt wird.

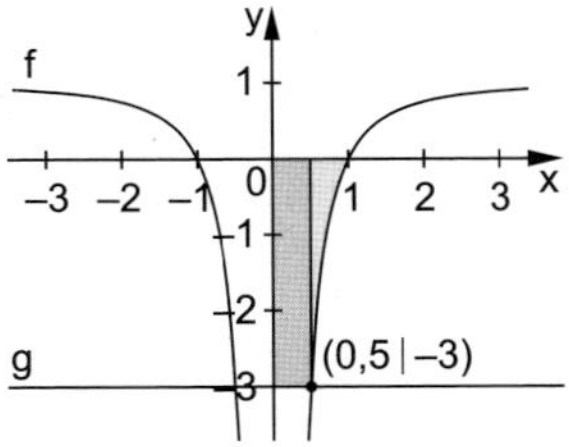

$$\text{halbe Fläche} = 0{,}5 \cdot 3 + \left| \int_{0,5}^{1} \left(1 - \frac{1}{x^2}\right) dx \right| = 1{,}5 + \left| \left[x + \frac{1}{x} \right]_{0,5}^{1} \right|$$

$$= 1{,}5 + \left| \left(1 + \frac{1}{1}\right) - \left(0{,}5 + \frac{1}{0{,}5}\right) \right| = 1{,}5 + |2 - 2{,}5| = 1{,}5 + 0{,}5 = 2$$

Gesamtfläche = 4

3. a) Die gegebene Funktion f hat bei $x = -2$ und $x = 2$ einen Extrempunkt, also muss der Graph der Ableitungsfunktion f' bei $x = -2$ und $x = 2$ Nullstellen haben. Somit scheidet Graph II aus.

Zeichnet man sowohl die Tangente an den Graphen im Ursprung als auch die Winkelhalbierende $y = -x$ in Abbildung 2 ein, erkennt man, dass die Tangente im II. Quadranten unterhalb der Winkelhalbierenden liegt.

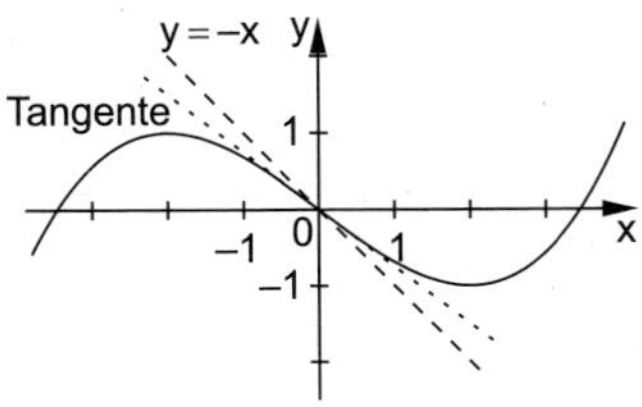

Also muss die Steigung der Tangente einen Wert zwischen 0 und –1 besitzen. Der Graph der Ableitungsfunktion muss für $x = 0$ also einen y-Wert zwischen 0 und –1 besitzen. Damit scheidet Graph III aus.

Graph I zeigt den Graphen der Ableitungsfunktion.

b) Für die Stammfunktion F von f gilt: $F'(x) = f(x)$

Das Monotonieverhalten von F wird durch das Vorzeichen der Ableitungsfunktion f bestimmt. Im Intervall [1; 3] verläuft der Graph von f unterhalb der x-Achse. Somit gilt:

In [1; 3] ist $f(x) < 0$, also ist F in [1; 3] streng monoton fallend.

4. a) $h_\pi(x) = \cos x$ mit $\mathbb{D}_\pi = [0; \pi]$ ist umkehrbar.

Den Graphen der Umkehrfunktion erhält man durch Spiegelung des Graphen von h_π an der Winkelhalbierenden $y = x$. Der Schnittpunkt von Funktion und Umkehrfunktion liegt auf der Winkelhalbierenden.

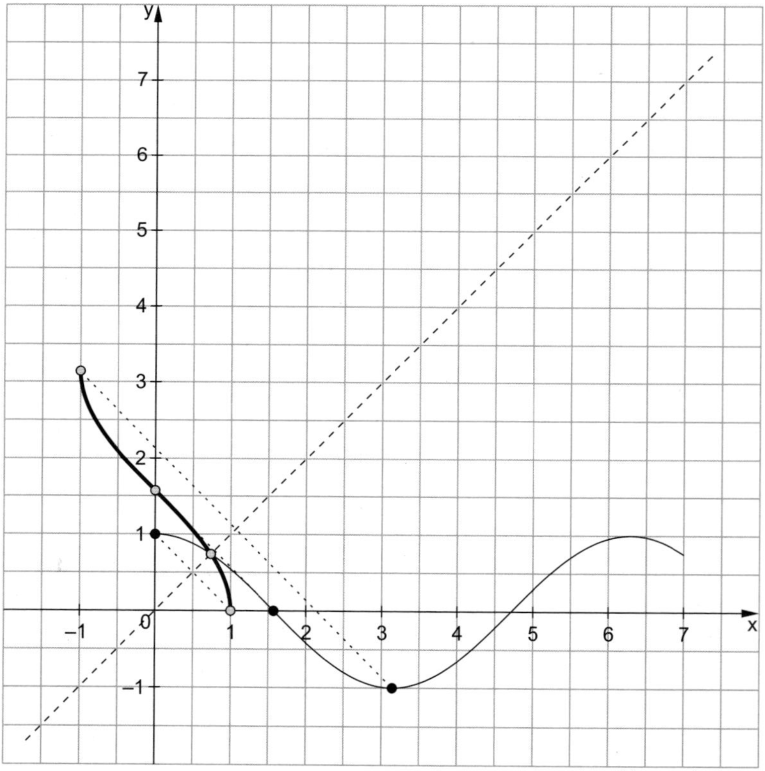

b) Da sich der Graph einer Funktion und der Graph ihrer Umkehrfunktion stets nur auf der Spiegelachse (also der Winkelhalbierenden $y = x$) schneiden, darf die Funktion j keinen Schnittpunkt mit der Geraden $y = x$ haben. Dies gilt z. B. für jede zu $y = x$ echt parallele Gerade. Somit:

$j(x) = x + a \quad \text{mit } a \in \mathbb{R} \setminus \{0\}$

Aufgabengruppe 2

1. a) $g(x) = \sqrt{x+1} - 2$

   $x + 1 \geq 0 \;\Rightarrow\; x \geq -1 \;\Rightarrow\; \mathbb{D} = [-1; +\infty[$

   b) $g(8) = \sqrt{8+1} - 2 = \sqrt{9} - 2 = 3 - 2 = 1$

   Tangente: $y = m \cdot x + t$ mit $m = g'(8)$

   $$g'(x) = \frac{1}{2\sqrt{x+1}}$$

   $$g'(8) = \frac{1}{2\sqrt{8+1}} = \frac{1}{2 \cdot 3} = \frac{1}{6}$$

   $$y = \frac{1}{6}x + t$$

   durch $(8 \mid 1)$

   $$1 = \frac{1}{6} \cdot 8 + t \;\Rightarrow\; t = 1 - \frac{8}{6} = 1 - \frac{4}{3} = -\frac{1}{3}$$

   Tangente: $y = \frac{1}{6}x - \frac{1}{3}$

2. siehe Analysis – Aufgabengruppe 1, Aufgabe 2

3. a)
   $$\begin{aligned} p_k(2) &= -3 \\ k \cdot 2^2 - 4 \cdot 2 - 3 &= -3 \\ 4k - 11 &= -3 \\ 4k &= 8 \\ k &= 2 \end{aligned}$$

   b) $kx^2 - 4x - 3 = 0$ besitzt keine Lösung, wenn in der Lösungsformel für die quadratische Gleichung unter der Wurzel ein negativer Wert steht.

   $$\begin{aligned} (-4)^2 - 4 \cdot k \cdot (-3) &< 0 \\ 16 + 12k &< 0 \\ 12k &< -16 \\ k &< -\frac{4}{3} \end{aligned}$$

   Wenn $k < -\frac{4}{3}$ ist, besitzt die Parabel p_k keine Nullstellen.

4. siehe Analysis – Aufgabengruppe 1, Aufgabe 3

Abitur Mathematik (Bayern): Abiturprüfung 2019
Prüfungsteil A – Stochastik

Aufgabengruppe 1

BE

1. Ein Glücksrad besteht aus fünf gleich großen Sektoren. Einer der Sektoren ist mit „0" beschriftet, einer mit „1" und einer mit „2"; die beiden anderen Sektoren sind mit „9" beschriftet.

   a) Das Glücksrad wird viermal gedreht. Berechnen Sie die Wahrscheinlichkeit dafür, dass die Zahlen 2, 0, 1 und 9 in der angegebenen Reihenfolge erzielt werden. 2

   b) Das Glücksrad wird zweimal gedreht. Bestimmen Sie die Wahrscheinlichkeit dafür, dass die Summe der erzielten Zahlen mindestens 11 beträgt. 3

2. Die Zufallsgröße X kann ausschließlich die Werte 1, 4, 9 und 16 annehmen. Bekannt sind $P(X=9)=0{,}2$ und $P(X=16)=0{,}1$ sowie der Erwartungswert $E(X)=5$. Bestimmen Sie mithilfe eines Ansatzes für den Erwartungswert die Wahrscheinlichkeiten $P(X=1)$ und $P(X=4)$. 3

3. Gegeben ist eine Bernoullikette mit der Länge n und der Trefferwahrscheinlichkeit p. Erklären Sie, dass für alle $k \in \{0; 1; 2; \ldots; n\}$ die Beziehung $B(n; p; k) = B(n; 1-p; n-k)$ gilt. 2

10

Aufgabengruppe 2

BE

1. Ein Glücksrad besteht aus fünf gleich großen Sektoren. Einer der Sektoren ist mit „0" beschriftet, einer mit „1" und einer mit „2"; die beiden anderen Sektoren sind mit „9" beschriftet.

   a) Das Glücksrad wird viermal gedreht. Berechnen Sie die Wahrscheinlichkeit dafür, dass die Zahlen 2, 0, 1 und 9 in der angegebenen Reihenfolge erzielt werden. 2

   b) Das Glücksrad wird zweimal gedreht. Bestimmen Sie die Wahrscheinlichkeit dafür, dass die Summe der erzielten Zahlen mindestens 11 beträgt. 3

2. Gegeben ist eine binomialverteilte Zufallsgröße X mit dem Parameterwert $n = 5$. Dem Diagramm in Abbildung 1 kann man die Wahrscheinlichkeitswerte $P(X \leq k)$ mit $k \in \{0; 1; 2; 3; 4\}$ entnehmen. Ergänzen Sie den zu $k = 5$ gehörenden Wahrscheinlichkeitswert im Diagramm. Ermitteln Sie näherungsweise die Wahrscheinlichkeit $P(X = 2)$.

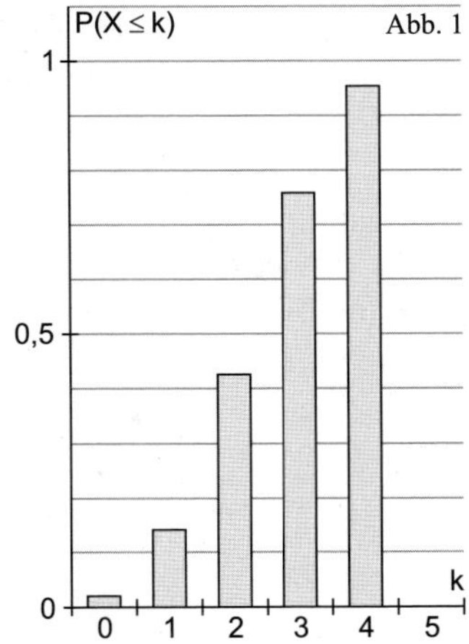

2

3. Das Baumdiagramm in Abbildung 2 gehört zu einem Zufallsexperiment mit den stochastisch unabhängigen Ereignissen A und B. Bestimmen Sie die Wahrscheinlichkeit des Ereignisses B.

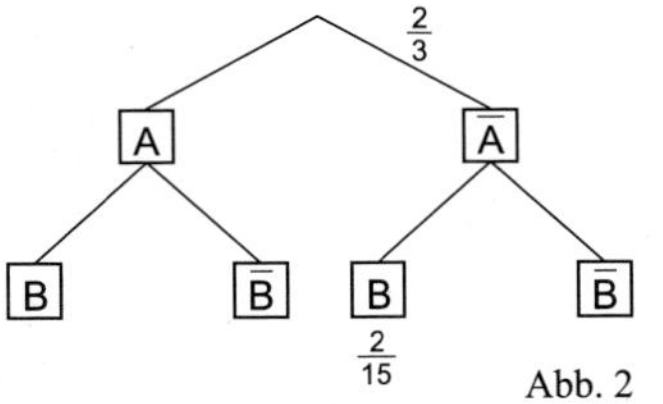

Abb. 2

$\frac{3}{10}$

Tipps und Hinweise

Aufgabengruppe 1

Aufgabe 1 a

- Notieren Sie sich die Wahrscheinlichkeiten der vier Ziffern.
- Die fünf Sektoren sind gleich groß und nur die 9 tritt zweimal auf.
- Das zu erzielende Ergebnis bei jeder der vier Drehungen ist vorgegeben.

Aufgabe 1 b

- Mit welchen beiden Ziffern erhält man eine Summe von mindestens 11?
- Es gibt drei Möglichkeiten.
- Berechnen Sie die Wahrscheinlichkeit jedes möglichen Ergebnisses und addieren Sie die drei Einzelwahrscheinlichkeiten.

Aufgabe 2

- Die Werte der Zufallsgröße und die zugehörigen Wahrscheinlichkeiten lassen sich in einer Tabelle darstellen.
- Die Wahrscheinlichkeiten P(1) und P(4) sind nicht gegeben. Benennen Sie sie mit a und b.
- Für die Berechnung von a und b benötigt man zwei Gleichungen.
- Der Erwartungswert ist gegeben und liefert eine Gleichung.
- Welche Bedingung müssen alle Wahrscheinlichkeiten der Zufallsgröße erfüllen?
- Die Summe aller Wahrscheinlichkeiten muss 1 betragen. Das liefert die zweite Gleichung.
- Es sind zwei Gleichungen mit zwei Unbekannten zu lösen.
- In beiden Gleichungen kommt a mit dem Koeffizienten 1 vor.
- Man kann beide Gleichungen nach a auflösen und dann gleichsetzen oder man löst nur eine Gleichung nach a auf und setzt in die andere Gleichung ein.

Aufgabe 3

- B(n; p; k) lässt sich ausführlich schreiben.
- $B(n; p; k) = \binom{n}{k} \cdot p^k \cdot (1-p)^{n-k}$
- Geben Sie B(n; 1 – p; n – k) ebenso an.
- Durch Umformungen lässt sich die Gleichheit zeigen. Beachten Sie dabei, dass $\binom{n}{n-k} = \binom{n}{k}$ gilt.

oder:

- B(n; p; k) gibt die Wahrscheinlichkeit an, bei n Versuchen genau k Treffer mit einer Trefferwahrscheinlichkeit p zu erzielen.
- Wie viele Nieten mit welcher Nietenwahrscheinlichkeit ergeben sich dabei?
- Die Wahrscheinlichkeit lässt sich statt über die Treffer auch über die Nieten ausdrücken.

Aufgabengruppe 2

Aufgabe 1

- siehe Stochastik – Aufgabengruppe 1, Aufgabe 1

Aufgabe 2

- Achten Sie darauf, dass das Diagramm $P(X \leq k)$ abbildet.
- Bei $P(X \leq k)$ handelt es sich um kumulative Werte.
- k kann die Werte 0; 1; 2; 3; 4; 5 annehmen.
- Einzutragen ist $P(X \leq 5)$.
- Welche Werte für X gehören zu $X \leq 5$?
- $X \leq 5$ umfasst alle nur möglichen Werte. Welchen Wert hat $P(X \leq 5)$ somit?
- Es muss gelten: $P(X \leq 5) = 1$
- Abbildung 1 gibt keine exakten Werte an. $P(X = 2)$ lässt sich also nicht unmittelbar ablesen.
- Welche kumulativen Werte liefern den exakten Wert $P(X = 2)$?
- Es gilt: $P(X = 2) = P(X \leq 2) - P(X \leq 1)$
- Die Werte für $P(X \leq 2)$ und $P(X \leq 1)$ lassen sich näherungsweise aus Abbildung 1 ablesen.

Aufgabe 3

- Abbildung 2 liefert $P(\overline{A})$ und $P(\overline{A} \cap B)$.
- Sind A und B stochastisch unabhängig, so sind auch $\overline{A}$ und $\overline{B}$ bzw. $\overline{A}$ und B bzw. A und $\overline{B}$ stochastisch unabhängig.
- Sind zwei Ereignisse A und B stochastisch unabhängig, so gilt $P(A \cap B) = P(A) \cdot P(B)$.
- Setzen Sie in die entsprechende Formel für $\overline{A}$ und B die gegebenen Wahrscheinlichkeiten ein.
- Es ergibt sich eine Gleichung für P(B).

Lösungen

Aufgabengruppe 1

1. Es gilt: $P(0) = P(1) = P(2) = \frac{1}{5} = 0{,}2$ und $P(9) = \frac{2}{5} = 0{,}4$

   a) $P(2019) = 0{,}2 \cdot 0{,}2 \cdot 0{,}2 \cdot 0{,}4 = 0{,}0032 = 0{,}32\ \%$

   b) Summe mindestens 11 kann erzielt werden durch die Ergebnisse 29, 92 und 99:
   $P(29; 92; 99) = 0{,}2 \cdot 0{,}4 + 0{,}4 \cdot 0{,}2 + 0{,}4 \cdot 0{,}4 = 0{,}32 = 32\ \%$

2.

x	1	4	9	16
P(X = x)	a	b	0,2	0,1

Da die Summe aller Wahrscheinlichkeiten 1 sein muss, gilt:
$a + b + 0{,}2 + 0{,}1 = 1 \quad \Rightarrow \quad a = 0{,}7 - b$

Da der Erwartungswert 5 betragen soll, muss gelten:
$1 \cdot a + 4 \cdot b + 9 \cdot 0{,}2 + 16 \cdot 0{,}1 = 5 \quad \Rightarrow \quad a + 4b + 1{,}8 + 1{,}6 = 5 \quad \Rightarrow \quad a = 1{,}6 - 4b$

Gleichsetzen der beiden Gleichung liefert
$0{,}7 - b = 1{,}6 - 4b \quad \Rightarrow \quad 3b = 0{,}9 \quad \Rightarrow \quad b = 0{,}3$

und somit:
$a = 0{,}4$

oder:
$a = 0{,}7 - b$ in die Gleichung des Erwartungswerts einsetzen:

$$\begin{aligned} 1 \cdot (0{,}7 - b) + 4 \cdot b + 9 \cdot 0{,}2 + 16 \cdot 0{,}1 &= 5 \\ 0{,}7 - b + 4b + 1{,}8 + 1{,}6 &= 5 \\ 3b + 4{,}1 &= 5 \\ 3b &= 0{,}9 \quad \Rightarrow \quad b = 0{,}3 \quad \Rightarrow \quad a = 0{,}4 \end{aligned}$$

x	1	4	9	16
P(X = x)	0,4	0,3	0,2	0,1

3. $B(n; p; k) = \binom{n}{k} \cdot p^k \cdot (1 - p)^{n-k}$

$$B(n; 1 - p; n - k) = \binom{n}{n-k} \cdot (1 - p)^{n-k} \cdot \big(1 - (1 - p)\big)^{n-(n-k)} = \binom{n}{k} \cdot (1 - p)^{n-k} \cdot p^k$$
$$= B(n; p; k)$$

oder:

B(n; p; k) bedeutet, dass bei den n Experimenten der Bernoullikette k Treffer und somit $n-k$ Nieten erscheinen, wobei die Wahrscheinlichkeit für einen Treffer p und für eine Niete $1-p$ beträgt. Statt die Möglichkeiten der k Plätze für die Treffer zu bestimmen, können auch die $n-k$ Plätze für die $n-k$ Nieten bestimmt werden. Die Wahrscheinlichkeit eines bestimmten Ereignisses wird bei B(n; p; k) über die Treffer betrachtet, während man sich bei $B(n;\ 1-p;\ n-k)$ an den Nieten orientiert.

Aufgabengruppe 2

1. siehe Aufgabengruppe 1, Aufgabe 1

2. Da das Diagramm die **kumulativen** Wahrscheinlichkeiten angibt, umfasst $P(X \le 5)$ alle möglichen Ergebnisse. Es muss also $P(X \le 5) = 1$ gelten.

   $P(X=2)$ lässt sich **nicht** direkt aus der Graphik ablesen, da diese nur **kumulative** Wahrscheinlichkeiten darstellt.

   $$P(X=2) = P(X \le 2) - P(X \le 1)$$
   $$\approx 0{,}42 - 0{,}14 = 0{,}28$$

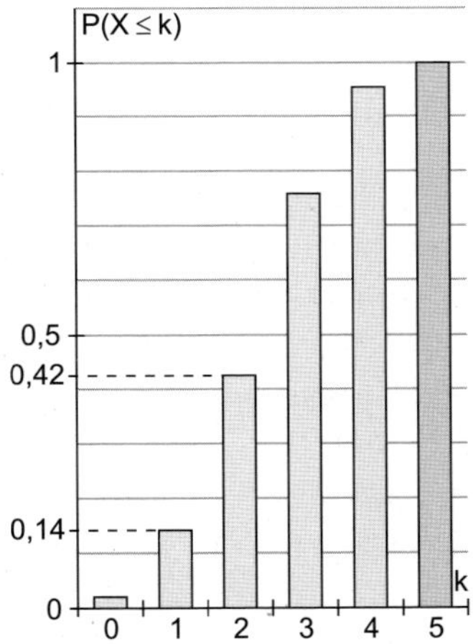

3. Sind die beiden Ereignisse A und B stochastisch unabhängig, so sind auch $\overline{A}$ und B stochastisch unabhängig. Es gilt also:

   $$P(\overline{A} \cap B) = P(\overline{A}) \cdot P(B)$$

   Im Baumdiagramm sind $P(\overline{A}) = \frac{2}{3}$ und $P(\overline{A} \cap B) = \frac{2}{15}$ eingetragen. Damit ergibt sich:

   $$\frac{2}{15} = \frac{2}{3} \cdot P(B) \quad \Rightarrow \quad P(B) = \frac{2}{15} : \frac{2}{3} = \frac{2}{15} \cdot \frac{3}{2} = \frac{3}{15} = \frac{1}{5}$$

Abitur Mathematik (Bayern): Abiturprüfung 2019
Prüfungsteil A – Geometrie

Aufgabengruppe 1

BE

1. Gegeben ist ein Rechteck ABCD mit den Eckpunkten $A(5|-4|-3)$, $B(5|4|3)$, $C(0|4|3)$ und D.

   a) Ermitteln Sie die Koordinaten von D und geben Sie die Koordinaten des Mittelpunkts M der Strecke [AC] an. 3

   b) Begründen Sie, dass die Dreiecke BCM und ABM den gleichen Flächeninhalt besitzen, ohne diesen zu berechnen. 2

2. a) Die Ebene $E: 3x_1 + 2x_2 + 2x_3 = 6$ enthält einen Punkt, dessen drei Koordinaten übereinstimmen. Bestimmen Sie diese Koordinaten. 2

   b) Begründen Sie, dass die folgende Aussage richtig ist:
   Es gibt unendlich viele Ebenen, die keinen Punkt enthalten, dessen drei Koordinaten übereinstimmen. 3

10

Aufgabengruppe 2

BE

1. Gegeben sind die beiden Kugeln k_1 mit Mittelpunkt $M_1(1|2|3)$ und Radius 5 sowie k_2 mit Mittelpunkt $M_2(-3|-2|1)$ und Radius 5.

   a) Zeigen Sie, dass sich k_1 und k_2 schneiden. 2

   b) Die Schnittfigur von k_1 und k_2 ist ein Kreis. Bestimmen Sie die Koordinaten des Mittelpunkts und den Radius dieses Kreises. 3

2. a) Die Ebene $E: 3x_1 + 2x_2 + 2x_3 = 6$ enthält einen Punkt, dessen drei Koordinaten übereinstimmen. Bestimmen Sie diese Koordinaten. 2

   b) Begründen Sie, dass die folgende Aussage richtig ist:
   Es gibt unendlich viele Ebenen, die keinen Punkt enthalten, dessen drei Koordinaten übereinstimmen. 3

10

Tipps und Hinweise

Aufgabengruppe 1

Aufgabe 1 a

- An der Skizze eines Rechtecks ABCD erkennt man, dass je zwei Vektoren gleich sind.
- Der Ortsvektor $\vec{D}$ kann auf zwei Arten dargestellt werden.
- $\vec{D} = \vec{A} + \overrightarrow{AD} = \vec{A} + \overrightarrow{BC}$ oder $\vec{D} = \vec{C} + \overrightarrow{CD} = \vec{C} + \overrightarrow{BA}$
- Für die Koordinaten des Mittelpunkts einer Strecke [PQ] gilt: $\overrightarrow{M_{PQ}} = \frac{1}{2}(\vec{P} + \vec{Q})$

Aufgabe 1 b

- Wie lässt sich die Fläche eines Dreiecks berechnen?
- $A_{\Delta} = \frac{1}{2} \cdot \text{Grundseite} \cdot \text{Höhe}$
- Zeichnen Sie die beiden Dreiecke in die Skizze des Rechtecks ein.
- In Teilaufgabe a wurde der Mittelpunkt der Strecke [AC] bestimmt. M gehört beiden Dreiecken an.
- Die Seite [AM] von Dreieck ABM ist genauso lang wie die Seite [MC] von Dreieck BCM.
- Beide Dreiecke stimmen in einer Seitenlänge überein.
- Zeichnen Sie die zugehörige Höhe ein.
- Dreieck BCM ist spitzwinklig, seine Höhe liegt innerhalb des Dreiecks.
- Dreieck ABM ist stumpfwinklig, seine Höhe liegt außerhalb des Dreiecks.
- Was lässt sich über die Fläche zweier Dreiecke aussagen, die in der Länge einer Seite und der dazugehörigen Höhe übereinstimmen?

Aufgabe 2 a

- Besitzt ein Punkt P drei gleiche Koordinaten, so gilt $P(p\,|\,p\,|\,p)$.
- Ein Punkt liegt auf einer Ebene, wenn seine Koordinaten die Ebenengleichung erfüllen.
- Setzen Sie P in E ein und berechnen Sie p.

Aufgabe 2 b

- Punkte mit drei gleichen Koordinaten sind z. B. $(0\,|\,0\,|\,0)$ und $(1\,|\,1\,|\,1)$ und $(7\,|\,7\,|\,7)$ und $(-2\,|\,-2\,|\,-2)$.

- Bestimmen Sie eine Gleichung der Geraden g, auf der alle Punkte mit drei gleichen Koordinaten liegen.
- Eine Ebene, die keinen Punkt mit drei gleichen Koordinaten enthalten soll, darf mit dieser Geraden g keinen Schnittpunkt haben.
- Welche Eigenschaft muss eine Ebene haben, die mit einer gegebenen Geraden keinen Schnittpunkt haben soll?
- Eine Ebene und eine Gerade haben keinen Schnittpunkt, wenn die Ebene parallel zur Geraden verläuft und die Gerade der Ebene nicht angehört (echt parallel).
- Wie viele Ebenen existieren, die echt parallel zur Geraden g verlaufen?

Aufgabengruppe 2

Aufgabe 1 a

- Die beiden Kugeln besitzen denselben Radius.
- Skizzieren Sie die beiden Kugeln als zwei Kreise, die gleichen Radius besitzen und sich schneiden.
- Markieren Sie auf der Strecke $[M_1M_2]$ die beiden Radien.
- Die beiden Kugeln (Kreise) können sich nur schneiden, wenn sich die beiden Radien „überlappen", wenn also die Summe der beiden Radien größer ist als die Länge der Strecke $[M_1M_2]$.
- Bestimmen Sie die Länge der Strecke $[M_1M_2]$.
- Die Länge der Strecke $[M_1M_2]$ ist die Länge des Vektors $\overrightarrow{M_1M_2}$.
- Die Länge eines Vektors $\vec{a}$ berechnet sich aus:

$$|\vec{a}| = \left| \begin{pmatrix} a_1 \\ a_2 \\ a_3 \end{pmatrix} \right| = \sqrt{a_1^2 + a_2^2 + a_3^2}$$

- Vergleichen Sie die Länge der Strecke $[M_1M_2]$ mit der Summe der Radien.

Aufgabe 1 b

- Zeichnen Sie in die Skizze die Schnittpunkte der Kreise ein. Die Strecke zwischen den beiden Schnittpunkten stellt den Schnittkreis dar.
- Wo liegt der Mittelpunkt M des Schnittkreises?
- Da beide Kugeln (Kreise) denselben Radius besitzen, ist die Skizze symmetrisch.
- M ist der Mittelpunkt der Strecke $[M_1M_2]$.

- Für die Koordinaten des Mittelpunkts einer Strecke [PQ] gilt: $\overrightarrow{M_{PQ}} = \frac{1}{2}(\vec{P} + \vec{Q})$
- Bestimmen Sie die Koordinaten von M.
- Der eine Schnittpunkt der beiden Kreise heiße S. Zeichnen Sie das Dreieck MM_2S ein.
- Um welche Art Dreieck handelt es sich?
- Das Dreieck besitzt bei M einen rechten Winkel.
- In rechtwinkligen Dreiecken gilt der Lehrsatz des Pythagoras.
- Die Hypotenuse M_2S ist der Kugelradius.
- Die Kathete MM_2 ist halb so lang wie die Strecke$[M_1M_2]$.
- Die Länge der Strecke [MS] ist der Radius r des Schnittkreises.

Aufgabe 2

- siehe Geometrie – Aufgabengruppe 1, Aufgabe 2

Lösungen

Aufgabengruppe 1

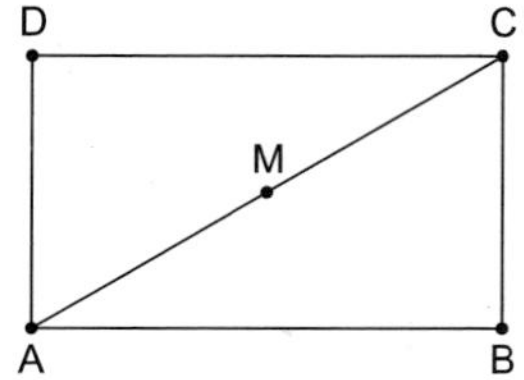

1. a) $\overrightarrow{D}=\overrightarrow{A}+\overrightarrow{BC}=\begin{pmatrix}5\\-4\\-3\end{pmatrix}+\left(\begin{pmatrix}0\\4\\3\end{pmatrix}-\begin{pmatrix}5\\4\\3\end{pmatrix}\right)=\begin{pmatrix}5\\-4\\-3\end{pmatrix}+\begin{pmatrix}-5\\0\\0\end{pmatrix}$

$=\begin{pmatrix}0\\-4\\-3\end{pmatrix} \Rightarrow D(0|-4|-3)$

oder:

$\overrightarrow{D}=\overrightarrow{C}+\overrightarrow{BA}=\begin{pmatrix}0\\4\\3\end{pmatrix}+\left(\begin{pmatrix}5\\-4\\-3\end{pmatrix}-\begin{pmatrix}5\\4\\3\end{pmatrix}\right)=\begin{pmatrix}0\\4\\3\end{pmatrix}+\begin{pmatrix}0\\-8\\-6\end{pmatrix}=\begin{pmatrix}0\\-4\\-3\end{pmatrix} \Rightarrow D(0|-4|-3)$

$\overrightarrow{M}=\frac{1}{2}(\overrightarrow{A}+\overrightarrow{C})=\frac{1}{2}\left(\begin{pmatrix}5\\-4\\-3\end{pmatrix}+\begin{pmatrix}0\\4\\3\end{pmatrix}\right)=\begin{pmatrix}2{,}5\\0\\0\end{pmatrix} \Rightarrow M(2{,}5|0|0)$

b) Die Fläche eines Dreiecks berechnet sich aus:

$A_\Delta=\frac{1}{2}\cdot\text{Grundseite}\cdot\text{Höhe}$

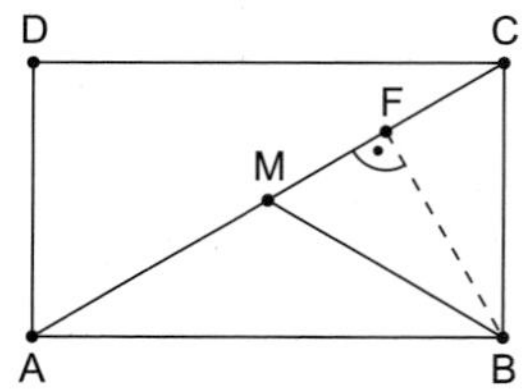

Da M der Mittelpunkt der Strecke [AC] ist, sind die beiden Dreiecksseiten [AM] und [MC] gleich lang. [BF] ist die Höhe sowohl auf [AM] als auch auf [MC]. (Für das Dreieck ABM liegt diese Höhe außerhalb, da das Dreieck bei M einen stumpfen Winkel besitzt.) Die beiden Dreiecke ABM und BCM haben somit gleich lange Grundseiten und dieselbe zugehörige Höhe, sind also flächengleich.

2. a) Für den Punkt auf E muss P(p | p | p) gelten und somit:

$$3p+2p+2p=6$$
$$7p=6$$
$$p=\frac{6}{7}$$

$P\left(\frac{6}{7}\,\middle|\,\frac{6}{7}\,\middle|\,\frac{6}{7}\right)$

b) Alle Punkte, deren drei Koordinaten gleich sind, liegen auf der Geraden g, die durch den Ursprung und diagonal durch den Würfel verläuft, der durch die drei positiven bzw. die drei negativen Koordinatenachsen gebildet wird.

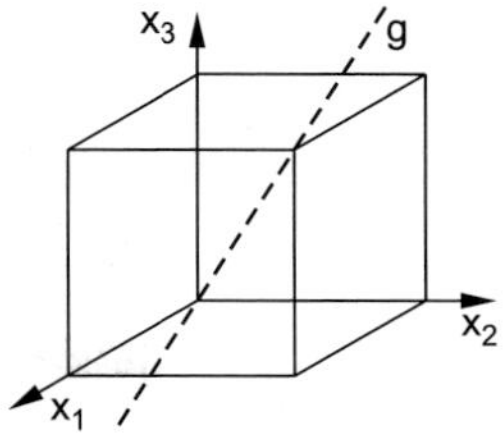

$$g: \overrightarrow{X} = \lambda \begin{pmatrix} 1 \\ 1 \\ 1 \end{pmatrix} \quad \text{mit } \lambda \in \mathbb{R}$$

Jede Ebene, die echt parallel zu dieser Geraden verläuft, besitzt mit ihr keinen Schnittpunkt. Keine der unendlichen vielen Ebenen, die echt parallel zu g sind, verläuft somit durch einen Punkt mit drei gleichen Koordinaten.

Aufgabengruppe 2

1. a) Die beiden Kugeln lassen sich als Kreise darstellen.

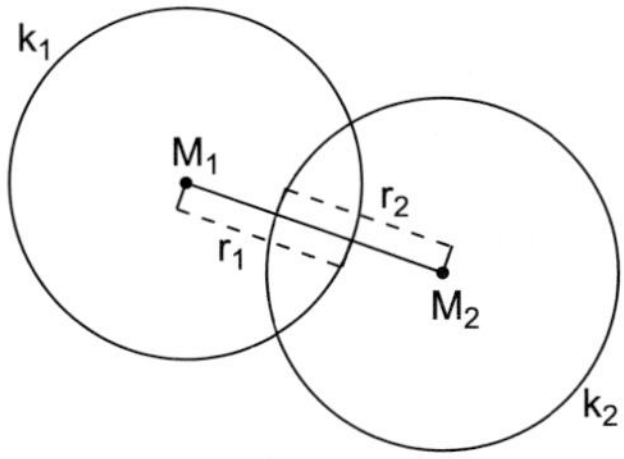

Zwei Kugeln mit gleichem Radius schneiden sich nur dann, wenn die Entfernung der beiden Mittelpunkte kleiner ist als die Summe der Radien.

$$\overline{M_1M_2} = |\overrightarrow{M_1M_2}| = \left| \begin{pmatrix} -3 \\ -2 \\ 1 \end{pmatrix} - \begin{pmatrix} 1 \\ 2 \\ 3 \end{pmatrix} \right| = \left| \begin{pmatrix} -4 \\ -4 \\ -2 \end{pmatrix} \right|$$

$$= \sqrt{(-4)^2 + (-4)^2 + (-2)^2} = \sqrt{16+16+4} = \sqrt{36} = 6 < 5+5 = 10$$

Somit schneiden sich die beiden Kugeln.

b) Da beide Kugeln denselben Radius besitzen, ist der Mittelpunkt M des Schnittkreises der Mittelpunkt der Strecke $[M_1M_2]$.

$$\overrightarrow{M} = \frac{1}{2}(\overrightarrow{M_1} + \overrightarrow{M_2}) = \frac{1}{2} \cdot \left(\begin{pmatrix} 1 \\ 2 \\ 3 \end{pmatrix} + \begin{pmatrix} -3 \\ -2 \\ 1 \end{pmatrix} \right) = \frac{1}{2} \cdot \begin{pmatrix} -2 \\ 0 \\ 4 \end{pmatrix} = \begin{pmatrix} -1 \\ 0 \\ 2 \end{pmatrix}$$

S sei ein Schnittpunkt der beiden Kugeln. Der Radius r des Schnittkreises entspricht der Länge der Strecke [MS] und ergibt sich durch Pythagoras im rechtwinkligen Dreieck MM_2S mit der Hypotenuse 5 (Radius der Kugel um M_2) und der Kathete 3 (halbe Länge der Strecke $[M_1M_2]$).

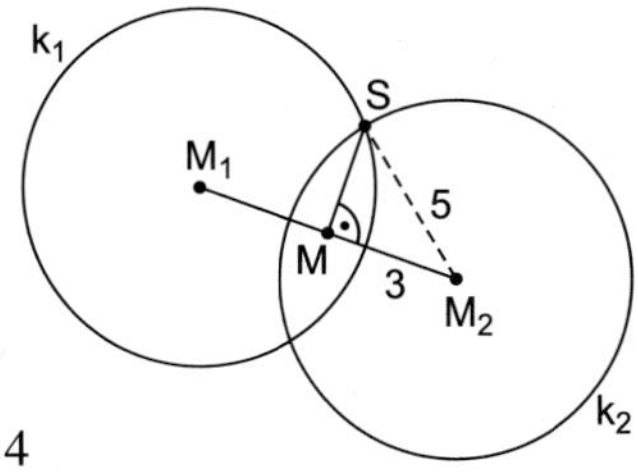

$$r^2 + 3^2 = 5^2 \;\Rightarrow\; r^2 = 25 - 9 \;\Rightarrow\; r^2 = 16 \;\Rightarrow\; r = 4$$

2. siehe Geometrie – Aufgabengruppe 1, Aufgabe 2

Abitur Mathematik (Bayern): Abiturprüfung 2019
Prüfungsteil B – Analysis Aufgabengruppe 1

BE

Gegeben ist die Funktion $f\colon x \mapsto 2 - \ln(x-1)$ mit maximalem Definitionsbereich D_f. Der Graph von f wird mit G_f bezeichnet.

1. a) Zeigen Sie, dass $D_f =]1; +\infty[$ ist, und geben Sie das Verhalten von f an den Grenzen des Definitionsbereichs an. 3

   b) Berechnen Sie die Nullstelle von f. 2

   c) Beschreiben Sie, wie G_f schrittweise aus dem Graphen der in $\mathbb{R}^+$ definierten Funktion $x \mapsto \ln x$ hervorgeht. Erklären Sie damit das Monotonieverhalten von G_f. 5

   d) Zeigen Sie, dass $F\colon x \mapsto 3x - (x-1) \cdot \ln(x-1)$ mit Definitionsbereich $D_F =]1; +\infty[$ eine Stammfunktion von f ist, und bestimmen Sie den Term der Stammfunktion von f, die bei $x = 2$ eine Nullstelle hat. 4

2. Abbildung 1 zeigt ein Hinderniselement in einem Skate-Park.

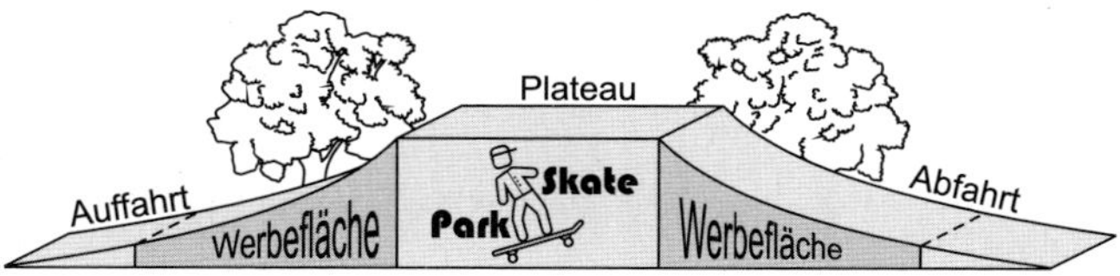

Abb. 1

Die Auffahrt des symmetrischen Hinderniselements geht in ein horizontal verlaufendes Plateau über, an das sich die Abfahrt anschließt. Die vordere und die hintere Seitenfläche verlaufen senkrecht zum horizontalen Untergrund. Um die vordere Seitenfläche mathematisch beschreiben zu können, wird ein kartesisches Koordinatensystem so gewählt, dass die x-Achse die untere Begrenzung und die y-Achse die Symmetrieachse der betrachteten Fläche darstellt. Das Plateau erstreckt sich im Modell im Bereich $-2 \leq x \leq 2$. Die Profillinie der Abfahrt wird für $2 \leq x \leq 8$ durch den Graphen der in Aufgabe 1 untersuchten Funktion f beschrieben (vgl. Abbildung 2). Dabei entspricht eine Längeneinheit im Koordinatensystem einem Meter in der Realität.

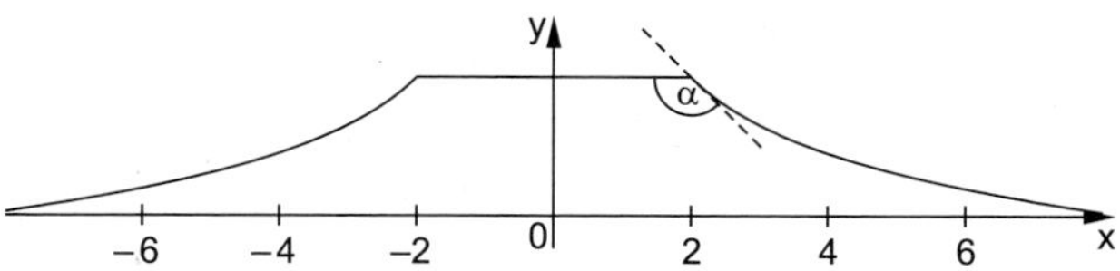

Abb. 2

a) Erläutern Sie die Bedeutung des Funktionswerts f(2) im Sachzusammenhang und geben Sie den Term der Funktion q an, deren Graph G_q für $-8 \le x \le -2$ die Profillinie der Auffahrt im Modell beschreibt. 2

b) Berechnen Sie die Stelle x_m im Intervall [2; 8], an der die lokale Änderungsrate von f gleich der mittleren Änderungsrate in diesem Intervall ist. 5

c) Der in Aufgabe 2b rechnerisch ermittelte Wert x_m könnte alternativ auch ohne Rechnung näherungsweise mithilfe von Abbildung 2 bestimmt werden. Erläutern Sie, wie Sie dabei vorgehen würden. 3

d) Berechnen Sie auf der Grundlage des Modells die Größe des Winkels α, den das Plateau und die Fahrbahn an der Kante zur Abfahrt einschließen (vgl. Abbildung 2). 2

e) Die vordere Seitenfläche des Hinderniselements wird in Teilbereichen der Auf- und Abfahrt als Werbefläche verwendet (vgl. Abbildung 1). Im Modell handelt es sich um zwei Flächenstücke, nämlich um die Fläche zwischen G_f und der x-Achse im Bereich $2 \le x \le 6$ sowie die dazu symmetrische Fläche im II. Quadranten. Berechnen Sie unter Verwendung der in Aufgabe 1d angegebenen Stammfunktion F, wie viele Quadratmeter als Werbefläche zur Verfügung stehen. 3

3. Betrachtet wird die Schar der in $\mathbb{R}$ definierten Funktionen g_k: $x \mapsto kx^3 + 3 \cdot (k+1)x^2 + 9x$ mit $k \in \mathbb{R} \setminus \{0\}$ und den zugehörigen Graphen G_k. Für jedes k besitzt der Graph G_k genau einen Wendepunkt W_k.

a) Geben Sie das Verhalten von g_k an den Grenzen des Definitionsbereichs in Abhängigkeit von k an. 2

b) Bestimmen Sie die x-Koordinate von W_k in Abhängigkeit von k.
[zur Kontrolle: $x = -\frac{1}{k} - 1$] 3

c) Bestimmen Sie den Wert von k so, dass der zugehörige Wendepunkt W_k auf der y-Achse liegt. Zeigen Sie, dass in diesem Fall der Punkt W_k im Koordinatenursprung liegt und die Wendetangente, d. h. die Tangente an G_k im Punkt W_k, die Steigung 9 hat. 4

d) Für den in Aufgabe 3c bestimmten Wert von k zeigt Abbildung 3 (siehe nächste Seite) den zugehörigen Graphen mit seiner Wendetangente. In diesem Koordinatensystem sind die beiden Achsen unterschiedlich skaliert.

Bestimmen Sie die fehlenden Zahlenwerte an den Markierungsstrichen der y-Achse mithilfe eines geeigneten Steigungsdreiecks an der Wendetangente und tragen Sie die Zahlenwerte in Abbildung 3 ein.

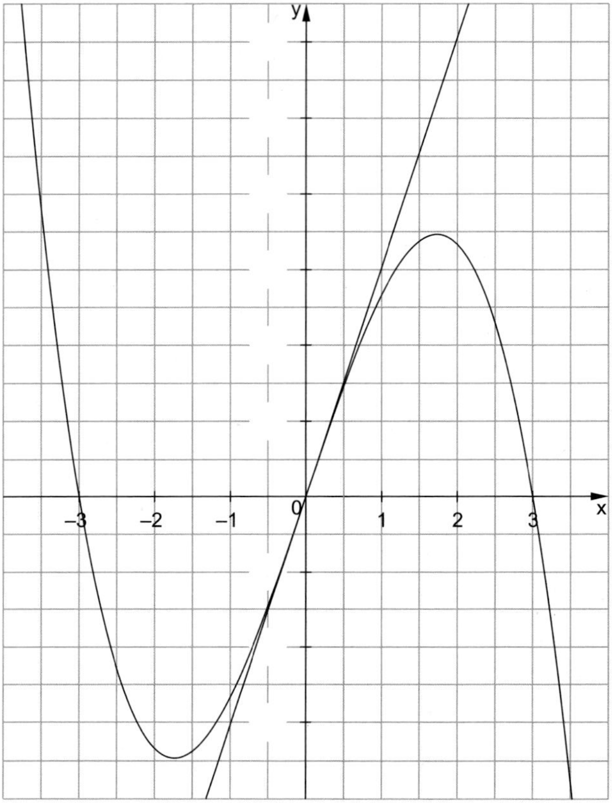

Abb. 3

$\frac{2}{40}$

Tipps und Hinweise

Aufgabe 1 a

Welchen Definitionsbereich besitzt die Funktion $k(x) = \ln x$?

Das Argument des Logarithmus muss stets positiv sein.

Lösen Sie die Ungleichung $x - 1 > 0$.

Wie verläuft der Graph der Funktion $k(x) = \ln x$?

Es gilt: $\lim\limits_{x \to +\infty} \ln x = +\infty$ und $\lim\limits_{x \to 0^+} \ln x = -\infty$

Aufgabe 1 b

Es muss gelten: $f(x) = 0$

Beim Lösen von ln-Gleichungen hilft die Umkehrfunktion e^x.

Es gilt: $\ln x = a \Leftrightarrow x = e^a$

Aufgabe 1 c

Welches Monotonieverhalten besitzt die Funktion $k(x) = \ln x$?

Mögliche Veränderungen sind:

$f(x) + a$	Verschiebung um a in y-Richtung
$f(x + a)$	Verschiebung um $-a$ in x-Richtung
$a \cdot f(x)$	Dehnung/Stauchung in y-Richtung
$f(a \cdot x)$	Dehnung/Stauchung in x-Richtung
$-f(x)$	Spiegelung an der x-Achse
$f(-x)$	Spiegelung an der y-Achse

Drei der obigen Veränderungen treten auf.

Überlegen Sie bei jeder Veränderung, ob und wie sich das Monotonieverhalten ändert.

Aufgabe 1 d

Welcher Zusammenhang besteht zwischen der Stammfunktion F und f?

Es gilt: $F' = f$

Leiten Sie F ab und vergleichen Sie das Ergebnis mit dem Funktionsterm von f.

F ist **eine** Stammfunktion.

Geben Sie eine beliebige Stammfunktion von f an.

Die Menge aller Stammfunktionen unterscheidet sich nur durch eine additive Konstante C.

- Bestimmen Sie C so, dass die Stammfunktion für $x = 2$ den Wert 0 hat.
- Beachten Sie $\ln 1 = 0$.

Aufgabe 2 a

- Für $x = 2$ treffen Plateau und Abfahrt zusammen. Hier soll es keinen Höhenunterschied geben.
- Berechnen Sie f(2).
- Beachten Sie $\ln 1 = 0$.
- Geben Sie die Plateauhöhe an. Beachten Sie den Maßstab, der im Text oberhalb von Abbildung 2 gegeben ist.
- Abbildung 2 zeigt eine achsensymmetrische Figur.
- Der Graph von q entsteht also durch Spiegelung des Graphen von f an der y-Achse.
- Bei der Spiegelung an der y-Achse besitzt –x den Funktionswert f(x).

Aufgabe 2 b

- Die lokale Änderungsrate ist die Steigung einer Tangente.
- Die mittlere Änderungsrate ist die Steigung einer Sekante.
- Das Intervall für die mittlere Änderungsrate ist vorgegeben.
- Welche Steigung besitzt die Sekante zwischen den Punkten $(2\,|\,f(2))$ und $(8\,|\,f(8))$?
- Die Steigung ergibt sich mithilfe des Steigungsdreiecks.

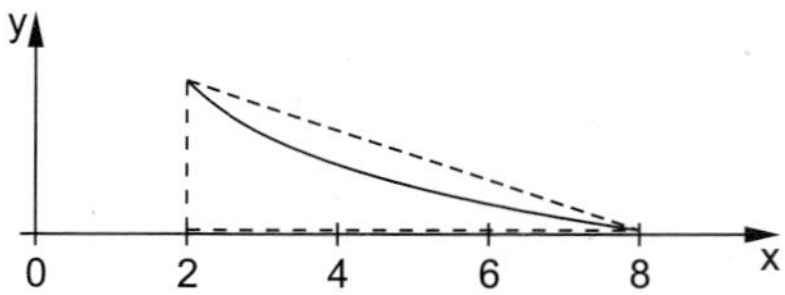

- Es gilt: $m = \frac{f(8) - f(2)}{8 - 2}$
- Die lokale Änderungsrate ergibt sich mithilfe der 1. Ableitung.
- Gesucht ist der x-Wert x_m, für den die lokale Änderungsrate mit der mittleren Änderungsrate übereinstimmt.
- Lösungsansatz: $f'(x_m) = \frac{f(8) - f(2)}{8 - 2}$

Aufgabe 2 c

- Sie sollen beschreiben, wie sich der Wert von x_m zeichnerisch bestimmen lässt.
- Die lokale Änderungsrate (Steigung der Tangente) soll mit der mittleren Änderungsrate (Steigung der Sekante) übereinstimmen. Was bedeutet das für den Verlauf der beiden Geraden?

Tangente und Sekante müssen parallel verlaufen.

Man muss also die Sekante durch die Punkte (2 | f(2)) und (8 | f(8)) und eine dazu parallele Tangente an den Graphen von f(x) einzeichnen.

Der Wert von x_m lässt sich dann näherungsweise als der x-Wert des Berührpunkts der Tangente ablesen.

Aufgabe 2 d

Verlängern Sie in Abbildung 2 die Tangente bis unter den Schnittpunkt mit der x-Achse.

Vergleichen Sie den Winkel, den die Tangente mit der positiven x-Achse einschließt, mit α.

Die beiden sind als Z-Winkel (Wechselwinkel) gleich groß.

Besitzt eine Gerade die Steigung m, so gilt für den Winkel α, den sie mit der positiven x-Achse einschließt, $\tan \alpha = m$.

Wie lässt sich die Steigung der Tangente bestimmen?

Da die Tangente den Graphen der Funktion f für $x = 2$ berührt, hat die Tangente die Steigung $m = f'(2)$.

Aufgabe 2 e

Aufgrund der Symmetrie genügt es, die Fläche im I. Quadranten zu berechnen.

Diese Fläche wird durch die x-Achse, die beiden Senkrechten $x = 2$ und $x = 6$ sowie den Graphen der Funktion f begrenzt.

Setzen Sie die Grenzen $x = 2$ und $x = 6$ in die Stammfunktion ein und beachten Sie $\ln 1 = 0$.

Die gesamte Fläche ergibt sich durch Verdopplung.

Beachten Sie die Maßeinheit.

Aufgabe 3 a

Bei einer ganzrationalen Funktion genügt es, bei den Limeswerten für $x \to \pm\infty$ die jeweils höchste Potenz von x zu betrachten.

Es gilt ohne Beachtung des Koeffizienten: $\lim\limits_{x \to -\infty} x^3 = -\infty$ und $\lim\limits_{x \to +\infty} x^3 = +\infty$

Da x^3 den Koeffizienten k hat, beeinflusst das Vorzeichen von k das Vorzeichen des Limeswerts.

Aufgabe 3 b

- Der Wendepunkt ist der Punkt, in dem sich das Krümmungsverhalten ändert.
- Das Krümmungsverhalten wird durch die 2. Ableitung angegeben.
- Bestimmen Sie $g_k''(x)$ und berechnen Sie die Nullstelle von $g_k''(x)$.
- Das angegebene Ergebnis erhalten Sie ggf. erst durch eine algebraische Umformung.

Aufgabe 3 c

- Welche Eigenschaft haben alle Punkte auf der y-Achse?
- Jeder Punkt auf der y-Achse hat die x-Koordinate 0.
- Lösen Sie die Gleichung $-1-\frac{1}{k}=0$ nach k auf.
- Geben Sie die Funktionsgleichung für $g_{-1}(x)$ an.
- Bestimmen Sie die Koordinaten des Wendepunkts der Funktion $g_{-1}(x)$.
- Für $k=-1$ liegt der Wendepunkt im Ursprung.
- Die Wendetangente hat die Steigung $m=g'_{-1}(x_W)$.
- Bestimmen Sie $g'_{-1}(x)$ und setzen Sie für $x=x_W$ ein.

Aufgabe 3 d

- Die Tangente aus Teilaufgabe 3 c ist in Abbildung 3 eingezeichnet.
- In Teilaufgabe 3 c ist auch die Steigung dieser Tangente angegeben.
- Zeichnen Sie ein entsprechendes Steigungsdreieck ein.
- Hat die Kathete in x-Richtung die Länge 1, so muss die Kathete in y-Richtung die Länge 9 haben.
- Das liefert die erste Zahl auf den Markierungen der y-Achse.
- Wie viele Kästchenlängen auf der y-Achse ergeben die Markierung 9?
- Welche Zahl gehört dementsprechend zwei Kästchen über dem Ursprung an die Markierung der y-Achse?
- Ergänzen Sie auch die übrigen „Flecken“ neben der y-Achse mit den zutreffenden Zahlen.

Lösungen

1. $f(x) = 2 - \ln(x-1)$

a) Das Argument von ln muss positiv sein.

$x - 1 > 0 \;\Rightarrow\; x > 1 \;\Rightarrow\; \mathbb{D}_f =]1; +\infty[$

$$\lim_{x \to 1^+} [2 - \ln(x-1)] = „2 - (-\infty)“ = +\infty$$

$$\lim_{x \to +\infty} [2 - \ln(x-1)] = „2 - (+\infty)“ = -\infty$$

b)
$$\begin{aligned} 2 - \ln(x-1) &= 0 \\ 2 &= \ln(x-1) \\ e^2 &= x - 1 \\ x &= e^2 + 1 \approx 8{,}4 \end{aligned}$$

c) $k(x) = \ln x$ mit $\mathbb{D}_k = \mathbb{R}^+$ streng monoton steigend

Der Graph von h ergibt sich durch Verschiebung des Graphen von k um 1 in positive x-Richtung:

$h(x) = \ln(x-1)$ mit $\mathbb{D}_h =]1; +\infty[$ streng monoton steigend

Der Graph von g ergibt sich durch Spiegelung des Graphen von h an der x-Achse:

$g(x) = -\ln(x-1)$ mit $\mathbb{D}_g =]1; +\infty[$ streng monoton fallend

Der Graph von f ergibt sich durch Verschiebung des Graphen von g um 2 in positive y-Richtung:

$f(x) = -\ln(x-1) + 2$ mit $\mathbb{D}_f =]1; +\infty[$ streng monoton fallend

d) $F(x) = 3x - (x-1) \cdot \ln(x-1)$

$$\begin{aligned} F'(x) &= 3 - \left[1 \cdot \ln(x-1) + (x-1) \cdot \frac{1}{x-1}\right] = 3 - [\ln(x-1) + 1] = 3 - \ln(x-1) - 1 \\ &= 2 - \ln(x-1) = f(x) \end{aligned}$$

Jede beliebige Stammfunktion von f hat die Form
$S(x) = 3x - (x-1) \cdot \ln(x-1) + C$.

$$\begin{aligned} S(2) &= 0 \\ 3 \cdot 2 - (2-1) \cdot \ln(2-1) + C &= 0 \\ 6 - \ln 1 + C &= 0 \\ 6 + C &= 0 \\ C &= -6 \end{aligned}$$

$S(x) = 3x - (x-1) \cdot \ln(x-1) - 6$

2. a) f(2) gibt die Plateauhöhe an. Wegen $f(2) = 2 - \ln(2-1) = 2$ befindet sich das Plateau 2 m über dem Untergrund.

Der Graph von q ergibt sich durch Spiegelung des Graphen von f an der y-Achse:
$q(x) = 2 - \ln(-x-1)$ mit $\mathbb{D}_q = [-8; -2]$

b) Die mittlere Änderungsrate in [2; 8] entspricht der Steigung der Sekante durch die Punkte (2 | f(2)) und (8 | f(8)).

$$\text{mittlere Änderungsrate in } [2; 8] = \frac{f(8) - f(2)}{8-2} = \frac{(2-\ln 7)-(2-\ln 1)}{6}$$
$$= \frac{2-\ln 7-2}{6} = -\frac{\ln 7}{6}$$

$$\text{lokale Änderungsrate} = f'(x) = -\frac{1}{x-1}$$

$$-\frac{1}{x_m - 1} = -\frac{\ln 7}{6}$$
$$6 = \ln 7 \cdot (x_m - 1)$$
$$\frac{6}{\ln 7} = x_m - 1$$
$$x_m = 1 + \frac{6}{\ln 7} \approx 4{,}08$$

c) Man zeichnet die Sekante zwischen den Punkten (2 | f(2)) und (8 | f(8)) ein und sucht eine dazu parallele Tangente an den Graphen der Funktion f. Die x-Koordinate des Berührpunkts liefert die gesuchte Stelle x_m.

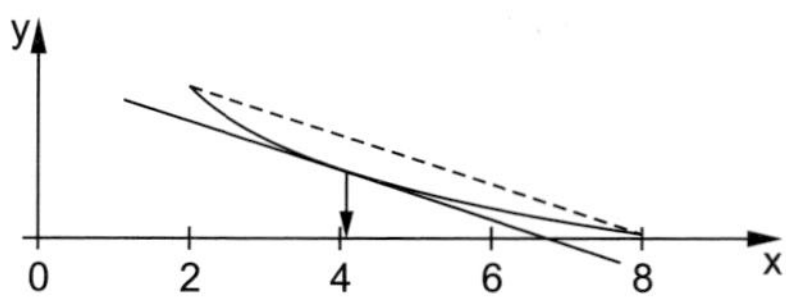

d) Der Winkel α entspricht dem Winkel, den die Tangente mit der positiven x-Achse einschließt.

Für diesen Winkel gilt:
tan α = Steigung der Tangente

$$\tan\alpha = f'(2) = -\frac{1}{2-1} = -1 \quad\Rightarrow\quad \alpha = 135°$$

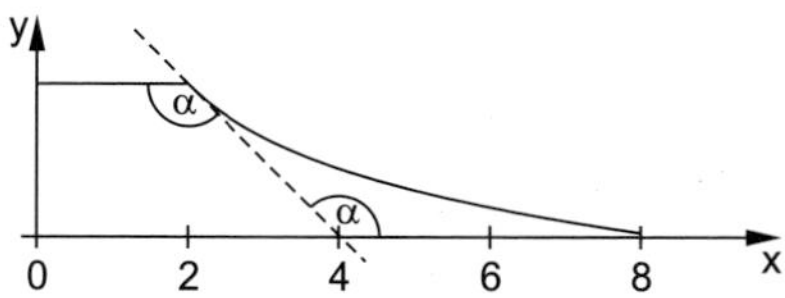

e) $A = 2 \cdot \int_2^6 f(x)\,dx = 2 \cdot [3x - (x-1) \cdot \ln(x-1)]_2^6 = 2 \cdot [(18 - 5 \cdot \ln 5) - (6 - \ln 1)]$

$= 2 \cdot (12 - 5 \cdot \ln 5) \approx 7{,}9$

Die Werbefläche beträgt ungefähr 7,9 m^2.

3. $g_k(x) = kx^3 + 3 \cdot (k+1)x^2 + 9x$ mit $\mathbb{D} = \mathbb{R}$ und $k \neq 0$

a) $\lim\limits_{x \to -\infty} g_k(x) = \begin{cases} -\infty & \text{für } k > 0 \\ +\infty & \text{für } k < 0 \end{cases}$

$\lim\limits_{x \to +\infty} g_k(x) = \begin{cases} +\infty & \text{für } k > 0 \\ -\infty & \text{für } k < 0 \end{cases}$

b) $g'_k(x) = 3kx^2 + 6 \cdot (k+1)x + 9$

$g''_k(x) = 6kx + 6 \cdot (k+1)$

$$g''_k(x) = 0$$
$$6kx + 6 \cdot (k+1) = 0$$
$$6kx = -6 \cdot (k+1)$$
$$x = -\frac{6 \cdot (k+1)}{6k} = -\frac{k+1}{k} = -1 - \frac{1}{k}$$

c) $-1 - \frac{1}{k} = 0$

$-\frac{1}{k} = 1$

$k = -1$

Für $k = -1$ lautet die Funktion:

$g_{-1}(x) = -x^3 + 3 \cdot (-1+1)x^2 + 9x = -x^3 + 9x$

Der Wendepunkt hat die Koordinaten:

$x_W = -1 - \frac{1}{-1} = -1 + 1 = 0$ und $y_W = g_{-1}(0) = -0^3 + 9 \cdot 0 = 0$

Für $k = -1$ liegt der Wendepunkt also im Ursprung.

Die Steigung der Wendetangente ergibt sich mithilfe der 1. Ableitung:

$g'_{-1}(x) = -3x^2 + 9$

$g'_{-1}(0) = -3 \cdot 0^2 + 9 = 9$

d) Die eingezeichnete Tangente muss die Steigung 9 haben (siehe Teilaufgabe 3 c). Das Steigungsdreieck mit der Kathetenlänge 1 in x-Richtung muss somit in y-Richtung die Kathetenlänge 9 haben. Daraus ergibt sich die Markierung 9 auf der y-Achse. Zwei Kästchenlängen in y-Richtung ergeben also jeweils 3.

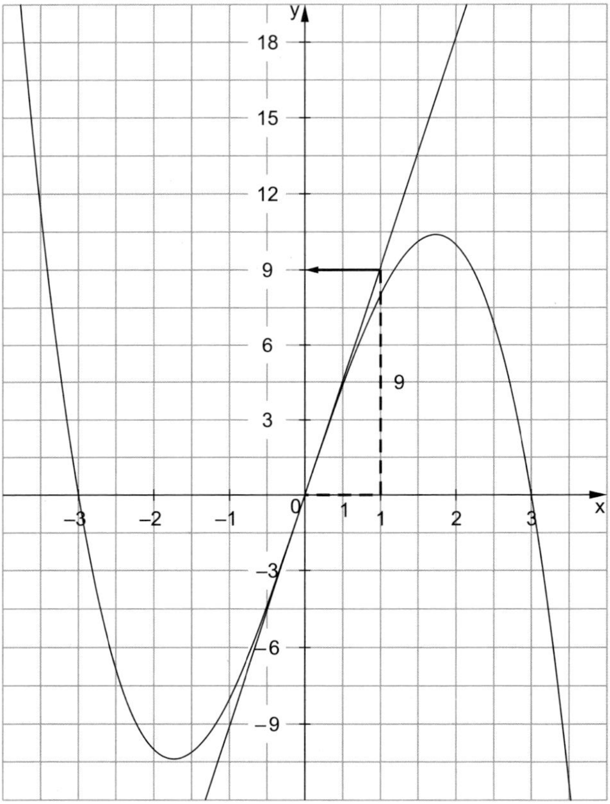

Abitur Mathematik (Bayern): Abiturprüfung 2019
Prüfungsteil B – Analysis Aufgabengruppe 2

BE

Gegeben ist die Funktion $f: x \mapsto \frac{4x}{(x+1)^2}$ mit Definitionsmenge $D_f = \mathbb{R} \setminus \{-1\}$.

Die Abbildung zeigt den Verlauf des Graphen G_f von f im I. Quadranten.

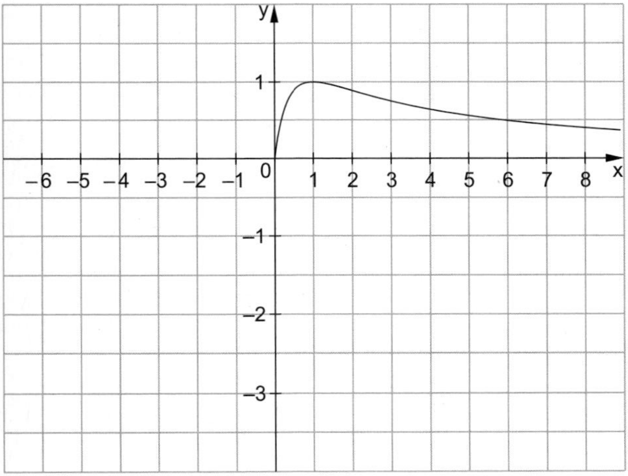

a) Begründen Sie, dass $x = 0$ die einzige Nullstelle von f ist. Geben Sie die Gleichung der senkrechten Asymptote von G_f an und begründen Sie anhand des Funktionsterms von f, dass G_f die Gerade mit der Gleichung $y = 0$ als waagrechte Asymptote besitzt. 3

b) Bestimmen Sie rechnerisch Lage und Art des Extrempunkts von G_f. 5

c) Begründen Sie, dass G_f für $x < 0$ nur im III. Quadranten verläuft, und zeichnen Sie in die Abbildung den darin fehlenden Teil von G_f ein. Berechnen Sie dazu $f(-3)$ und drei weitere geeignete Funktionswerte von f. 4

d) Gegeben ist ferner die in $]-1; +\infty[$ definierte Funktion

$F: x \mapsto 4 \cdot \ln(x+1) + \frac{4}{x+1}$.

Zeigen Sie, dass F für $x > -1$ eine Stammfunktion von f ist. 3

Ein Pharmaunternehmen führt eine Studie zur Wirksamkeit und Verträglichkeit eines neu entwickelten Medikaments durch. Wenn das Medikament einmalig in Form einer Tablette eingenommen wird, kann die zeitliche Entwicklung der Konzentration des Wirkstoffs im Blut des Patienten modellhaft durch die betrachtete Funktion f für $x \in [0; 9]$ beschrieben werden. Dabei steht x für die Zeit in Stunden seit der Einnahme der Tablette und f(x) für die Konzentration des Wirkstoffs im Blut des Patienten (im Weiteren kurz als Wirkstoffkonzentration bezeichnet) in Milligramm pro Liter $\left(\frac{\text{mg}}{\ell}\right)$.

Die folgenden Aufgaben e bis i sollen auf der Grundlage dieses Modells bearbeitet werden.

e) Berechnen Sie die Wirkstoffkonzentration 30 Minuten nach Einnahme der Tablette und geben Sie die maximal auftretende Wirkstoffkonzentration an. 2

f) An der Stelle $x = 2$ hat G_f einen Wendepunkt. Beschreiben Sie, wie man rechnerisch vorgehen könnte, um dies zu begründen. Geben Sie die Bedeutung der x-Koordinate des Wendepunkts im Sachzusammenhang an. 3

In der Pharmakologie wird das in positive x-Richtung unbegrenzte Flächenstück, das sich im I. Quadranten zwischen G_f und der x-Achse befindet, als AUC („area under the curve") bezeichnet. Nur dann, wenn diesem Flächenstück ein endlicher Flächeninhalt zugeordnet werden kann, kann die betrachtete Funktion f die zeitliche Entwicklung der Wirkstoffkonzentration auch für große Zeitwerte x realistisch beschreiben.

g) Die x-Achse, G_f und die Gerade mit der Gleichung $x = b$ mit $b \in \mathbb{R}^+$ schließen im I. Quadranten ein Flächenstück mit dem Inhalt A(b) ein. Bestimmen Sie mithilfe der in Aufgabe d angegebenen Stammfunktion F einen Term für A(b) und beurteilen Sie unter Verwendung dieses Terms, ob die Funktion f auch für große Zeitwerte eine realistische Modellierung der zeitlichen Entwicklung der Wirkstoffkonzentration darstellt. 4

Das Medikament zeigt die gewünschte Wirkung erst ab einer bestimmten Wirkstoffkonzentration. Daher soll der Patient nach der ersten Tablette des Medikaments eine zweite identisch wirkende Tablette einnehmen, noch bevor die Konzentration des Wirkstoffs im Blut unter $0{,}75\,\frac{\text{mg}}{\ell}$ fällt. Nach der Einnahme der zweiten Tablette erhöht sich die Wirkstoffkonzentration um die durch diese Tablette verursachte Konzentration des Wirkstoffs im Blut.

h) Ermitteln Sie durch Rechnung den spätesten Zeitpunkt, zu dem die zweite Tablette eingenommen werden soll. 4

i) Wird die zweite Tablette zweieinhalb Stunden nach der ersten Tablette eingenommen, so kann die Wirkstoffkonzentration für $x \in [2{,}5;\,9]$ mit einem der folgenden Terme beschrieben werden. Wählen Sie den passenden Term aus und begründen Sie Ihre Wahl.
(A) $f(x) + f(x + 2{,}5)$
(B) $f(x) + f(x - 2{,}5)$
(C) $f(x - 2{,}5) + f(2{,}5)$
(D) $f(x) - f(x - 2{,}5)$ 3

Verabreicht man das Medikament nicht in Form von Tabletten, sondern mittels einer Dauerinfusion, so wird der Wirkstoff langsam und kontinuierlich zugeführt. Die in $\mathbb{R}$ definierte Funktion $k\colon x \mapsto \frac{3 \cdot e^{2x}}{e^{2x} + 1} - 1{,}5$ beschreibt für $x \geq 0$ modellhaft die zeitliche Entwicklung der Wirkstoffkonzentration während einer Dauerinfusion. Dabei ist x die seit Anlegen der Dauerinfusion vergangene Zeit in Stunden und k(x) die Wirkstoffkonzentration in $\frac{mg}{\ell}$.

j) Begründen Sie, dass der Graph von k streng monoton steigend ist.
[zur Kontrolle: $k'(x) = \frac{6e^{2x}}{(e^{2x} + 1)^2}$] 4

k) Bei Dauerinfusionen dieses Medikaments muss die Wirkstoffkonzentration spätestens 60 Minuten nach Beginn der Infusion dauerhaft größer als $0{,}75\,\frac{mg}{\ell}$ sein und stets mindestens 25 % unter der gesundheitsschädlichen Grenze von $2\,\frac{mg}{\ell}$ liegen. Ermitteln Sie $\lim\limits_{x \to +\infty} k(x)$ und beurteilen Sie beispielsweise unter Verwendung der bisherigen Ergebnisse, ob gemäß der Modellierung diese beiden Bedingungen erfüllt sind. 5

40

Tipps und Hinweise

Aufgabe a

- Um welche Art Funktion handelt es sich bei f?
- Ein Bruch hat den Wert null, wenn der Zähler den Wert null hat.
- Der Zähler darf nur die Nullstelle $x = 0$ haben.
- Senkrechte Asymptoten ergeben sich bei Definitionslücken, die keine Nullstellen sind.
- Der Definitionsbereich ist angegeben.
- Betrachten Sie den Grad von Zähler und Nenner.
- Es gilt:

Grad Zähler > Grad Nenner:	keine waagrechten Asymptoten
Grad Zähler = Grad Nenner:	waagrechte Asymptote parallel zur x-Achse
Grad Zähler < Grad Nenner:	x-Achse ist waagrechte Asymptote

Aufgabe b

- Worauf ist bei der Ableitung einer gebrochenen Funktion zu achten?
- Verwenden Sie für die Bestimmung von $f'(x)$ die Quotientenregel.
- Der Term von $f'(x)$ wird übersichtlicher, wenn Sie mit $x + 1$ kürzen.
- Im Extrempunkt besitzt der Graph von f eine waagrechte Tangente.
- Lösen Sie die Gleichung $f'(x) = 0$ nach x auf.
- Ein Bruch hat den Wert null, wenn der Zähler den Wert null hat.
- Bestimmen Sie auch die y-Koordinate.
- Um die Art des Extrempunkts zu bestimmen, lässt sich eine Monotonietabelle anfertigen.
- Achten Sie darauf, die Intervalle so zu wählen, dass auch die Definitionslücke berücksichtigt ist.
- Geben Sie jeweils die Vorzeichen des Zählers, des Nenners und des Terms von $f'(x)$ an und schließen Sie daraus auf das Monotonieverhalten von f.
- Am Übergang von Steigen zu Fallen ergibt sich ein Hochpunkt.

oder:

- Die Bestimmung der Art des Extrempunkts kann auch über die 2. Ableitung erfolgen.
- Wenden Sie auch wieder die Quotientenregel an.
- Es kann mit $(x+1)^2$ gekürzt werden.
- Es gilt: $f''(x_E)<0 \Rightarrow x_E$ HOP
  $f''(x_E)>0 \Rightarrow x_E$ TIP

Aufgabe c

- Zeichnen Sie zunächst die senkrechte Asymptote $x=-1$ (aus Teilaufgabe a) ein.
- Handelt es sich bei $x=-1$ um einen Pol mit oder ohne Vorzeichenwechsel?
- Ist x_0 einfache, dreifache, fünffache .... Nullstelle des Nenners (und keine Nullstelle des Zählers), so ist x_0 Pol mit VZW.
  Ist x_0 zweifache, vierfache, sechsfache .... Nullstelle des Nenners (und keine Nullstelle des Zählers), so ist x_0 Pol ohne VZW.
- $x=-1$ ist ein Pol ohne Vorzeichenwechsel.
- Die Funktionswerte streben also auf beiden Seiten der senkrechten Asymptote $x=-1$ nach $-\infty$.
- Nähert sich der Funktionsgraph der waagrechten Asymptote $y=0$ von oben oder von unten an?
- $x=0$ ist die einzige Nullstelle von f.
- Unter den zu bestimmenden Funktionswerten sollte ein x nur wenig größer als -1 und ein x nur wenig kleiner als -1 sein.
- Berechnen Sie z. B. die Funktionswerte für $x=-0{,}3;\ -0{,}2;\ -7$.

Aufgabe d

- Welcher Zusammenhang besteht zwischen der Stammfunktion F und f?
- Es gilt: $F'=f$
- Leiten Sie F ab und vergleichen Sie das Ergebnis mit dem Funktionsterm von f.
- Da F aufgrund des Logarithmus die Definitionsmenge $]-1; +\infty[$ besitzt, ist F nur für $x>-1$ Stammfunktion von f.

Aufgabe e

- x gibt die Zeit in Stunden an.
- Welches x steht für 30 min?

- Berechnen Sie f(0,5).
- In Teilaufgabe b wurde gezeigt, dass (1 | 1) die Koordinaten des Hochpunkts von f sind.
- Beschreiben Sie den Hochpunkt mit den gegebenen Einheiten.

Aufgabe f

- Welche Eigenschaften muss ein Wendepunkt besitzen? (siehe Merkhilfe)
- Im Intervall $]1; +\infty[$ ist f streng monoton fallend, also nimmt die Wirkstoffkonzentration ab.
- Für den Wendepunkt gilt $f''(2)=0$.
  Diese Bedingung lässt sich auch schreiben als $(f')'(2)=0$.
- Für $x=2$ ist die Ableitung der Steigung von f gleich 0.
- Die Steigung von f besitzt also für $x=2$ einen Extremwert.
- Für $x=2$ ergibt sich eine extreme Abnahme.

Aufgabe g

- Setzen Sie die Grenzen $x=0$ und $x=b$ in die Stammfunktion ein und beachten Sie $\ln 1=0$.
- Eine realistische Modellierung ist nur gegeben, wenn die Fläche A(b) für $b \to +\infty$ einen endlichen Wert annimmt.
- Bestimmen Sie $\lim\limits_{b \to +\infty} A(b)$.
- Es gilt: $\lim\limits_{x \to +\infty} \ln x = +\infty$ und $\lim\limits_{x \to 0^+} \ln x = -\infty$
- Entscheiden Sie anhand des Ergebnisses von $\lim\limits_{b \to +\infty} A(b)$, ob durch f eine realistische Modellierung auch für große Zeitwerte von x möglich ist.

Aufgabe h

- Ermitteln Sie den Zeitpunkt, zu dem die Wirkstoffkonzentration $0{,}75\,\frac{mg}{\ell}$ beträgt.
- Lösen Sie die Gleichung $f(x)=0{,}75$.
- Es ergibt sich eine quadratische Gleichung für x.
- Lösen Sie mithilfe der Lösungsformel (siehe Merkhilfe).
- Von den beiden Lösungen ist im Sachzusammenhang nur eine möglich, da die Konzentration zu diesem Zeitpunkt im Fallen sein soll.

Aufgabe i

- Die Funktion f(x) zeigt die Wirkstoffkonzentration der ersten Tablette.
- Die Wirkstoffkonzentration der zweiten Tablette wird durch eine Funktion beschrieben, deren Graph die Form des Graphen von f hat, jedoch statt in $(0|0)$ erst in $(2{,}5|0)$ beginnt.
- Der Graph der zweiten Tablette ist der um 2,5 in positive x-Richtung verschobene Graph von f.
- Wie lässt sich der Graph der zweiten Tablette durch f ausdrücken?
- Die Wirkstoffkonzentrationen der beiden Tabletten werden addiert.

Aufgabe j

- Bilden Sie die 1. Ableitung von k.
- Verwenden Sie die Quotientenregel.
- Welches Vorzeichen hat $k'(x)$?
- Beachten Sie $e^x > 0$ für alle x.
- Das Monotonieverhalten hängt vom Vorzeichen der Ableitung ab (siehe Merkhilfe).

Aufgabe k

- Bedingung 1 ist erfüllt, wenn $k(1) > 0{,}75$ gilt oder wenn $k(x) = 0{,}75$ für ein $x < 1$ erfüllt wird.
- Bestimmen Sie 25 % von $2\,\frac{\text{mg}}{\ell}$.
- Welchen Wert darf die Wirkstoffkonzentration nie überschreiten?
- Ermitteln Sie $\lim\limits_{x \to +\infty} k(x)$.
- Da sich für den Bruch ein Grenzwert ergäbe, bei dem im Zähler und im Nenner ∞ stünde, muss der Funktionsterm umgewandelt werden.
- Kürzen Sie den Bruch mit e^{2x}.
- Beachten Sie, dass $\lim\limits_{x \to +\infty} e^{2x} = +\infty$ und $\lim\limits_{x \to +\infty} \frac{1}{x} = 0$ gilt.
- Für die streng monoton steigende Funktion k(x) gilt $\lim\limits_{x \to +\infty} k(x) = 1{,}5$.
- Nähern sich die Funktionswerte von k dem Wert 1,5 von oben oder unten an?
- Es gilt $k(x) < 1{,}5$ für alle x.
- Sind beide Bedingungen erfüllt?

Lösungen

$$f(x) = \frac{4x}{(x+1)^2} \text{ mit } \mathbb{D}_f = \mathbb{R} \setminus \{-1\}$$

a) $f(x)=0 \Rightarrow 4x=0 \Rightarrow$ Die Gleichung wird nur durch $x=0$ gelöst.

senkrechte Asymptote: $x=-1$

Wegen Grad Zähler < Grad Nenner gilt:

$\lim\limits_{x \to \pm\infty} f(x) = 0 \Rightarrow y=0$ ist waagrechte Asymptote.

b) $$f'(x) = \frac{4\cdot(x+1)^2 - 4x\cdot 2(x+1)}{(x+1)^4} = \frac{4\cdot(x+1) - 4x\cdot 2}{(x+1)^3} = \frac{4x+4-8x}{(x+1)^3} = \frac{-4x+4}{(x+1)^3}$$

$$\begin{aligned} f'(x) &= 0 \\ -4x+4 &= 0 \\ -4x &= -4 \\ x &= 1 \end{aligned}$$

$$f(1) = \frac{4\cdot 1}{(1+1)^2} = 1$$

$x \in$	$]-\infty; -1[$	$]-1; 1[$	$]1; +\infty[$
$-4x+4$	>0	>0	<0
$(x+1)^3$	<0	>0	>0
$f'(x)$	<0	>0	<0
$f(x)$	fällt	steigt	fällt

Die Funktion hat in $(1 \mid 1)$ einen Hochpunkt.

oder:

$$f''(x) = \frac{-4\cdot(x+1)^3 - (-4x+4)\cdot 3(x+1)^2}{(x+1)^6} = \frac{-4\cdot(x+1) - (-4x+4)\cdot 3}{(x+1)^4}$$

$$= \frac{-4x-4+12x-12}{(x+1)^4} = \frac{8x-16}{(x+1)^4}$$

$$f''(1) = \frac{8\cdot 1 - 16}{(1+1)^4} = \frac{-8}{16} < 0$$

Die Funktion hat in $(1 \mid 1)$ einen Hochpunkt.

c) $x=-1$ ist ein Pol ohne Vorzeichenwechsel, da $x=-1$ eine doppelte Nullstelle des Nenners ist. Somit:

$$\lim_{x \to -1^+} f(x) = \lim_{x \to -1^-} f(x) = -\infty$$

Da x = 0 die einzige Nullstelle ist, nähert sich der Graph für $x \to -\infty$ der x-Achse (waagrechte Asymptote) von unten an. Somit verläuft der Graph für $x < 0$ nur im III. Quadranten.

$$f(-3) = \frac{4 \cdot (-3)}{(-3+1)^2} = \frac{-12}{4} = -3 \qquad f(-0,3) = \frac{4 \cdot (-0,3)}{(-0,3+1)^2} = \frac{-1,2}{0,49} \approx -2,45$$

$$f(-0,2) = \frac{4 \cdot (-0,2)}{(-0,2+1)^2} = \frac{-0,8}{0,64} = -1,25 \qquad f(-7) = \frac{4 \cdot (-7)}{(-7+1)^2} = \frac{-28}{36} = -0,\overline{7}$$

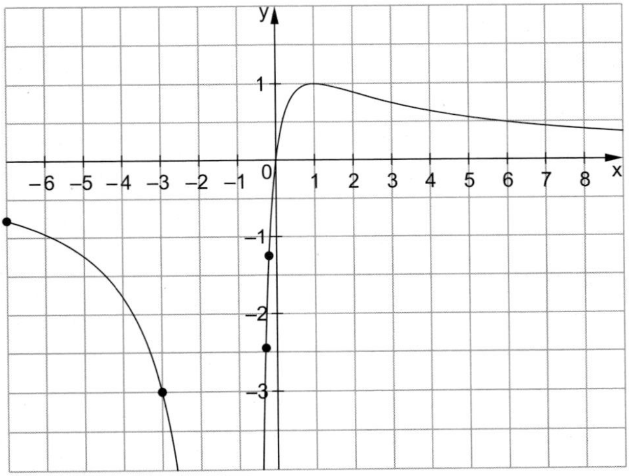

d) $F(x) = 4 \cdot \ln(x+1) + \frac{4}{x+1}$ $\qquad \mathbb{D}_F =]-1; +\infty[$

$$F'(x) = 4 \cdot \frac{1}{x+1} - \frac{4}{(x+1)^2} = \frac{4(x+1)-4}{(x+1)^2} = \frac{4x+4-4}{(x+1)^2} = \frac{4x}{(x+1)^2} = f(x)$$

e) $f(0,5) = \frac{4 \cdot 0,5}{(0,5+1)^2} = \frac{2}{2,25} = 0,\overline{8}$

Nach einer halben Stunde beträgt die Wirkstoffkonzentration $0,\overline{8}\,\frac{mg}{\ell}$.
Die maximale Wirkstoffkonzentration tritt nach einer Stunde ein und beträgt $1\,\frac{mg}{\ell}$.

f) Man bildet die 2. Ableitung f''(x) und setzt diese gleich null. Die Gleichung muss x = 2 als einfache oder dreifache oder fünffache oder … Lösung haben, damit x = 2 eine Nullstelle mit Vorzeichenwechsel ist.

Nach 2 Stunden (die Funktion ist für $x > 1$ fallend) besitzt die Wirkstoffkonzentration die größte Abnahmerate.

g) $A(b) = \int_0^b f(x)\,dx = \left[4 \cdot \ln(x+1) + \frac{4}{x+1}\right]_0^b$

$$= \left[4 \cdot \ln(b+1) + \frac{4}{b+1}\right] - \left[4 \cdot \ln(0+1) + \frac{4}{0+1}\right] = 4 \cdot \ln(b+1) + \frac{4}{b+1} - 4$$

$$\lim_{b \to +\infty} \left[4 \cdot \ln(b+1) + \frac{4}{b+1} - 4\right] = „4 \cdot \ln(+\infty) + \frac{4}{+\infty} - 4“ = „4 \cdot (+\infty) + 0 - 4“ = +\infty$$

Die Funktion f stellt somit für große Zeitwerte keine realistische Modellierung dar.

h)
$$f(x) = 0{,}75$$
$$\frac{4x}{(x+1)^2} = \frac{3}{4}$$
$$16x = 3(x+1)^2$$
$$16x = 3(x^2 + 2x + 1)$$
$$16x = 3x^2 + 6x + 3$$
$$3x^2 - 10x + 3 = 0$$
$$x_{1/2} = \frac{10 \pm \sqrt{10^2 - 4 \cdot 3 \cdot 3}}{2 \cdot 3}$$
$$x_{1/2} = \frac{10 \pm 8}{6}$$
$$x_1 = 3 \qquad x_2 = \frac{1}{3}$$

Da die Wirkstoffkonzentration fällt, kann nur $x = 3$ verwendet werden.

Die zweite Tablette sollte spätestens nach 3 Stunden eingenommen werden.

i) Die Funktion f(x) zeigt die Wirkstoffkonzentration der ersten Tablette. Wird die zweite Tablette 2,5 Stunden danach eingenommen, so zeigt $f(x-2{,}5)$ die Wirkstoffkonzentration der zweiten Tablette. Der Graph von $f(x-2{,}5)$ ist im Vergleich zum Graphen von f(x) um 2,5 in positive x-Richtung verschoben.

Da sich die Wirkstoffkonzentration der beiden Tabletten addiert, zeigt Term (B) diese an.

j) $k(x) = \frac{3 \cdot e^{2x}}{e^{2x} + 1} - 1{,}5$

$$k'(x) = \frac{3 \cdot e^{2x} \cdot 2 \cdot (e^{2x} + 1) - 3 \cdot e^{2x} \cdot e^{2x} \cdot 2}{(e^{2x} + 1)^2} = \frac{6 \cdot e^{2x} \cdot (e^{2x} + 1) - 6 \cdot (e^{2x})^2}{(e^{2x} + 1)^2}$$

$$= \frac{6 \cdot e^{2x} \cdot \left[(e^{2x} + 1) - e^{2x}\right]}{(e^{2x} + 1)^2} = \frac{6 \cdot e^{2x}}{(e^{2x} + 1)^2}$$

oder:

$$k'(x) = \frac{3 \cdot e^{2x} \cdot 2 \cdot (e^{2x}+1) - 3 \cdot e^{2x} \cdot e^{2x} \cdot 2}{(e^{2x}+1)^2} = \frac{6 \cdot e^{2x} \cdot (e^{2x}+1) - 6 \cdot e^{4x}}{(e^{2x}+1)^2}$$

$$= \frac{6 \cdot e^{4x} + 6 \cdot e^{2x} - 6 \cdot e^{4x}}{(e^{2x}+1)^2} = \frac{6 \cdot e^{2x}}{(e^{2x}+1)^2}$$

$e^{2x} > 0$ ist stets erfüllt. Also ist sowohl der Zähler als auch der Nenner stets positiv.

$k'(x) > 0 \quad \Rightarrow$ Der Graph von k ist streng monoton steigend.

k) $k(1) = \frac{3 \cdot e^{2 \cdot 1}}{e^{2 \cdot 1}+1} - 1{,}5 = \frac{3 \cdot e^2}{e^2+1} - 1{,}5 \approx 1{,}14 > 0{,}75$

Die Wirkstoffkonzentration liegt 1 Stunde nach Beginn der Infusion deutlich über dem geforderten Wert und fällt, da die Funktion streng monoton steigend ist, nie mehr darunter.

oder:

$$\frac{3 \cdot e^{2x}}{e^{2x}+1} - 1{,}5 = 0{,}75$$

$$\frac{3 \cdot e^{2x}}{e^{2x}+1} = 2{,}25$$

$$3e^{2x} = 2{,}25e^{2x} + 2{,}25$$

$$0{,}75e^{2x} = 2{,}25$$

$$e^{2x} = 3$$

$$2x = \ln 3$$

$$x = \frac{\ln 3}{2} \approx 0{,}55$$

Die Wirkstoffkonzentration erreicht bereits nach ca. 33 Minuten den geforderten Wert und steigt dann (da die Funktion streng monoton steigend ist) weiter an.

25 % von $2\,\frac{mg}{\ell} = 0{,}5\,\frac{mg}{\ell}$

Die Wirkstoffkonzentration darf also nicht über $1{,}5\,\frac{mg}{\ell}$ steigen.

$$\lim_{x \to +\infty} \left(\frac{3 \cdot e^{2x}}{e^{2x}+1} - 1{,}5 \right) = \lim_{x \to +\infty} \left(\frac{3 \cdot e^{2x} : e^{2x}}{(e^{2x}+1) : e^{2x}} - 1{,}5 \right) = \lim_{x \to +\infty} \left(\frac{3}{1+\frac{1}{e^{2x}}} - 1{,}5 \right)$$

$$= „\frac{3}{1+\frac{1}{e^{+\infty}}} - 1{,}5“ = \frac{3}{1+0} - 1{,}5 = 1{,}5$$

Die Wirkstoffkonzentration nähert sich dem Wert von $1{,}5\,\frac{mg}{\ell}$ an. Da die Funktion k streng monoton steigend ist, erfolgt die Annäherung von unten ($k(x) < 1{,}5$ für alle x). Der Wert von $1{,}5\,\frac{mg}{\ell}$ wird also nie erreicht oder überschritten.

Beide Bedingungen sind somit erfüllt.

BE

Ein Unternehmen organisiert Fahrten mit einem Ausflugsschiff, das Platz für 60 Fahrgäste bietet.

1. Betrachtet wird eine Fahrt, bei der das Schiff voll besetzt ist. Unter den Fahrgästen befinden sich Erwachsene, Jugendliche und Kinder. Die Hälfte der Fahrgäste isst während der Fahrt ein Eis, von den Erwachsenen nur jeder Dritte, von den Jugendlichen und Kindern 75 %. Berechnen Sie, wie viele Erwachsene an der Fahrt teilnehmen. 3

2. Möchte man an einer Fahrt teilnehmen, so muss man dafür im Voraus eine Reservierung vornehmen, ohne dabei schon den Fahrpreis bezahlen zu müssen. Erfahrungsgemäß erscheinen von den Personen mit Reservierung einige nicht zur Fahrt. Für die 60 zur Verfügung stehenden Plätze lässt das Unternehmen deshalb bis zu 64 Reservierungen zu. Es soll davon ausgegangen werden, dass für jede Fahrt tatsächlich 64 Reservierungen vorgenommen werden. Erscheinen mehr als 60 Personen mit Reservierung zur Fahrt, so können nur 60 von ihnen daran teilnehmen; die übrigen müssen abgewiesen werden.
Die Zufallsgröße X beschreibt die Anzahl der Personen mit Reservierung, die nicht zur Fahrt erscheinen. Vereinfachend soll angenommen werden, dass X binomialverteilt ist, wobei die Wahrscheinlichkeit dafür, dass eine zufällig ausgewählte Person mit Reservierung nicht zur Fahrt erscheint, 10 % beträgt.
Die auf der nächsten Seite abgebildete Tabelle ergänzt das zugelassene Tafelwerk.

   a) Geben Sie einen Grund dafür an, dass es sich bei der Annahme, die Zufallsgröße X ist binomialverteilt, im Sachzusammenhang um eine Vereinfachung handelt. 1

   b) Bestimmen Sie die Wahrscheinlichkeit dafür, dass keine Person mit Reservierung abgewiesen werden muss. 3

   c) Für das Unternehmen wäre es hilfreich, wenn die Wahrscheinlichkeit dafür, mindestens eine Person mit Reservierung abweisen zu müssen, höchstens ein Prozent wäre. Dazu müsste die Wahrscheinlichkeit dafür, dass eine zufällig ausgewählte Person mit Reservierung nicht zur Fahrt erscheint, mindestens einen bestimmten Wert haben. Ermitteln Sie diesen Wert auf ganze Prozent genau. 3

* Das Unternehmen richtet ein Online-Portal zur Reservierung ein und vermutet, dass dadurch der Anteil der Personen mit Reservierung, die zur jeweiligen Fahrt nicht erscheinen, zunehmen könnte. Als Grundlage für die Entscheidung darüber, ob pro Fahrt künftig mehr als 64 Reservierungen zugelassen werden, soll die Nullhypothese „Die Wahrscheinlichkeit dafür, dass eine zufällig ausgewählte Person mit Reservierung nicht zur Fahrt erscheint, beträgt höchstens 10 %." mithilfe einer Stichprobe von 200 Personen mit Reservierung auf einem Signifikanzniveau von 5 % getestet werden. Vor der Durchführung des Tests wird festgelegt, die Anzahl der für eine Fahrt möglichen Reservierungen nur dann zu erhöhen, wenn die Nullhypothese aufgrund des Testergebnisses abgelehnt werden müsste.

d) Ermitteln Sie die zugehörige Entscheidungsregel. 5

e) Entscheiden Sie, ob bei der Wahl der Nullhypothese eher das Interesse, dass weniger Plätze frei bleiben sollen, oder das Interesse, dass nicht mehr Personen mit Reservierung abgewiesen werden müssen, im Vordergrund stand. Begründen Sie Ihre Entscheidung. 3

f) Beschreiben Sie den zugehörigen Fehler zweiter Art sowie die daraus resultierende Konsequenz im Sachzusammenhang. 2

20

Binomialverteilung kumulativ; $k \mapsto \sum_{i=0}^{k} B(n; p; i)$

n	k	p=0,10	p=0,11	p=0,12	p=0,13	p=0,14	p=0,15	p=0,16	p=0,17
64	0	0,00118	0,00058	0,00028	0,00013	0,00006	0,00003	0,00001	0,00001
	1	0,00956	0,00514	0,00272	0,00142	0,00073	0,00037	0,00019	0,00009
	2	0,03891	0,02290	0,01321	0,00748	0,00417	0,00228	0,00123	0,00065
	3	0,10629	0,06827	0,04277	0,02620	0,01572	0,00924	0,00533	0,00302
	4	0,22047	0,15377	0,10425	0,06886	0,04439	0,02797	0,01725	0,01043
	5	0,37271	0,28059	0,20485	0,14534	0,10040	0,06763	0,04450	0,02863
	...	...	...	...	...	...	...	...	...

* Die Aufgabenteile d, e und f sind für die Abiturprüfung 2023 nicht relevant.

Tipps und Hinweise

Aufgabe 1

- E sei die Anzahl der Erwachsenen.
- Wie groß ist dann die Anzahl der „Nicht-Erwachsenen“, also der Jugendlichen und Kinder?
- Jeder dritte Erwachsene und 75 % der „Nicht-Erwachsenen“ essen Eis.
- Insgesamt essen die Hälfte aller 60 Fahrgäste Eis.
- Stellen Sie eine Gleichung für E auf.

Aufgabe 2 a

- Einer Binomialverteilung liegt eine Bernoullikette zugrunde. Welche Bedingung ist dabei zu erfüllen, die für das Nichterscheinen einer Person auf dem Boot nicht oder nur bedingt eingehalten wird?
- Bei einer Binomialverteilung muss jedes Experiment – hier also jedes Nichterscheinen – unabhängig von den anderen verlaufen.
- Ist diese Bedingung hier erfüllt?
- Wird jede Reservierung nur für jeweils eine Person vorgenommen? Wer bestellt gemeinsam?
- Werden Personen, die gemeinsam reserviert haben, unabhängig voneinander an der Fahrt teilnehmen bzw. nicht erscheinen?

Aufgabe 2 b

- Es wurden 64 Reservierungen angenommen. Es sind aber nur 60 Plätze an Bord verfügbar.
- Wann muss niemand abgewiesen werden?
- Damit alle an Bord können, müssen 4 Leute nicht erscheinen.
- Es können aber auch Plätze an Bord frei bleiben.
- Es muss niemand abgewiesen werden, wenn mindestens 4 Leute nicht erscheinen.
- Wie groß ist die Wahrscheinlichkeit, dass von 64 reservierten Plätzen mindestens 4 nicht eingenommen werden, wenn die Wahrscheinlichkeit für das Nichterscheinen 10 % beträgt?
- Es handelt sich um eine kumulative Wahrscheinlichkeit.
- Lösungsansatz: $P(X \geq 4) = \sum_{i=4}^{64} B(64; 0{,}1; i)$ oder $P(X \geq 4) = P_{0,1}^{64}(X \geq 4)$

- Um die Stochastiktabelle benutzen zu können, formen Sie ≥ 4 über das Gegenereignis um.
- In der Angabe ist die kumulative Tabelle für $n = 64$ in Auszügen abgedruckt.

Aufgabe 2 c

- Gesucht ist die Wahrscheinlichkeit, dass eine Person nicht erscheint. Diese beträgt nicht mehr 10 %!
- Mindestens eine Person muss abgewiesen werden, wenn von den 64 Reservierungen 61, 62, 63 oder 64 Leute erscheinen.
- Wenn 61 erscheinen, sind 3 nicht erschienen; wenn 62 erscheinen, sind 2 nicht erschienen; wenn 63 erscheinen, ist 1 nicht erschienen; wenn 64 erscheinen, sind 0 nicht erschienen.
- Die Wahrscheinlichkeit, mindestens eine Person abweisen zu müssen, ist also die Wahrscheinlichkeit, dass höchstens 3 nicht erscheinen.
- Diese Wahrscheinlichkeit soll höchstens 1 % betragen.
- Lösungsansatz: $\sum_{i=0}^{3} B(64; p; i) \leq 0{,}01$ oder $P_p^{64}(X \leq 3) \leq 0{,}01$
- Suchen in der abgedruckten Tabelle liefert p.

Aufgabe 2 d

- Die Nullhypothese ist mit $p_0 \leq 10\,\%$ vorgegeben.
- Stimmt man für die Nullhypothese, wenn möglichst viele oder möglichst wenige Personen nicht zur Fahrt erscheinen?
- „Signifikanzniveau" ist – ebenso wie Fehler 1. Art – auf der Merkhilfe erläutert.
- Die Wahrscheinlichkeit, gegen p_0 zu sein, obwohl p_0 stimmt, soll höchstens 5 % betragen.
- Lösungsansatz: $\sum_{i=k+1}^{200} B(200; 0{,}1; i) \leq 0{,}05$ oder $P_{0,1}^{200}(X \geq k+1) \leq 0{,}05$
- Schlagen Sie in der kumulativen Tabelle des Tafelwerks nach.
- Wählen Sie das kleinstmögliche k.
- Formulieren Sie Ihr Ergebnis.

Aufgabe 2 e

- Das Signifikanzniveau zeigt, welche Wahrscheinlichkeit möglichst niedrig sein soll.
- Das Unternehmen will die Wahrscheinlichkeit, die Anzahl der möglichen Reservierungen zu erhöhen, obwohl nur höchstens 10 % der Leute nicht erscheinen, möglichst niedrig halten.
- Das Unternehmen ist somit gegen eine irrtümliche Erhöhung der Reservierungen.
- Bei einer irrtümlichen Erhöhung der Reservierungen müssten mehr Leute abgewiesen werden.

Aufgabe 2 f

- Welche Wahrscheinlichkeit gibt der Fehler 2. Art an? (siehe Merkhilfe)
- Der Fehler 2. Art ist die Wahrscheinlichkeit, für die Nullhypothese zu sein, obwohl sie nicht stimmt.
- Geben Sie diese Wahrscheinlichkeit im Sachzusammenhang an.
- Wenn sich bei weiterhin 64 Reservierungen die Wahrscheinlichkeit für das Nichterscheinen erhöht, werden mehr Reservierungen als vorher nicht wahrgenommen.
- Welche Auswirkung hat das auf die Auslastung des Boots und damit auf die Einnahmen des Unternehmens?

Lösungen

1. $P(\text{Eis}) = 0{,}5 = \frac{1}{2}$; $P_{\text{Erwachsener}}(\text{Eis}) = \frac{1}{3}$; $P_{\text{nicht Erwachsener}}(\text{Eis}) = 0{,}75 = \frac{3}{4}$

   E sei die Anzahl der Erwachsenen. Dann ist $60 - E$ die Anzahl der nicht Erwachsenen.

   $$\frac{1}{3} \cdot E + \frac{3}{4} \cdot (60 - E) = \frac{1}{2} \cdot 60$$
   $$\frac{1}{3} \cdot E + 45 - \frac{3}{4} \cdot E = 30$$
   $$-\frac{5}{12} \cdot E + 45 = 30$$
   $$-\frac{5}{12} \cdot E = -15$$
   $$E = 36$$

   Es nehmen 36 Erwachsene an der Fahrt teil.

2. a) Wäre X binomialverteilt, so würden alle Personen unabhängig voneinander zur Fahrt erscheinen oder nicht. Da sich aber unter den 60 Passagieren 24 Kinder und Jugendliche befinden, ist davon auszugehen, dass auch Familien reserviert haben. Diese werden nur gemeinsam (also nicht unabhängig voneinander) mitfahren oder nicht erscheinen.

   b) Es wurden 64 Reservierungen angenommen, also muss nur dann niemand abgewiesen werden, wenn mindestens 4 Leute nicht kommen.

   $$P(X \geq 4) = \sum_{i=4}^{64} B(64; 0{,}1; i) = 1 - \sum_{i=0}^{3} B(64; 0{,}1; i) = 1 - 0{,}10629 = 0{,}89371 \approx 89{,}4\ \%$$

   oder:

   $$P(X \geq 4) = P_{0,1}^{64}(X \geq 4) = 1 - P_{0,1}^{64}(X \leq 3) = 1 - 0{,}10629 = 0{,}89371 \approx 89{,}4\ \%$$

   c) Es wurden 64 Reservierungen angenommen, also muss mindestens eine Person abgewiesen werden, wenn nur 0 oder 1 oder 2 oder 3, somit höchstens 3 Personen nicht erscheinen.

   $P(X \leq 3) \leq 1\ \%$

   $$\sum_{i=0}^{3} B(64; p; i) \leq 0{,}01 \quad \textit{oder} \quad P_p^{64}(X \leq 3) \leq 0{,}01$$

   Ablesen in der kumulativen Tabelle auf der Angabe ergibt $p \geq 0{,}15$.

d)	für p_0 bei 0 bis k Absagen; Folge: Unternehmen erhöht die Anzahl der Reservierungen nicht	gegen p_0 bei k + 1 bis 200 Absagen; Folge: Unternehmen erhöht die Anzahl der Reservierungen
$p_0 \le 0{,}1$		$\le 5\ \%$

$$P(X \ge k+1) \le 0{,}05$$

$$\sum_{i=k+1}^{200} B(200; 0{,}1; i) \le 0{,}05 \qquad \textit{oder:} \qquad P_{0,1}^{200}(X \ge k+1) \le 0{,}05$$

$$1 - \sum_{i=0}^{k} B(200; 0{,}1; i) \le 0{,}05 \qquad 1 - P_{0,1}^{200}(X \le k) \le 0{,}05$$

$$-\sum_{i=0}^{k} B(200; 0{,}1; i) \le -0{,}95 \qquad -P_{0,1}^{200}(X \le k) \le -0{,}95$$

$$\sum_{i=0}^{k} B(200; 0{,}1; i) \ge 0{,}95 \qquad P_{0,1}^{200}(X \le k) \ge 0{,}95$$

Ablesen in der kumulativen Tabelle liefert $k \ge 27$.

Die Nullhypothese wird irrtümlich abgelehnt, wenn mindestens 28 der 200 Personen mit Reservierung nicht erscheinen.

Das Unternehmen wird die für eine Fahrt möglichen Reservierungen also nur dann erhöhen, wenn mindestens 28 der 200 Personen mit Reservierung nicht erscheinen.

e) Die Nullhypothese wurde so gewählt, dass die Wahrscheinlichkeit, die Anzahl der Reservierungen zu erhöhen, obwohl das Nichterscheinen höchstens 10 % beträgt, möglichst niedrig (≤ 5 %) ist. Dem Unternehmen war also daran gelegen, die Anzahl der Reservierungen möglichst nur dann zu erhöhen, wenn sich auch die Wahrscheinlichkeit für das Nichterscheinen erhöht. Somit stand beim Unternehmen das Interesse, nicht mehr Personen mit Reservierung abweisen zu müssen, im Vordergrund.

f) Der Fehler 2. Art gibt die Wahrscheinlichkeit an, sich für die Nullhypothese zu entscheiden, obwohl sie nicht stimmt – hier also die Wahrscheinlichkeit, die Anzahl der Reservierungen nicht zu erhöhen, obwohl die Wahrscheinlichkeit für das Nichterscheinen mehr als 10 % beträgt.

Entscheidet sich das Unternehmen aufgrund des Testergebnisses für eine Beibehaltung von 64 möglichen Reservierungen, obwohl die Wahrscheinlichkeit für das Nichterscheinen mehr als 10 % beträgt, so wird es mehr Leute geben, die nicht erscheinen. Damit erhöht sich das Risiko, dass bei einer Fahrt mehr Plätze frei bleiben, das Unternehmen also weniger einnimmt.

Abitur Mathematik (Bayern): Abiturprüfung 2019
Prüfungsteil B – Stochastik Aufgabengruppe 2

BE

1. Jeder sechste Besucher eines Volksfests trägt ein Lebkuchenherz um den Hals. Während der Dauer des Volksfests wird 25-mal ein Besucher zufällig ausgewählt. Die Zufallsgröße X beschreibt die Anzahl der ausgewählten Besucher, die ein Lebkuchenherz tragen.

   a) Bestimmen Sie die Wahrscheinlichkeit dafür, dass unter den ausgewählten Besuchern höchstens ein Besucher ein Lebkuchenherz trägt. 2

   b) Beschreiben Sie im Sachzusammenhang ein Ereignis, dessen Wahrscheinlichkeit mit dem Term $\sum_{i=5}^{8} B\left(25; \frac{1}{6}; i\right)$ berechnet werden kann. 2

   c) Bestimmen Sie die Wahrscheinlichkeit dafür, dass der Wert der Zufallsgröße X höchstens um eine Standardabweichung vom Erwartungswert der Zufallsgröße abweicht. 4

2. Bei einer Losbude wird damit geworben, dass jedes Los gewinnt. Die Lose und die zugehörigen Sachpreise können drei Kategorien zugeordnet werden, die mit „Donau", „Main" und „Lech" bezeichnet werden. Im Lostopf befinden sich viermal so viele Lose der Kategorie „Main" wie Lose der Kategorie „Donau". Ein Los kostet 1 Euro. Die Inhaberin der Losbude bezahlt im Einkauf für einen Sachpreis in der Kategorie „Donau" 8 Euro, in der Kategorie „Main" 2 Euro und in der Kategorie „Lech" 20 Cent. Ermitteln Sie, wie groß der Anteil der Lose der Kategorie „Donau" sein muss, wenn die Inhaberin im Mittel einen Gewinn von 35 Cent pro Los erzielen will. 5

* 3. Die Inhaberin der Losbude beschäftigt einen Angestellten, der Besucher des Volksfests anspricht, um diese zum Kauf von Losen zu animieren. Sie ist mit der Erfolgsquote des Angestellten unzufrieden.

   a) Die Inhaberin möchte dem Angestellten das Gehalt kürzen, wenn weniger als 15 % der angesprochenen Besucher Lose kaufen. Die Entscheidung über die Gehaltskürzung soll mithilfe eines Signifikanztests auf der Grundlage von 100 angesprochenen Besuchern getroffen werden. Dabei soll möglichst vermieden werden, dem Angestellten das Gehalt zu Unrecht zu kürzen. Geben Sie die entsprechende Nullhypothese an und ermitteln Sie die zugehörige Entscheidungsregel auf dem Signifikanzniveau von 10 %. 5

* Die Aufgabe 3 ist für die Abiturprüfung 2023 nicht relevant.

b) Der Angestellte konnte bei der Durchführung des Tests zehn von 100 erwachsenen Besuchern dazu animieren, Lose zu kaufen. Er behauptet, dass er zumindest bei Personen mit Kind eine Erfolgsquote größer als 10 % habe. Unter den 100 angesprochenen Besuchern befanden sich 40 Personen mit Kind. Von den Personen ohne Kind zogen 54 kein Los. Überprüfen Sie, ob das Ergebnis der Stichprobe die Behauptung des Angestellten stützt. 2

20

Tipps und Hinweise

Aufgabe 1 a

- Es handelt sich um eine binomialverteilte Größe (Bernoullikette).
- Es gilt $n = 25$ und $p = \frac{1}{6}$.
- „Höchstens ein Besucher“ bedeutet $X \leq 1$.
- Achten Sie darauf, die kumulative Tabelle zu verwenden.

Aufgabe 1 b

- n und p stimmen mit den Werten in Teilaufgabe 1 a überein.
- Es handelt sich um eine kumulative Wahrscheinlichkeit.
- X kann die Werte 5, 6, 7 und 8 annehmen.
- Formulieren Sie im Sachzusammenhang.

Aufgabe 1 c

- Bestimmen Sie den Erwartungswert und die Varianz der Zufallsgröße X.
- X ist binomialverteilt.
- Sie finden die entsprechenden Formeln auf der Merkhilfe.
- Für die Standardabweichung σ gilt: $\sigma = \sqrt{Var}$
- Bestimmen Sie das Intervall $[E - \sigma; E + \sigma]$.
- Welche Werte von X gehören diesem Intervall an?
- Berechnen Sie die Wahrscheinlichkeit für diese Werte von X.
- Um die Stochastiktabelle benutzen zu können, müssen Sie den Term umformen.
- $P(r \leq X \leq s) = P(X \leq s) - P(X \leq r - 1)$
- Achten Sie darauf, die kumulative Tabelle zu verwenden.

Aufgabe 2

- Gesucht ist der Anteil der Lose „Donau“, also die Wahrscheinlichkeit P(Donau).
- Nennen Sie diese Wahrscheinlichkeit p.
- Auch die Wahrscheinlichkeiten P(Main) und P(Lech) lassen sich durch p ausdrücken.
- Es gibt viermal so viele Lose „Main“ wie „Donau“.
- Im Lostopf befinden sich nur Lose mit den Aufschriften „Donau“, „Main“, „Lech“.
- Es muss gelten: $P(\text{Donau}) = p \qquad P(\text{Main}) = 4p \qquad P(\text{Lech}) = 1 - p - 4p = 1 - 5p$

- Die Werte der Zufallsgröße „Einnahme der Inhaberin“ und die zugehörigen Wahrscheinlichkeiten lassen sich in einer Tabelle darstellen.
- Jedes Los wird für 1 € verkauft. Der Preis für die Gewinne ist angegeben.
- Was bedeutet „Im Mittel soll ein Gewinn von 35 Cent erzielt werden“?
- Der Erwartungswert der Zufallsgröße „Einnahme der Inhaberin“ soll 35 Cent betragen.
- Die Formel für den Erwartungswert finden Sie auf der Merkhilfe.

Aufgabe 3 a

- „Die Inhaberin kürzt das Gehalt, wenn weniger als 15 % der angesprochenen Besucher Lose kaufen.“ Die Nullhypothese kann somit $p_0 < 0{,}15$ oder $p_0 \geq 0{,}15$ lauten.
- Die Inhaberin wird das Gehalt kürzen, wenn sich im Test möglichst wenige (0; …; k) Loskäufer finden.
- Sie kürzt das Gehalt zu Unrecht, wenn sich im Test möglichst wenige (0; …; k) Loskäufer finden, obwohl die Nullhypothese stimmt.
- Die Nullhypothese vermutet also möglichst viele Loskäufer.
- Die Nullhypothese muss $p_0 \geq 0{,}15$ lauten.
- Das Signifikanzniveau ist die Wahrscheinlichkeit, sich gegen die Nullhypothese auszusprechen, obwohl sie stimmt (siehe Merkhilfe).
- Die Wahrscheinlichkeit, dass sich möglichst wenige (0; …; k) Loskäufer finden, obwohl $p_0 \geq 0{,}15$, soll kleiner als 10 % sein.
- Lösungsansatz: $\sum_{i=0}^{k} B(100; 0{,}15; i) \leq 0{,}1$ oder $P_{0{,}15}^{100}(X \leq k) \leq 0{,}1$
- Schlagen Sie in der kumulativen Tabelle des Tafelwerks nach.
- Wählen Sie das größtmögliche k.
- Formulieren Sie Ihr Ergebnis.

Aufgabe 3 b

- Die Angaben lassen sich in einem Baumdiagramm veranschaulichen.
- Es sind 60 Personen ohne Kind. Wie viele davon haben ein Los gekauft?
- Wie viele Lose wurden somit von Personen mit Kind gekauft?
- Wie viel Prozent der Personen mit Kind haben ein Los gekauft?
- Stützt diese Prozentzahl die Behauptung des Angestellten?
- Der Angestellte behauptet, er habe bei den Personen mit Kind eine Erfolgsquote von **mehr** als 10 %.

Lösungen

1. a) $P(X \le 1) = \sum_{i=0}^{1} B\left(25; \frac{1}{6}; i\right) = 0{,}06290 \approx 6{,}3\,\%$

   oder:

   $P(X \le 1) = P_{\frac{1}{6}}^{25}(X \le 1) = 0{,}06290 \approx 6{,}3\,\%$

   b) $\sum_{i=5}^{8} B\left(25; \frac{1}{6}; i\right)$ gibt die Wahrscheinlichkeit an, dass unter 25 Besuchern mindestens 5 und höchstens 8 ein Lebkuchenherz tragen.

   c) $E(X) = 25 \cdot \frac{1}{6} = \frac{25}{6}$

   $\text{Var}(X) = 25 \cdot \frac{1}{6} \cdot \frac{5}{6} = \frac{125}{36}$

   $\sigma = \sqrt{\text{Var}(X)} = \sqrt{\frac{125}{36}} = \frac{\sqrt{125}}{6}$

   $E(X) - \sigma = \frac{25}{6} - \frac{\sqrt{125}}{6} \approx 2{,}303$

   $E(X) + \sigma = \frac{25}{6} + \frac{\sqrt{125}}{6} \approx 6{,}030$

   $P(2{,}303 \le X \le 6{,}030) = P(3 \le X \le 6)$

   $= \sum_{i=3}^{6} B\left(25; \frac{1}{6}; i\right) = \sum_{i=0}^{6} B\left(25; \frac{1}{6}; i\right) - \sum_{i=0}^{2} B\left(25; \frac{1}{6}; i\right)$

   $= 0{,}89077 - 0{,}18869 = 0{,}70208 \approx 70{,}2\,\%$

   oder:

   $P(2{,}303 \le X \le 6{,}030) = P(3 \le X \le 6) = P_{\frac{1}{6}}^{25}(3 \le X \le 6) = P_{\frac{1}{6}}^{25}(X \le 6) - P_{\frac{1}{6}}^{25}(X \le 2)$

   $= 0{,}89077 - 0{,}18869 = 0{,}70208 \approx 70{,}2\,\%$

2. Die Aussage, dass es viermal so viele Lose „Main“ wie „Donau“ gibt, bedeutet für die Wahrscheinlichkeiten:

   $P(\text{Donau}) = p \qquad P(\text{Main}) = 4p \qquad P(\text{Lech}) = 1 - p - 4p = 1 - 5p$

   Alle Angaben lassen sich in einer Tabelle übersichtlich zusammenstellen:

Losart	Donau	Main	Lech
Einnahme in €	–7	–1	+0,8
Wahrscheinlichkeit	p	4p	1 – 5p

Da jedes Los im Mittel 35 Cent Gewinn abwerfen soll, muss der Erwartungswert 0,35 betragen.

$$\begin{aligned} -7 \cdot p - 1 \cdot 4p + 0{,}8 \cdot (1 - 5p) &= 0{,}35 \\ -7p - 4p + 0{,}8 - 4p &= 0{,}35 \\ -15p &= -0{,}45 \\ p &= 0{,}03 \end{aligned}$$

Im Lostopf müssen sich also 3 % Lose „Donau", 12 % Lose „Main" und 85 % Lose „Lech" befinden.

3. a) Mögliche Nullhypothesen sind $p_0 < 0{,}15$ und $p_0 \geq 0{,}15$.

Die Wahrscheinlichkeit das Gehalt zu Unrecht zu kürzen, soll möglichst klein sein (Signifikanzniveau).

Das Gehalt wird zu Unrecht gekürzt, wenn nur wenige der angesprochenen Besucher Lose kaufen, obwohl die Wahrscheinlichkeit für den Loskauf auf viele Käufer schließen lässt.

Die Nullhypothese muss also lauten: $p_0 \geq 0{,}15$

	für p_0 bei $k+1$ bis 100 Loskäufern; Folge: keine Gehaltskürzung	gegen p_0 bei 0 bis k Loskäufern; Folge: Gehaltskürzung
$p_0 \geq 0{,}15$		$\leq 10\ \%$

$P(X \leq k) \leq 0{,}1$

$\sum_{i=0}^{k} B(100; 0{,}15; i) \leq 0{,}1$ *oder:* $P_{0{,}15}^{100}(X \leq k) \leq 0{,}1$

Ablesen in der kumulativen Tabelle liefert $k \leq 10$.

Die Inhaberin spricht sich gegen die Nullhypothese $p_0 \geq 0{,}15$ aus, wenn nur 0; …; 10 der angesprochenen Besucher Lose kaufen. Sie kürzt also das Gehalt, wenn höchstens 10 der angesprochenen Besucher Lose kaufen.

b) Da insgesamt 10 Lose gekauft werden, müssen 4 Lose von Besuchern mit Kind gekauft werden.

4 von 40 entspricht genau 10 %. Die Behauptung des Angestellten wird also nicht unterstützt.

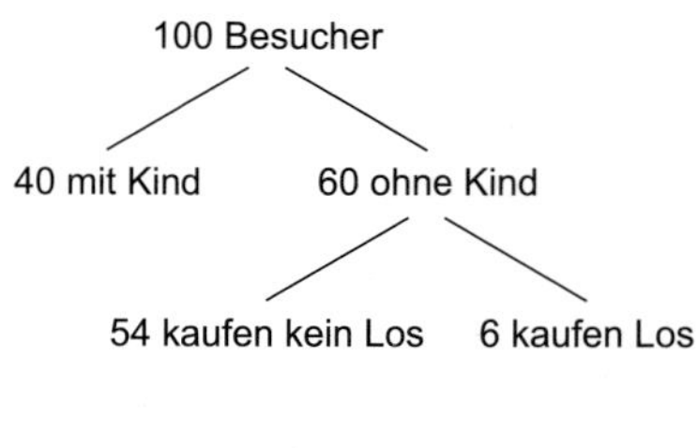

BE

Eine Geothermieanlage fördert durch einen Bohrkanal heißes Wasser aus einer wasserführenden Gesteinsschicht an die Erdoberfläche. In einem Modell entspricht die x_1x_2-Ebene eines kartesischen Koordinatensystems der horizontal verlaufenden Erdoberfläche. Eine Längeneinheit im Koordinatensystem entspricht einem Kilometer in der Realität. Der Bohrkanal besteht aus zwei Abschnitten, die im Modell vereinfacht durch die Strecken [AP] und [PQ] mit den Punkten $A(0|0|0)$, $P(0|0|-1)$ und $Q(1|1|-3{,}5)$ beschrieben werden (vgl. Abbildung).

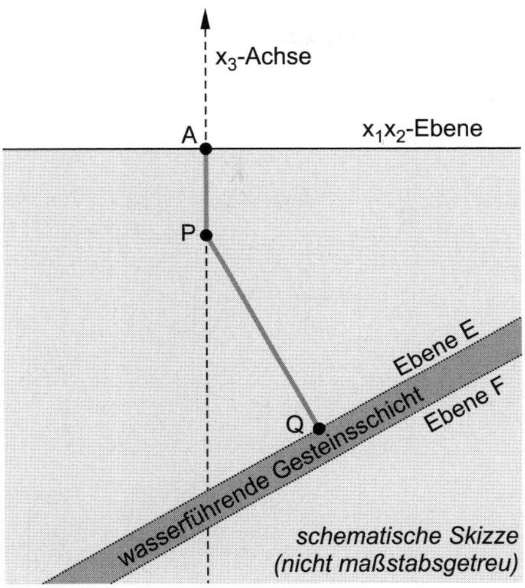

a) Berechnen Sie auf der Grundlage des Modells die Gesamtlänge des Bohrkanals auf Meter gerundet. 2

b) Beim Übergang zwischen den beiden Abschnitten des Bohrkanals muss die Bohrrichtung um den Winkel geändert werden, der im Modell durch den Schnittwinkel der beiden Geraden AP und PQ beschrieben wird. Bestimmen Sie die Größe dieses Winkels. 3

Im Modell liegt die obere Begrenzungsfläche der wasserführenden Gesteinsschicht in der Ebene E und die untere Begrenzungsfläche in einer zu E parallelen Ebene F. Die Ebene E enthält den Punkt Q. Die Strecke [PQ] steht senkrecht auf der Ebene E (vgl. Abbildung).

c) Bestimmen Sie eine Gleichung der Ebene E in Normalenform.
[zur Kontrolle: $E\colon 4x_1 + 4x_2 - 10x_3 - 43 = 0$] 2

d) Der Bohrkanal wird geradlinig verlängert und verlässt die wasserführende Gesteinsschicht in einer Tiefe von 3600 m unter der Erdoberfläche. Die Austrittsstelle wird im Modell als Punkt R auf der Geraden PQ beschrieben. Bestimmen Sie die Koordinaten von R und ermitteln Sie die Dicke der wasserführenden Gesteinsschicht auf Meter gerundet.
[zur Kontrolle: x_1- und x_2-Koordinate von R: 1,04] 6

Ein zweiter Bohrkanal wird benötigt, durch den das entnommene Wasser abgekühlt zurück in die wasserführende Gesteinsschicht geleitet wird. Der Bohrkanal soll geradlinig und senkrecht zur Erdoberfläche verlaufen. Für den Beginn des Bohrkanals an der Erdoberfläche kommen nur Bohrstellen in Betracht, die im Modell durch einen Punkt $B(t\,|\,-t\,|\,0)$ mit $t \in \mathbb{R}$ beschrieben werden können.

e) Zeigen Sie rechnerisch, dass der zweite Bohrkanal die wasserführende Gesteinsschicht im Modell im Punkt $T(t\,|\,-t\,|\,-4{,}3)$ erreicht, und erläutern Sie, wie die Länge des zweiten Bohrkanals bis zur wasserführenden Gesteinsschicht von der Lage der zugehörigen Bohrstelle beeinflusst wird. 3

f) Aus energetischen Gründen soll der Abstand der beiden Stellen, an denen die beiden Bohrkanäle auf die wasserführende Gesteinsschicht treffen, mindestens 1500 m betragen. Entscheiden Sie auf der Grundlage des Modells, ob diese Bedingung für jeden möglichen zweiten Bohrkanal erfüllt wird. 4

20

Tipps und Hinweise

Aufgabe a

- Abbildung und Text zeigen, dass die Länge des Bohrkanals der Länge der beiden Strecken [AP] und [PQ] entspricht.
- Die Länge der Strecke [AP] bzw. [PQ] ist die Länge des Vektors $\overrightarrow{AP}$ bzw. $\overrightarrow{PQ}$.
- Die Länge eines Vektors ist gleich dem Betrag des Vektors. Die Formel finden Sie auf der Merkhilfe.
- Alle Längeneinheiten sind in km gemessen. Das Ergebnis soll auf m gerundet angegeben werden.
- 1 km = 1000 m

Aufgabe b

- Die Formel für die Berechnung eines Winkels steht auf der Merkhilfe.
- Da der Schnittwinkel gesucht ist, muss im Zähler der Betrag verwendet werden.

Aufgabe c

- [PQ] verläuft senkrecht zur Ebene E.
- $\overrightarrow{PQ}$ kann als Normalenvektor verwendet werden.
- Setzen Sie $\overrightarrow{PQ}$ als Normalenvektor und den Punkt Q als Ebenenpunkt in die allgemeine Normalenform (siehe Merkhilfe) ein.

Aufgabe d

- R liegt auf der Geraden durch P und Q.
- Stellen Sie die Geradengleichung auf.
- Die Koordinaten von R müssen die Geradengleichung erfüllen.
- Die x_3-Koordinate aller Punkte entspricht der Tiefe unter der Erdoberfläche.
- Achten Sie auf den angegebenen Maßstab.
- Einer Tiefe von 3600 m entspricht die x_3-Koordinate –3,6.
- Die x_3-Koordinate von R muss –3,6 sein.
- Berechnen Sie aus der dritten Zeile der Geradengleichung den Parameter λ.
- Einsetzen von λ in die Geradengleichung liefert die x_1- und die x_2-Koordinate von R.
- Sie können $R \in PQ$ in der Abbildung ergänzen. R liegt auch auf F.
- Die Dicke der Gesteinsschicht ist der Abstand der beiden parallelen Ebenen E und F.

- Die Gerade durch P und Q steht auf E senkrecht und schneidet F in R.
- Der Abstand von E und F ist gleich der Länge der Strecke [QR].
- Die Länge eines Vektors ist gleich dem Betrag des Vektors. Die Formel finden Sie auf der Merkhilfe.
- Alle Längeneinheiten sind in km gemessen. Das Ergebnis soll auf m gerundet angegeben werden.
- 0,001 km = 1 m

Aufgabe e

- Der zweite Bohrkanal verläuft durch B und senkrecht zur Erdoberfläche.
- Geben Sie eine Gleichung der Geraden h an, auf der der Bohrkanal verläuft.
- Die Erdoberfläche entspricht der x_1x_2-Ebene.
- Die x_3-Achse verläuft senkrecht zur x_1x_2-Ebene.
- Die Ebene E aus Teilaufgabe c begrenzt die wasserführende Gesteinsschicht nach oben.
- Bestimmen Sie den Schnittpunkt der Geraden h mit der Ebene E.
- Eine Gerade und eine Ebene werden geschnitten, indem man die einzelnen Zeilen der Geradengleichung für die x_i in der Ebenengleichung einsetzt. Es ergibt sich eine Gleichung für den Parameter der Geraden.
- Einsetzen des Parameterwerts in die Geradengleichung liefert die Koordinaten des Schnittpunkts T.
- B und T liegen stets senkrecht übereinander, unterscheiden sich also nur in ihrer x_3-Koordinate.
- Da B auf der Erdoberfläche liegt, ist die Länge des Bohrkanals durch die x_3-Koordinate von T gegeben.
- Die x_3-Koordinate von T lautet −4,3 für alle Punkte B.
- Die Länge des zweiten Bohrkanals beträgt also unabhängig von der Lage von B stets 4,3 km.

Aufgabe f

- Der erste Bohrkanal erreicht E im Punkt Q, der zweite Bohrkanal trifft E im Punkt T.
- Die Länge der Strecke [QT] kann als der Betrag des Vektors $\overrightarrow{QT}$ mithilfe der Formel auf der Merkhilfe bestimmt werden.
- Der Term, der sich unter der Wurzel ergibt, ist abhängig von t.

- Der Summand $2t^2$ ist für kein t negativ.
- Der Wert unter der Wurzel bleibt somit gleich oder wird kleiner, wenn der Summand $2t^2$ unter der Wurzel wegfällt.
- Welchen Wert hat die Wurzel dann?
- Erfüllt dieser Wert die Bedingung?
- Beachten Sie auch hier den Maßstab.

Lösungen

a) Gesamtlänge $= \overline{AP} + \overline{PQ} = |\overrightarrow{AP}| + |\overrightarrow{PQ}|$

$$= \left|\begin{pmatrix}0\\0\\-1\end{pmatrix} - \begin{pmatrix}0\\0\\0\end{pmatrix}\right| + \left|\begin{pmatrix}1\\1\\-3{,}5\end{pmatrix} - \begin{pmatrix}0\\0\\-1\end{pmatrix}\right| = \left|\begin{pmatrix}0\\0\\-1\end{pmatrix}\right| + \left|\begin{pmatrix}1\\1\\-2{,}5\end{pmatrix}\right|$$

$$= 1 + \sqrt{1^2 + 1^2 + (-2{,}5)^2} = 1 + \sqrt{8{,}25} \approx 3{,}8723$$

Die Gesamtlänge beträgt 3,8723 km bzw. auf Meter gerundet 3,872 km = 3872 m.

b) $$\cos\alpha = \frac{|\overrightarrow{AP} \circ \overrightarrow{PQ}|}{|\overrightarrow{AP}| \cdot |\overrightarrow{PQ}|} = \frac{\left|\begin{pmatrix}0\\0\\-1\end{pmatrix} \circ \begin{pmatrix}1\\1\\-2{,}5\end{pmatrix}\right|}{1 \cdot \sqrt{8{,}25}} = \frac{2{,}5}{\sqrt{8{,}25}} \quad \Rightarrow \quad \alpha \approx 29{,}5°$$

c) Da [PQ] auf E senkrecht steht, kann $\overrightarrow{PQ}$ als Normalenvektor verwendet werden. Außerdem verläuft E durch Q.

$$E: \quad \begin{pmatrix}1\\1\\-2{,}5\end{pmatrix} \circ \left[\vec{X} - \begin{pmatrix}1\\1\\-3{,}5\end{pmatrix}\right] = 0$$

$$x_1 + x_2 - 2{,}5x_3 - (1 + 1 + 8{,}75) = 0$$

$$x_1 + x_2 - 2{,}5x_3 - 10{,}75 = 0$$

$$4x_1 + 4x_2 - 10x_3 - 43 = 0$$

d) Der Punkt R liegt auf der Geraden PQ und besitzt die x_3-Koordinate –3,6.

$$g_{PQ}: \quad \vec{X} = \vec{P} + \lambda \cdot \overrightarrow{PQ} = \begin{pmatrix}0\\0\\-1\end{pmatrix} + \lambda \begin{pmatrix}1\\1\\-2{,}5\end{pmatrix} \quad \text{mit } \lambda \in \mathbb{R}$$

$$-1 - 2{,}5\lambda = -3{,}6$$

$$-2{,}5\lambda = -2{,}6$$

$$\lambda = 1{,}04$$

$R(1{,}04\,|\,1{,}04\,|\,-3{,}6)$

Die Dicke der wasserführenden Gesteinsschicht entspricht der Länge des Vektors $\overrightarrow{QR}$:

$$|\overrightarrow{QR}| = \left|\begin{pmatrix}1{,}04\\1{,}04\\-3{,}6\end{pmatrix} - \begin{pmatrix}1\\1\\-3{,}5\end{pmatrix}\right| = \left|\begin{pmatrix}0{,}04\\0{,}04\\-0{,}1\end{pmatrix}\right| = \sqrt{0{,}04^2 + 0{,}04^2 + (-0{,}1)^2}$$

$$= \sqrt{0{,}0132} \approx 0{,}115$$

Die Dicke beträgt ca. 0,115 km = 115 m.

e) Der zweite Bohrkanal verläuft entlang der Geraden h:

$$h: \quad \vec{X} = \begin{pmatrix} t \\ -t \\ 0 \end{pmatrix} + \mu \begin{pmatrix} 0 \\ 0 \\ 1 \end{pmatrix} \quad \text{mit } \mu \in \mathbb{R}$$

$$\begin{aligned} E \cap h: \quad 4t - 4t - 10\mu - 43 &= 0 \\ -10\mu - 43 &= 0 \\ -10\mu &= 43 \\ \mu &= -4{,}3 \end{aligned}$$

$T(t\,|-t\,|-4{,}3)$

Da B und T senkrecht übereinanderliegen, beträgt die Länge des Bohrkanals unabhängig von der Lage von B stets 4,3 km, also 4300 m.

f) Die beiden Stellen, an denen die beiden Bohrkanäle auf E auftreffen, sind die Punkte Q und T.

$$\overline{QT} = |\overrightarrow{QT}| = \left| \begin{pmatrix} t \\ -t \\ -4{,}3 \end{pmatrix} - \begin{pmatrix} 1 \\ 1 \\ -3{,}5 \end{pmatrix} \right| = \left| \begin{pmatrix} t-1 \\ -t-1 \\ -0{,}8 \end{pmatrix} \right| = \sqrt{(t-1)^2 + (-t-1)^2 + (-0{,}8)^2}$$

$$= \sqrt{(t^2 - 2t + 1) + (t^2 + 2t + 1) + 0{,}64} = \sqrt{2t^2 + 2{,}64} \geq \sqrt{2{,}64} \approx 1{,}62, \quad \text{da } 2t^2 \geq 0$$

$1{,}62 \text{ km} = 1620 \text{ m} > 1500 \text{ m}$

Die Entfernung beträgt für jeden zweiten Bohrkanal mehr als 1500 m. Die Bedingung ist also stets erfüllt.

BE

Die Abbildung zeigt den Würfel ABCDEFGH mit $A(0|0|0)$ und $G(5|5|5)$ in einem kartesischen Koordinatensystem. Die Ebene T schneidet die Kanten des Würfels unter anderem in den Punkten $I(5|0|1)$, $J(2|5|0)$, $K(0|5|2)$ und $L(1|0|5)$.

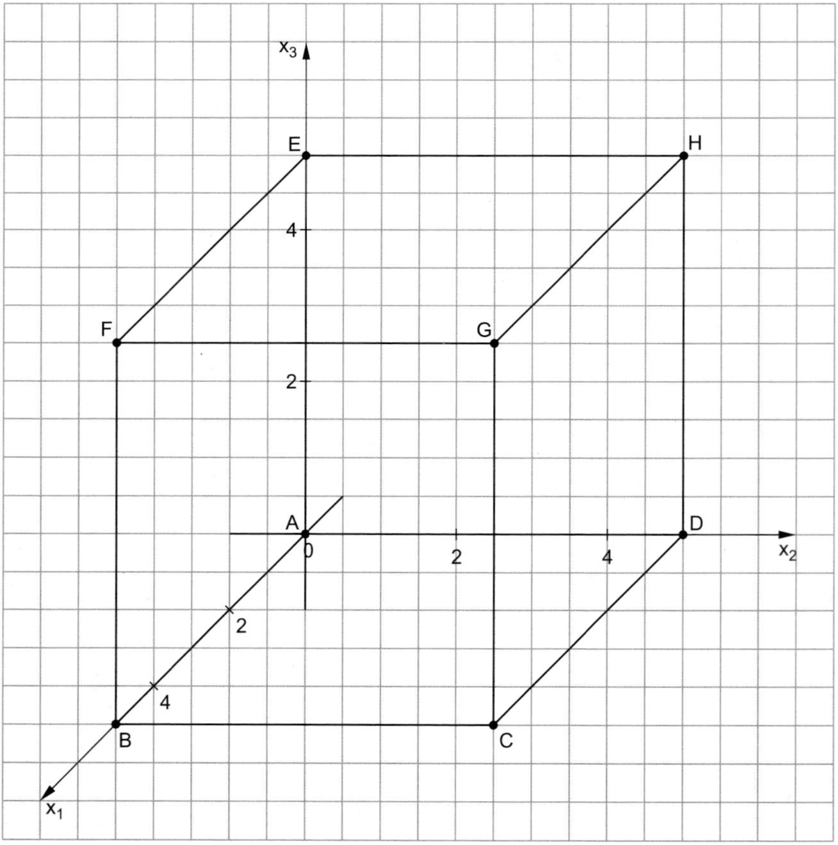

a) Zeichnen Sie das Viereck IJKL in die Abbildung ein und zeigen Sie, dass es sich um ein Trapez handelt, bei dem zwei gegenüberliegende Seiten gleich lang sind. 4

b) Ermitteln Sie eine Gleichung der Ebene T in Normalenform.
[zur Kontrolle: $T: 5x_1 + 4x_2 + 5x_3 - 30 = 0$] 3

Für $a \in \mathbb{R}^+$ ist die Gerade $g_a: \overrightarrow{X} = \begin{pmatrix} 2{,}5 \\ 0 \\ 3{,}5 \end{pmatrix} + \lambda \cdot \begin{pmatrix} 0 \\ -10a \\ \frac{2}{a} \end{pmatrix}$ mit $\lambda \in \mathbb{R}$ gegeben.

c) Bestimmen Sie den Wert von a, sodass die Gerade g_a die Würfelfläche CDHG in ihrem Mittelpunkt schneidet. 3

Für jedes $a \in \mathbb{R}^+$ liegt die Gerade g_a in der Ebene U mit der Gleichung $x_1 = 2{,}5$.

d) Ein beliebiger Punkt $P(p_1 | p_2 | p_3)$ des Raums wird an der Ebene U gespiegelt. Geben Sie die Koordinaten des Bildpunkts P' in Abhängigkeit von p_1, p_2 und p_3 an. 2

e) Spiegelt man die Ebene T an U, so erhält man die von T verschiedene Ebene T'. Zeigen Sie, dass für einen bestimmten Wert von a die Gerade g_a in der Ebene T liegt, und begründen Sie, dass diese Gerade g_a die Schnittgerade von T und T' ist. 4

f) Die Spitze einer Pyramide mit der Grundfläche IJKL liegt auf der Kante [FG]. Untersuchen Sie, ob die Höhe dieser Pyramide 2 betragen kann. 4

20

Tipps und Hinweise

Aufgabe a

- Beachten Sie beim Einzeichnen der Punkte: In x_2- und x_3-Richtung beträgt die Längeneinheit 2 Kästchenlängen, in x_1-Richtung beträgt die Längeneinheit 1 Kästchendiagonale.
- Berechnen Sie die vier Vektoren $\overrightarrow{IJ}$, $\overrightarrow{JK}$, $\overrightarrow{KL}$ und $\overrightarrow{LI}$.
- Zwei Vektoren sind parallel, wenn sie Vielfache voneinander sind.
- Die Länge eines Vektors ist gleich dem Betrag des Vektors. Die Formel finden Sie auf der Merkhilfe.

Aufgabe b

- Zwei (nicht parallele!) Vektoren (z. B. $\overrightarrow{IJ}$ und $\overrightarrow{JK}$ aus Teilaufgabe a) lassen sich als Richtungsvektoren der Ebene E verwenden.
- Ein Normalenvektor von E ergibt sich durch das Vektorprodukt der beiden Richtungsvektoren.
- Die Formel für die Berechnung des Vektorprodukts finden Sie auf der Merkhilfe.
- Setzen Sie den Normalenvektor und einen der Punkte (z. B. I) in die allgemeine Normalenform (siehe Merkhilfe) ein.

Aufgabe c

- Jede Würfelfläche ist ein Quadrat.
- Die Mitte eines Quadrats ergibt sich durch den Schnittpunkt der beiden Diagonalen.
- In einem Quadrat halbieren sich die Diagonalen gegenseitig.
- Die Formel für den Mittelpunkt einer Strecke findet sich auf der Merkhilfe.
- Ein Punkt liegt auf einer Geraden, wenn seine Koordinaten die Geradengleichung für genau einen Geradenparameter (hier λ) erfüllen.
- Einsetzen der Koordinaten des Quadratmittelpunkts in die Geradengleichung von g_a liefert drei Gleichungen.
- Die erste Gleichung ist erfüllt, die beiden anderen dienen zur Berechnung von λ und a.
- Beachten Sie, dass $a > 0$ gefordert ist.

Aufgabe d

- Welche Lage hat die Ebene U im Koordinatensystem?
- Auf U liegen alle Punkte, deren x_2- und x_3-Koordinate beliebig ist, bei denen aber $x_1 = 2{,}5$ gelten muss.
- Sie können zur Veranschaulichung die Ebene $x_1 = 2{,}5$ in den Würfel einzeichnen (nicht gefordert!).
- Was muss für die Lage eines beliebigen Punkts P und seines Spiegelpunkts P' bzgl. der Spiegelebene gelten?
- Die Verbindung von Punkt und Spiegelpunkt muss auf der Spiegelebene U senkrecht stehen und der Abstand von P zu U muss genauso groß sein wie der Abstand von P' zu U.
- Jeder Normalenvektor von U steht auf U senkrecht.
- Wie lautet ein Normalenvektor von U?
- $\vec{n}_U = \begin{pmatrix} 1 \\ 0 \\ 0 \end{pmatrix}$
- $\vec{n}_U$ ist parallel zur x_1-Achse. Damit ist auch die Verbindung von Punkt P zum Spiegelpunkt P' parallel zur x_1-Achse.
- Ändern sich bei einer Spiegelung, die parallel zur x_1-Achse erfolgt, alle Koordinaten?
- Es ändert sich nur die x_1-Koordinate.
- Überlegen Sie sich die Änderung der x_1-Koordinate für Punkte P, die „vor“ der Ebene U liegen, für die also $p_1 > 2{,}5$ gilt, und für Punkte P, die „hinter“ der Ebene U liegen, für die also $p_1 < 2{,}5$ gilt.
- Liegt P „vor“ U, so muss P' zweimal den Abstand d(PU) in negative x_1-Richtung liegen.
- Liegt P „hinter“ U, so muss P' zweimal den Abstand d(PU) in positive x_1-Richtung liegen.
- Was ist mit Punkten P, die auf U liegen, für die also $p_1 = 2{,}5$ gilt?

Aufgabe e

- Welche Bedingungen müssen erfüllt werden, damit eine Gerade in einer Ebene liegt?
- Der Aufpunkt der Geraden muss in der Ebene liegen und der Richtungsvektor der Geraden muss auf dem Normalenvektor der Ebene senkrecht stehen.
- Ein Punkt liegt in einer Ebene, wenn seine Koordinaten die Ebenengleichung erfüllen.

- Setzen Sie den Aufpunkt (2,5 | 0 | 3,5) von g_a in T ein.
- Zwei Vektoren stehen aufeinander senkrecht, wenn ihr Skalarprodukt null ergibt (siehe Merkhilfe).
- Die Formel für das Skalarprodukt zweier Vektoren befindet sich auf der Merkhilfe.
- Es ergibt sich eine Gleichung für a.
- Die Angabe vor Teilaufgabe d sagt, dass jede Gerade g_a der Ebene U angehört.
- $g_{\frac{1}{2}}$ liegt somit sowohl in T als auch in U.
- Eine Gerade, die zwei (nicht identischen) Ebenen angehört, ist die Schnittgerade der beiden Ebenen.
- T und T' sind an der Ebene U gespiegelt.
- T und T' können sich nur auf der Spiegelebene U schneiden.

Aufgabe f

- Die Höhe einer Pyramide muss auf der Grundfläche senkrecht stehen.
- Die Grundfläche ist das Trapez IJKL, das in der Ebene T liegt.
- Die Spitze S soll auf der Strecke [FG] liegen.
- Bestimmen Sie eine Gleichung der Geraden durch F und G.
- Welche Eigenschaft muss der Parameter der Geraden haben, damit S zwischen F und G liegt?
- Welche Koordinaten besitzt S in Abhängigkeit des Parameters der Geraden?
- Die Höhe der Pyramide ist der Abstand der Spitze S von der Ebene T.
- Wie berechnet sich der Abstand eines Punkts von einer Ebene?
- Es gilt die Formel:

$$d(P; E) = \frac{1}{\sqrt{n_1^2 + n_2^2 + n_3^2}} \cdot |n_1 p_1 + n_2 p_2 + n_3 p_3 + n_0|$$

- Setzen Sie die Koordinaten des Normalenvektors von T und des Punkts S ein.
- Beachten Sie die Bedingung, die für den Parameter gelten muss.
- Der Abstand lässt sich zwischen zwei Werten eingrenzen.
- Ist es dann möglich, dass die Höhe die Länge 2 besitzt?

Lösungen

a)

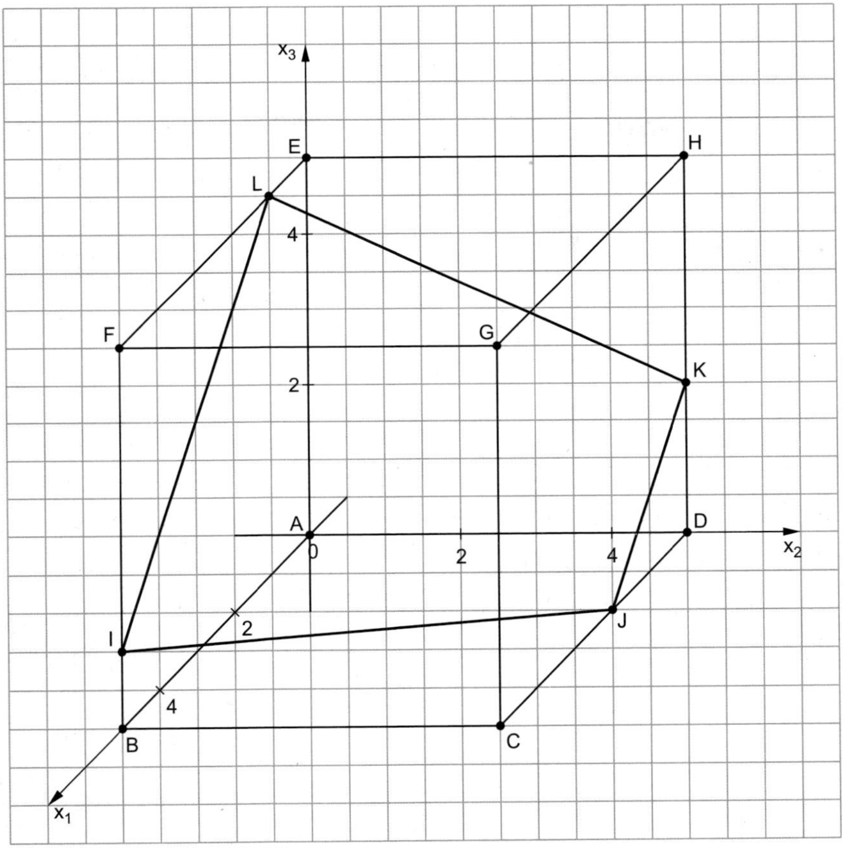

$$\overrightarrow{IJ} = \begin{pmatrix} 2 \\ 5 \\ 0 \end{pmatrix} - \begin{pmatrix} 5 \\ 0 \\ 1 \end{pmatrix} = \begin{pmatrix} -3 \\ 5 \\ -1 \end{pmatrix} \qquad \overrightarrow{JK} = \begin{pmatrix} 0 \\ 5 \\ 2 \end{pmatrix} - \begin{pmatrix} 2 \\ 5 \\ 0 \end{pmatrix} = \begin{pmatrix} -2 \\ 0 \\ 2 \end{pmatrix}$$

$$\overrightarrow{KL} = \begin{pmatrix} 1 \\ 0 \\ 5 \end{pmatrix} - \begin{pmatrix} 0 \\ 5 \\ 2 \end{pmatrix} = \begin{pmatrix} 1 \\ -5 \\ 3 \end{pmatrix} \qquad \overrightarrow{LI} = \begin{pmatrix} 5 \\ 0 \\ 1 \end{pmatrix} - \begin{pmatrix} 1 \\ 0 \\ 5 \end{pmatrix} = \begin{pmatrix} 4 \\ 0 \\ -4 \end{pmatrix}$$

Wegen $\overrightarrow{LI} = -2 \cdot \overrightarrow{JK}$ sind $\overrightarrow{LI}$ und $\overrightarrow{JK}$ parallel.

Das Viereck IJKL hat also zwei parallele Seiten und ist somit ein Trapez.

$\overrightarrow{IJ}$ und $\overrightarrow{KL}$ sind gleich lang, denn:

$\sqrt{(-3)^2 + 5^2 + (-1)^2} = \sqrt{35}$ und $\sqrt{1^2 + (-5)^2 + 3^2} = \sqrt{35}$

b) Zwei nicht parallele Vektoren (z. B. $\overrightarrow{IJ}$ und $\overrightarrow{JK}$ aus Teilaufgabe a) lassen sich zur Bestimmung eines Normalenvektors von T verwenden.

$$\vec{n} = \begin{pmatrix} -3 \\ 5 \\ -1 \end{pmatrix} \times \begin{pmatrix} -2 \\ 0 \\ 2 \end{pmatrix} = \begin{pmatrix} 10-0 \\ 2+6 \\ 0+10 \end{pmatrix} = \begin{pmatrix} 10 \\ 8 \\ 10 \end{pmatrix} = 2 \cdot \begin{pmatrix} 5 \\ 4 \\ 5 \end{pmatrix}$$

T: $$\begin{pmatrix} 5 \\ 4 \\ 5 \end{pmatrix} \circ \left[\vec{X} - \begin{pmatrix} 5 \\ 0 \\ 1 \end{pmatrix} \right] = 0$$

$$5x_1 + 4x_2 + 5x_3 - (25 + 0 + 5) = 0$$

$$5x_1 + 4x_2 + 5x_3 - 30 = 0$$

c) Die Mitte der Würfelfläche CDHG ist die Mitte einer der Diagonalen (z. B. [DG]):

$$\overrightarrow{M_{DG}} = \frac{1}{2}\left(\begin{pmatrix} 0 \\ 5 \\ 0 \end{pmatrix} + \begin{pmatrix} 5 \\ 5 \\ 5 \end{pmatrix} \right) = \frac{1}{2} \begin{pmatrix} 5 \\ 10 \\ 5 \end{pmatrix} = \begin{pmatrix} 2{,}5 \\ 5 \\ 2{,}5 \end{pmatrix}$$

$M_{DG} \in g_a$:

$$\begin{pmatrix} 2{,}5 \\ 5 \\ 2{,}5 \end{pmatrix} = \begin{pmatrix} 2{,}5 \\ 0 \\ 3{,}5 \end{pmatrix} + \lambda \cdot \begin{pmatrix} 0 \\ -10a \\ \frac{2}{a} \end{pmatrix} \quad \text{mit } \lambda \in \mathbb{R} \text{ und } a > 0$$

Daraus ergeben sich die drei Gleichungen:

$2{,}5 = 2{,}5$ erfüllt

$$5 = -10a \cdot \lambda \quad \Rightarrow \quad \lambda = -\frac{1}{2a}$$

$$2{,}5 = 3{,}5 + \frac{2\lambda}{a}$$

λ in die dritte Gleichung eingesetzt ergibt:

$$2{,}5 = 3{,}5 + \frac{2 \cdot \left(-\frac{1}{2a}\right)}{a}$$

$$-1 = \frac{-\frac{1}{a}}{a}$$

$$-1 = -\frac{1}{a^2}$$

$$a^2 = 1$$

$$a = 1$$

d) Die Ebene U verläuft parallel zur x_2x_3-Ebene im Abstand 2,5.

Die Abbildung (auf der nächsten Seite) zeigt den Verlauf von U innerhalb des Würfels.

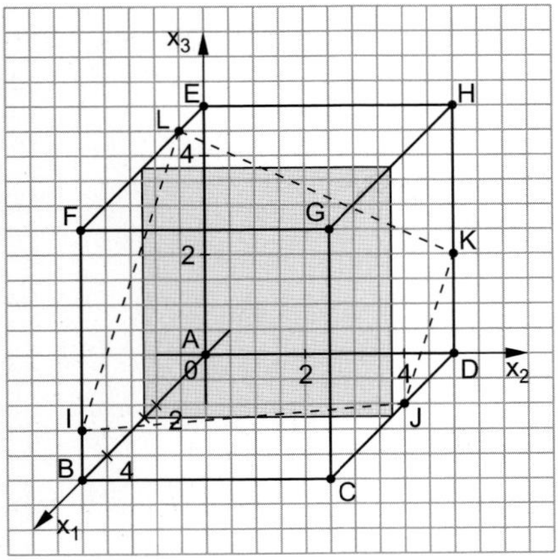

Ein Normalenvektor von U lautet $\vec{n}_U = \begin{pmatrix} 1 \\ 0 \\ 0 \end{pmatrix}$. Alle Punkte P werden also so an U gespiegelt, dass $\overrightarrow{PP'}$ parallel zur x_1-Achse verläuft. Damit verändert die Spiegelung nur die x_1-Koordinate.

Für $p_1 > 2{,}5$ beträgt der Abstand d zur Ebene U: $d = p_1 - 2{,}5$

Für $p_1 < 2{,}5$ beträgt der Abstand d zur Ebene U: $d = 2{,}5 - p_1$

$p_1 > 2{,}5 \;\Rightarrow\; p_1' = p_1 - 2 \cdot (p_1 - 2{,}5) = p_1 - 2p_1 + 5 = 5 - p_1$

$p_1 < 2{,}5 \;\Rightarrow\; p_1' = p_1 + 2 \cdot (2{,}5 - p_1) = p_1 + 5 - 2p_1 = 5 - p_1$

$p_1 = 2{,}5 \;\Rightarrow\; P = P' \;\Rightarrow\; p_1' = 2{,}5 = 5 - p_1$

Somit: $P'(5 - p_1 \,|\, p_2 \,|\, p_3)$

e) g_a liegt dann in T, wenn der Aufpunkt von g_a in T liegt und der Richtungsvektor von g_a senkrecht zum Normalenvektor von T verläuft.

$(2{,}5 \,|\, 0 \,|\, 3{,}5) \in T$?

$5 \cdot 2{,}5 + 4 \cdot 0 + 5 \cdot 3{,}5 - 30 = 12{,}5 + 0 + 17{,}5 - 30 = 0 \;\Rightarrow\; (2{,}5 \,|\, 0 \,|\, 3{,}5) \in T$

$$\begin{pmatrix} 0 \\ -10a \\ \frac{2}{a} \end{pmatrix} \circ \begin{pmatrix} 5 \\ 4 \\ 5 \end{pmatrix} = 0 - 40a + \frac{10}{a} = 0$$

$$-40a = -\frac{10}{a}$$

$$-40a^2 = -10$$

$$a^2 = \frac{1}{4}$$

$$a = \frac{1}{2}$$

$g_{\frac{1}{2}}$ liegt in T.

Da für jedes $a > 0$ die Gerade g_a in der Ebene U liegt, liegt auch $g_{\frac{1}{2}}$ in U.

$g_{\frac{1}{2}}$ ist also die Schnittgerade von T und U und damit auch von T und T', da U die Spiegelebene ist und T und T' sich nur auf der Spiegelebene schneiden können.

f) Die Kante [FG] liegt auf der Geraden g_{FG}:

$$g_{FG}: \quad \vec{X} = \vec{F} + \mu \cdot \overrightarrow{FG} = \begin{pmatrix} 5 \\ 0 \\ 5 \end{pmatrix} + \mu \cdot \left(\begin{pmatrix} 5 \\ 5 \\ 5 \end{pmatrix} - \begin{pmatrix} 5 \\ 0 \\ 5 \end{pmatrix} \right) = \begin{pmatrix} 5 \\ 0 \\ 5 \end{pmatrix} + \mu \begin{pmatrix} 0 \\ 5 \\ 0 \end{pmatrix} \quad \text{mit } \mu \in \mathbb{R}$$

Da sich für $\mu = 0$ der Punkt F und für $\mu = 1$ der Punkt G ergibt, muss für die Punkte $S(5 \mid 5\mu \mid 5)$, die auf [FG] liegen sollen, $0 \le \mu \le 1$ gelten.

Die Höhe der Pyramide ist der Abstand des Punkts S von der Ebene T:

$$d = \frac{|5 \cdot 5 + 4 \cdot 5\mu + 5 \cdot 5 - 30|}{\sqrt{5^2 + 4^2 + 5^2}} = \frac{|20 + 20\mu|}{\sqrt{66}}$$

Für $0 \le \mu \le 1$ gilt für den Abstand d:

$$\frac{|20 + 20 \cdot 0|}{\sqrt{66}} \le d \le \frac{|20 + 20 \cdot 1|}{\sqrt{66}}$$

$$\frac{20}{\sqrt{66}} \le d \le \frac{40}{\sqrt{66}}$$

$$2{,}46 \le d \le 4{,}92$$

Es gibt also kein S auf [FG], das die Spitze einer Pyramide IJKLS mit der Höhe 2 sein kann.

Abitur Mathematik (Bayern): Abiturprüfung 2020
Prüfungsteil A – Analysis

Aufgabengruppe 1

BE

1. Gegeben ist die Funktion $h: x \mapsto x \cdot \ln(x^2)$ mit maximalem Definitionsbereich D_h.

   a) Geben Sie D_h an und zeigen Sie, dass für den Term der Ableitungsfunktion h' von h gilt: $h'(x) = \ln(x^2) + 2$. 2

   b) Bestimmen Sie die Koordinaten des im II. Quadranten liegenden Hochpunkts des Graphen von h. 3

2. Die Abbildung 1 zeigt den Graphen $G_{f'}$ der Ableitungsfunktion f' einer in $\mathbb{R}$ definierten ganzrationalen Funktion f. Nur in den Punkten $(-4 \mid f'(-4))$ und $(5 \mid f'(5))$ hat der Graph $G_{f'}$ waagrechte Tangenten.

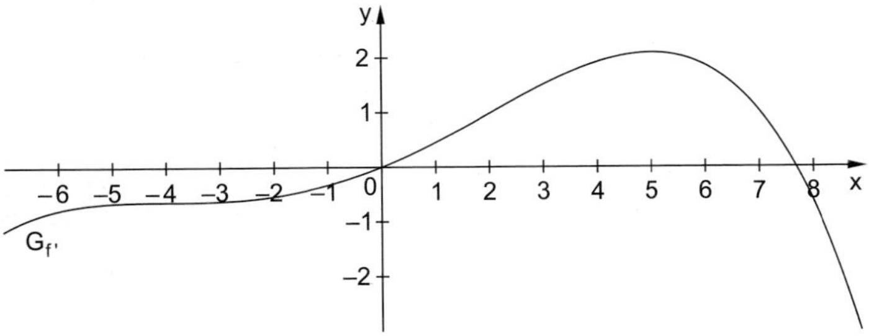

Abb. 1

   a) Begründen Sie, dass f genau eine Wendestelle besitzt. 2

   b) Es gibt Tangenten an den Graphen von f, die parallel zur Winkelhalbierenden des I. und III. Quadranten sind. Ermitteln Sie anhand des Graphen $G_{f'}$ der Ableitungsfunktion f' in der Abbildung 1 Näherungswerte für die x-Koordinaten derjenigen Punkte, in denen der Graph von f jeweils eine solche Tangente hat. 2

3. Gegeben sind die in $\mathbb{R}$ definierten Funktionen $f: x \mapsto x^2 + 4$ und $g_m: x \mapsto m \cdot x$ mit $m \in \mathbb{R}$. Der Graph von f wird mit G_f und der Graph von g_m mit G_m bezeichnet.

   a) Skizzieren Sie G_f in einem Koordinatensystem. Berechnen Sie die Koordinaten des gemeinsamen Punkts der Graphen G_f und G_4. 3

   b) Es gibt Werte von m, für die die Graphen G_f und G_m jeweils keinen gemeinsamen Punkt haben. Geben Sie diese Werte von m an. 2

4. Gegeben ist die Funktion g mit $g(x) = 0{,}7 \cdot e^{0{,}5x} - 0{,}7$ und $x \in \mathbb{R}$.
Die Funktion g ist umkehrbar. Die Abbildung 2 zeigt den Graphen G_g von g sowie einen Teil des Graphen G_h der Umkehrfunktion h von g.

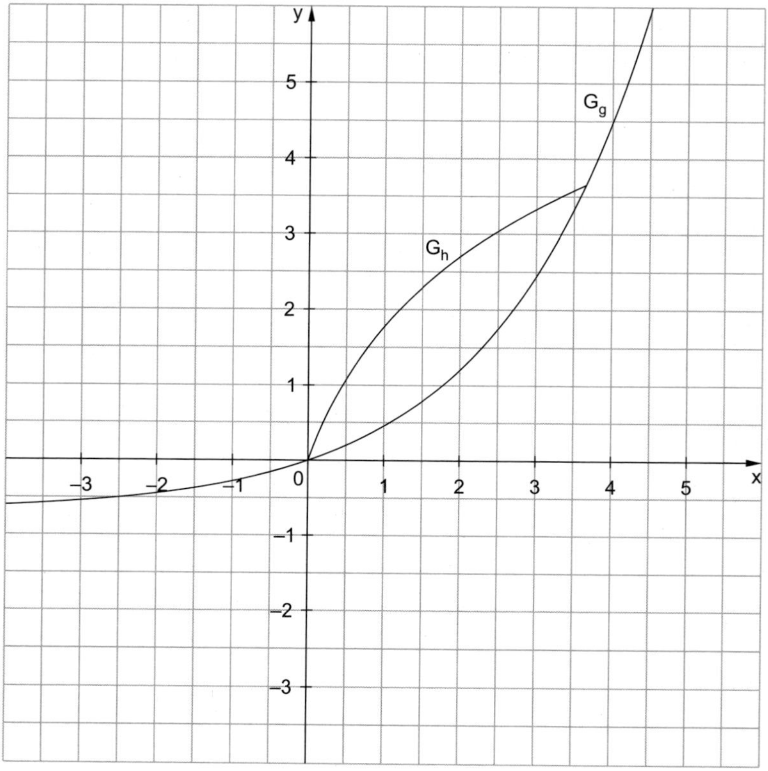

Abb. 2

a) Zeichnen Sie in die Abbildung 2 den darin fehlenden Teil von G_h ein. 2

b) Betrachtet wird das von den Graphen G_g und G_h eingeschlossene Flächenstück. Schraffieren Sie den Teil dieses Flächenstücks, dessen Inhalt mit dem Term $2 \cdot \int_0^{2{,}5} (x - g(x))\,dx$ berechnet werden kann. 2

c) Geben Sie den Term einer Stammfunktion der in $\mathbb{R}$ definierten Funktion $k\colon x \mapsto x - g(x)$ an. 2

20

Aufgabengruppe 2

BE

1. Gegeben ist die Funktion $g: x \mapsto \ln(2-x^2)$ mit maximaler Definitionsmenge D_g.

   a) Skizzieren Sie die Parabel mit der Gleichung $y=2-x^2$ in einem Koordinatensystem und geben Sie D_g an. 3

   b) Ermitteln Sie den Term der Ableitungsfunktion g' von g. 2

2. Die Abbildung 1 zeigt einen Teil des Graphen G_h einer in $\mathbb{R}\setminus\{2\}$ definierten gebrochen-rationalen Funktion h.

   Die Funktion h hat bei $x=2$ eine Polstelle ohne Vorzeichenwechsel; zudem besitzt G_h die Gerade mit der Gleichung $y=x-7$ als schräge Asymptote.

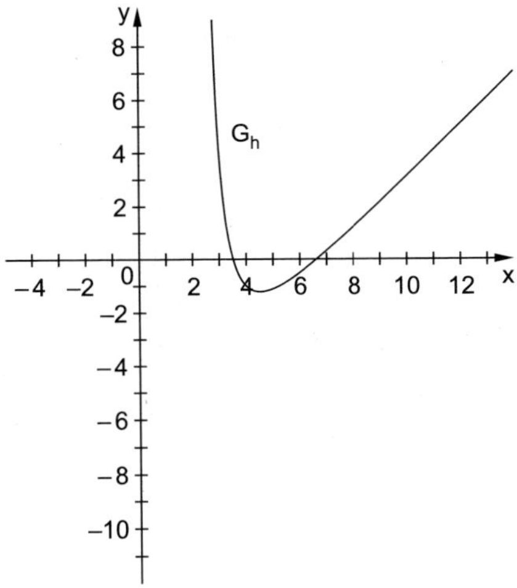

Abb. 1

   a) Zeichnen Sie in die Abbildung 1 die Asymptoten von G_h ein und skizzieren Sie im Bereich $x<2$ einen möglichen Verlauf von G_h. 3

   b) Berechnen Sie unter Berücksichtigung des asymptotischen Verhaltens von G_h einen Näherungswert für $\int_{10}^{20} h(x)\,dx$. 2

3. Gegeben ist die in $\mathbb{R}$ definierte Funktion $k: x \mapsto \frac{-x^2+2x}{2x^2+4}$. Ihr Graph wird mit G_k bezeichnet.

   a) Geben Sie die Nullstellen von k an und begründen Sie anhand des Funktionsterms, dass G_k die Gerade mit der Gleichung $y=-0{,}5$ als waagrechte Asymptote besitzt. 3

   b) Berechnen Sie die x-Koordinate des Schnittpunkts von G_k mit der waagrechten Asymptote. 2

∗ 4. Die Abbildung 2 zeigt den Graphen G_f einer in $[0{,}8; +\infty[$ definierten Funktion f.

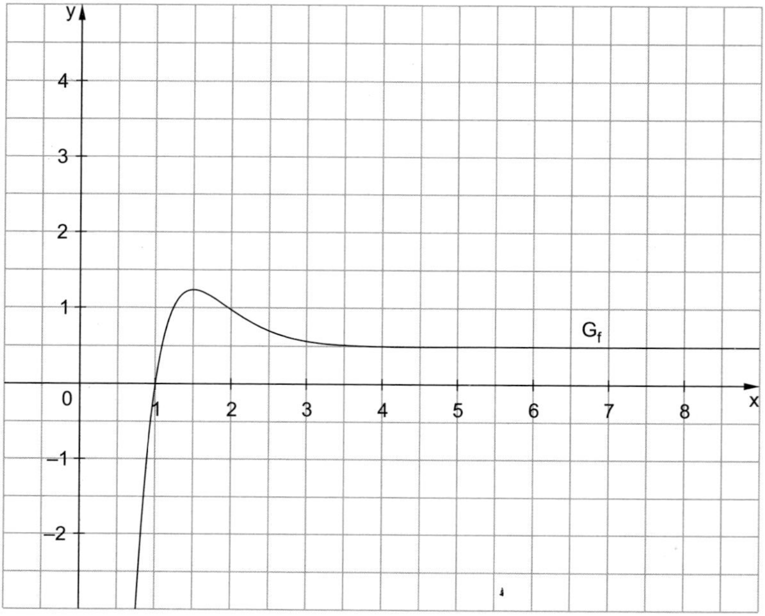

Abb. 2

Betrachtet wird zudem die in $[0{,}8; +\infty[$ definierte Integralfunktion

$$J\colon x \mapsto \int_2^x f(t)\,dt.$$

Begründen Sie mithilfe von Abbildung 2, dass $J(1) \approx -1$ gilt, und geben Sie einen Näherungswert für den Funktionswert $J(4{,}5)$ an. Skizzieren Sie den Graphen von J in der Abbildung 2. 5/20

* Die Aufgabe 4 ist für die Abiturprüfung 2023 nicht relevant.

Tipps und Hinweise

Aufgabengruppe 1

Aufgabe 1 a

- *Definitionsbereich*

Die ln-Funktion ist nur für positive Argumente definiert.

Es muss gelten: $x^2 > 0$

- *Ableitung*

Der Funktionsterm von h ist ein Produkt.

Beachten Sie außer der Produkt- auch die Kettenregel (nachdifferenzieren).

Aufgabe 1 b

Die Funktion h hat einen Hochpunkt, wenn h'(x) eine Nullstelle mit Vorzeichenwechsel von plus nach minus hat.

Setzen Sie die 1. Ableitung gleich null.

Beim Lösen der Gleichung hilft die Umkehrfunktion e^x.

Es gilt: $\ln x = a \quad \Rightarrow \quad x = e^a$

Beachten Sie, dass der Hochpunkt im II. Quadranten liegen soll. Es muss also $x < 0$ gelten.

Es gibt nur ein $x < 0$, an dem die Funktion h eine waagrechte Tangente besitzt.

Die Koordinate $x = -\frac{1}{e}$ muss zum Hochpunkt gehören. (Der Vorzeichenwechsel von h'(x) muss aufgrund der Angabe nicht nachgewiesen werden.)

Berechnen Sie auch die y-Koordinate des Hochpunkts.

Aufgabe 2 a

An einer Wendestelle hat f''(x) eine Nullstelle mit Vorzeichenwechsel.

Da f'(x) für $x = -4$ und $x = 5$ waagrechte Tangenten hat, besitzt die Ableitung von f'(x), also f''(x), dort Nullstellen. Es gilt also: $f''(-4) = 0$ und $f''(5) = 0$

Für $x = 5$ hat f'(x) einen Hochpunkt. Somit steigt f'(x) links von $x = 5$ und fällt rechts von $x = 5$.

Was bedeutet das Monotonieverhalten von f'(x) in der Umgebung von $x = 5$ für f''(x)?

f''(x) ist links von $x = 5$ positiv und rechts von $x = 5$ negativ.

Somit besitzt f''(x) für $x = 5$ eine Nullstelle mit Vorzeichenwechsel.

Für $x=-4$ hat f'(x) einen Terrassenpunkt. f'(x) steigt sowohl links als auch rechts von $x=-4$.

Was bedeutet das Monotonieverhalten von f'(x) in der Umgebung von $x=-4$ für f''(x)?

f''(x) ist sowohl links als auch rechts von $x=-4$ positiv.

Somit besitzt f''(x) für $x=-4$ eine Nullstelle ohne Vorzeichenwechsel.

f''(x) besitzt also nur für $x=5$ eine Nullstelle mit Vorzeichenwechsel.

Aufgabe 2 b

Geben Sie eine Gleichung der Winkelhalbierenden des I. und III. Quadranten an.

Die Gleichung lautet $y=x$.

Tangenten an den Graphen sind dann parallel zu dieser Winkelhalbierenden, wenn sie dieselbe Steigung wie die Winkelhalbierende besitzen.

Wie groß ist die Steigung der Winkelhalbierenden?

Abbildung 1 zeigt die Ableitung f'.

f'(x) zeigt die Steigung der Tangenten an den Graphen von f(x).

Wo hat f'(x) den Wert 1?

Zeichnen Sie die Parallele zur x-Achse mit der Gleichung $y=1$ ein.

Bestimmen Sie die Schnittstellen von $y=1$ mit dem Graphen von f'.

Aufgabe 3 a

- *graphische Darstellung*

f ist eine quadratische Funktion, der Graph also eine Parabel.

Der Graph von f ist die um 4 in positive y-Richtung (nach oben) verschobene Normalparabel.

G_4 ist der Graph der Geraden $y=4x$. Zeichnen Sie die Gerade ein.

- *Schnittpunkt zweier Graphen*

Das Gleichsetzen von x^2+4 mit 4x liefert eine quadratische Gleichung.

Lösen Sie diese Gleichung mithilfe binomischer Formeln oder mit der Lösungsformel für quadratische Gleichungen.

Die Gleichung hat nur eine Lösung.

Gerade und Parabel haben also nur eine gemeinsame Stelle. Sie berühren sich.

Bestimmen Sie auch die y-Koordinate des Berührpunkts.

Aufgabe 3 b

- Schneiden Sie die Parabel nun mit einer beliebigen Geraden der Form $y = mx$.
- Das Gleichsetzen der beiden Funktionsterme liefert wiederum eine quadratische Gleichung, nun mit dem Parameter m.
- Verwenden Sie die Lösungsformel.
- Welche Bedingung muss erfüllt werden, damit die quadratische Gleichung keine Lösung besitzt?
- Ist der Term unter der Wurzel negativ, so ist die Wurzel nicht definiert.
- Es ergibt sich eine quadratische Ungleichung.
- Beachten Sie, dass aus $x^2 < a^2$ folgt: $-a < x < a$ (falls $a > 0$)

Aufgabe 4 a

- Die Graphen von Funktion und Umkehrfunktion verlaufen symmetrisch zur Winkelhalbierenden des I. und III. Quadranten.
- Zeichnen Sie die Winkelhalbierende $y = x$ ein.
- Spiegelung von G_g an $y = x$ liefert die fehlenden Teile des Graphen G_h.

Aufgabe 4 b

- Auch das von den Graphen von g und h eingeschlossene Flächenstück ist symmetrisch zu $y = x$.
- Der Faktor 2 steht für die Spiegelung an $y = x$.
- Welche Fläche wird durch $\int_0^{2,5} (x - g(x))\, dx$ beschrieben?
- Es handelt sich um die Fläche, die zwischen den Parallelen $x = 0$ und $x = 2,5$ von den Graphen der Funktionen $y = x$ und $g(x)$ eingeschlossen wird.
- Schraffieren Sie dieses Flächenstück.
- Spiegeln Sie das schraffierte Flächenstück an der Winkelhalbierenden $y = x$.

Aufgabe 4 c

- Schreiben Sie $k(x)$ an. Der Funktionsterm besteht aus drei Summanden.
- Integrieren Sie jeden der drei Summanden.
- Beachten Sie bei der Integration des Summanden mit der e-Funktion, dass es sich um einen Term der Art $f(ax + b)$ handelt.

Aufgabengruppe 2

Aufgabe 1 a

- *graphische Darstellung*

Der Graph einer quadratischen Funktion ist eine Parabel.

Wie entsteht der Graph von $y = 2 - x^2$ aus der Normalparabel?

Die Funktion lässt sich auch schreiben als $y = -x^2 + 2$.

Das Minuszeichen vor dem x^2 entspricht einer Spiegelung an der x-Achse.

Die $+2$ steht für eine Verschiebung in positive y-Richtung.

- *Definitionsbereich*

Eine ln-Funktion ist nur definiert, wenn das Argument positiv ist.

In welchem Intervall hat die Parabel positive Funktionswerte?

Am Graphen lässt sich ablesen, dass zwischen den beiden Nullstellen nur positive Funktionswerte angenommen werden.

Bestimmen Sie die beiden Nullstellen der Parabel.

Aufgabe 1 b

Es gilt: $(\ln x)' = \frac{1}{x}$

Beachten Sie die Kettenregel (nachdifferenzieren).

Aufgabe 2 a

- *Asymptoten einzeichnen*

Hat eine gebrochen-rationale Funktion einen Pol, so besitzt sie an dieser Stelle eine senkrechte Asymptote.

Die Gleichung der schrägen Asymptote ist angegeben.

Die schräge Asymptote ist eine Gerade durch den Punkt $(0|-7)$ mit der Steigung 1.

- *graphische Darstellung*

Bei $x = 2$ handelt es sich um einen Pol ohne Vorzeichenwechsel.

Was bedeutet das für den Verlauf des Graphen links der senkrechten Asymptote $x = 2$?

Die Gerade $y = x - 7$ ist auch für $x \to -\infty$ schräge Asymptote.

Aufgabe 2 b

„unter Berücksichtigung des asymptotischen Verhaltens“ bedeutet, dass im Intervall [10; 20] anstelle des Funktionsgraphen die schräge Asymptote als Begrenzung der Fläche verwendet werden soll.

Gesucht ist also die Fläche, die von den Senkrechten $x=10$ und $x=20$, der x-Achse und der Geraden $y=x-7$ eingeschlossen wird.

Berechnen Sie den Näherungswert mithilfe von $\int_{10}^{20} (x-7)\,dx$.

oder:

Berechnen Sie den Näherungswert als Trapezfläche. Machen Sie sich hierzu eine Skizze.

Das eingeschlossene Trapez hat die beiden Parallelen bei $x=10$ und $x=20$.

Welche Längen besitzen diese parallelen Trapezseiten?

Die Längen der beiden Parallelen ergeben sich aus den Funktionswerten der Geraden $y=x-7$ an den beiden Stellen.

Die Höhe des Trapezes entspricht der Länge des Intervalls zwischen den beiden Parallelen.

Aufgabe 3 a

- *Nullstellen*

Ein Bruch hat den Wert null, wenn der Zähler den Wert null hat (und der Nenner nicht).

Lösen Sie die quadratische Gleichung durch Ausklammern und Nullsetzen der beiden Faktoren (ein Produkt ist null, wenn einer der Faktoren null ist).

oder:

Lösen Sie die quadratische Gleichung mithilfe der Formel.

- *Asymptote*

Da Grad Zähler = Grad Nenner gilt, ergibt sich die Gleichung der waagrechten Asymptote als Quotient der beiden Koeffizienten bei der höchsten x-Potenz (hier x^2).

oder:

Sie bilden den Limes für $x \to \pm\infty$, nachdem Sie den Funktionsterm durch x^2 gekürzt haben.

Dabei gilt: Der Wert eines Bruchs mit konstantem Zähler strebt gegen null, wenn sein Nenner gegen $\pm\infty$ strebt.

Aufgabe 3 b

Setzen Sie die Funktionsterme von k und der waagrechten Asymptote gleich.

Lösen Sie die Gleichung $k(x)=-0{,}5$.

Multiplizieren Sie die Gleichung zunächst mit dem Nenner.

Aufgabe 4

- *Näherungswert für J(1)*

Die Funktionswerte einer Integralfunktion lassen sich durch Flächen bzw. Flächenbilanzen veranschaulichen.

$$J(1) = \int_2^1 f(t)\, dt$$

J(1) ist gegeben durch ein Integral, bei dem die obere Grenze kleiner ist als die untere. Es wird also in negative Richtung integriert.

Die im Intervall [1; 2] von der x-Achse, der Senkrechten $x = 2$ und dem Graphen von f eingeschlossene Fläche muss durch Abzählen von Kästchen näherungsweise bestimmt werden.

Achten Sie auf den Maßstab.

Die Anzahl der Kästchen muss hier durch 4 dividiert werden, um 1 Flächeneinheit zu erhalten, da erst die Kästchenlänge von 2 Kästchen eine Längeneinheit bildet.

Bei der Angabe von J(1) ist zu beachten, dass die eingeschlossene Fläche oberhalb der x-Achse liegt, jedoch in negative Richtung integriert wird.

J(1) hat ein negatives Vorzeichen.

- *Näherungswert für J(4,5)*

Bestimmen Sie auch den Näherungswert von J(4,5) durch Auszählen von Kästchen.

Auch hier den Maßstab beachten.

Da die Fläche oberhalb der x-Achse liegt und in positive Richtung integriert wird, hat J(4,5) ein positives Vorzeichen.

- *graphische Darstellung*

Tragen Sie die Punkte $(1 \mid \approx -1)$ und $(4{,}5 \mid \approx 1{,}5)$ in Abbildung 2 ein.

Wo hat J(x) eine Nullstelle?

J(x) hat eine Nullstelle, wenn die untere und die obere Integrationsgrenze übereinstimmen.

Tragen Sie auch den Punkt $(2 \mid 0)$ ein.

Die Funktion f ist die Ableitungsfunktion von J.

Das Vorzeichen von f gibt also Auskunft über die Monotonie von J.

Der Graph von J fällt für $x < 1$, da $f(x) < 0$ für $x < 1$ gilt.

Der Graph von J steigt für $x > 1$, da $f(x) > 0$ für $x > 1$ gilt.

Der Graph von J muss somit in $(1 \mid \approx -1)$ einen Tiefpunkt haben.

Lösungen

Aufgabengruppe 1

1. a) Es muss $x^2 > 0$ gelten und somit: $x \neq 0$

$\mathbb{D}_h = \mathbb{R} \setminus \{0\}$

$$h'(x) = 1 \cdot \ln(x^2) + x \cdot \frac{1}{x^2} \cdot 2x = \ln(x^2) + 2$$

b)
$$\begin{aligned} h'(x) &= 0 \\ \ln(x^2) + 2 &= 0 \\ \ln(x^2) &= -2 \\ x^2 &= e^{-2} \\ x &= \pm e^{-1} = \pm\frac{1}{e} \end{aligned}$$

Da es im II. Quadranten nur die Stelle $x = -\frac{1}{e}$ gibt, bei der der Graph von h eine waagrechte Tangente besitzt, muss dies die x-Koordinate des Hochpunkts sein.

$$h\left(-\frac{1}{e}\right) = -\frac{1}{e} \cdot \ln\left(\left(-\frac{1}{e}\right)^2\right) = -\frac{1}{e} \cdot \ln\left(\frac{1}{e^2}\right) = -\frac{1}{e} \cdot [\ln(1) - \ln(e^2)] = -\frac{1}{e} \cdot [0-2]$$
$$= \frac{2}{e}$$

Hochpunkt $\left(-\frac{1}{e} \,\middle|\, \frac{2}{e}\right)$

2. a) Die Wendestellen von f(x) befinden sich dort, wo $f''(x) = 0$ gilt und $f''(x)$ das Vorzeichen wechselt.

Wegen $f''(x) = [f'(x)]'$ hat $f''(x)$ dort Nullstellen, wo $f'(x)$ waagrechte Tangenten hat. Das ist laut Angabe für $x = -4$ und für $x = 5$ erfüllt. Der Graph zeigt, dass nur für $x = 5$ ein Wechsel des Vorzeichens von $f''(x)$ erfolgt, da $f'(x)$ für $x = 5$ seine Monotonie von steigend ($f''(x) > 0$) auf fallend ($f''(x) < 0$) wechselt. In $x = -4$ besitzt $f'(x)$ zwar eine waagrechte Tangente, aber das Monotonieverhalten bleibt gleich (steigend).

Somit besitzt f(x) genau eine Wendestelle, nämlich für $x = 5$.

b) Die Winkelhalbierende des I. und III. Quadranten hat die Gleichung $y = x$, besitzt also die Steigung 1.

Tangenten an den Graphen von f, die parallel zu dieser Winkelhalbierenden sein sollen, müssen also ebenfalls die Steigung 1 haben:

$f'(x) = 1$

Die Schnittpunkte des Graphen von f'(x) mit der Geraden $y = 1$ geben die x-Koordinaten der Punkte an, in denen die Tangente an f die Steigung 1 hat.

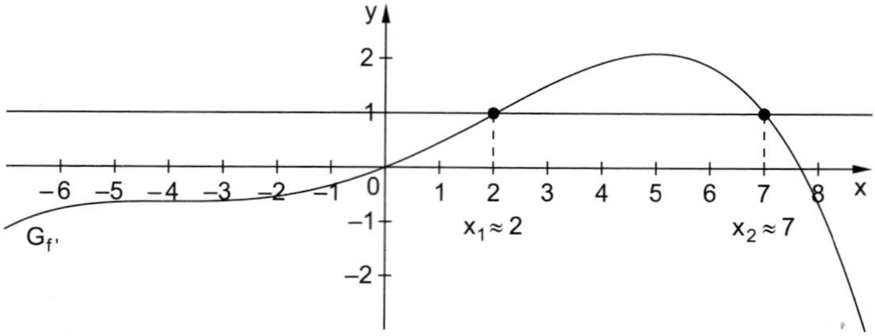

3. a) G_f ist die um 4 in positive y-Richtung verschobene Normalparabel.

$$x^2 + 4 = 4x$$
$$x^2 - 4x + 4 = 0$$
$$(x-2)^2 = 0$$

Da $x = 2$ doppelte Lösung der Gleichung ist, berühren sich G_f und G_4 für $x = 2$.

Der Berührpunkt hat die Koordinaten $(2|8)$.

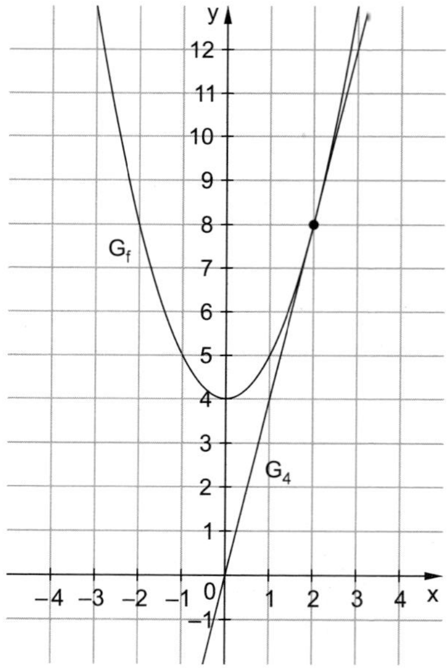

b) **Rechnerisch**

$$x^2 + 4 = mx$$
$$x^2 - mx + 4 = 0$$
$$x_{1/2} = \frac{m \pm \sqrt{m^2 - 4 \cdot 1 \cdot 4}}{2 \cdot 1} = \frac{m \pm \sqrt{m^2 - 16}}{2}$$

Die Gleichung hat keine Lösung, wenn unter der Wurzel ein negativer Wert steht:

$m^2 - 16 < 0 \quad \Leftrightarrow \quad m^2 < 16 \quad \Leftrightarrow \quad -4 < m < 4$

Graphisch

Aus der Skizze von Teilaufgabe 3 a ist ersichtlich, dass es keinen gemeinsamen Punkt gibt, wenn die Gerade flacher verläuft, also $0 < m < 4$ gilt.
Wegen $m \in \mathbb{R}$ sind auch Geraden mit negativer Steigung zu beachten. Diese verlaufen durch den II. und IV. Quadranten. Aufgrund der Symmetrie der Parabel zur y-Achse haben auch Geraden mit einer Steigung $-4 < m < 0$ keinen gemeinsamen Punkt mit der Parabel, da auch sie zu flach verlaufen.

Insgesamt ergibt sich kein gemeinsamer Punkt von Parabel und Gerade, wenn für die Steigung m der Geraden gilt:
$-4 < m < 4$

4. a) Der Graph der Umkehrfunktion ergibt sich durch Spiegelung des Graphen G_g an der Winkelhalbierenden des I. und III. Quadranten.

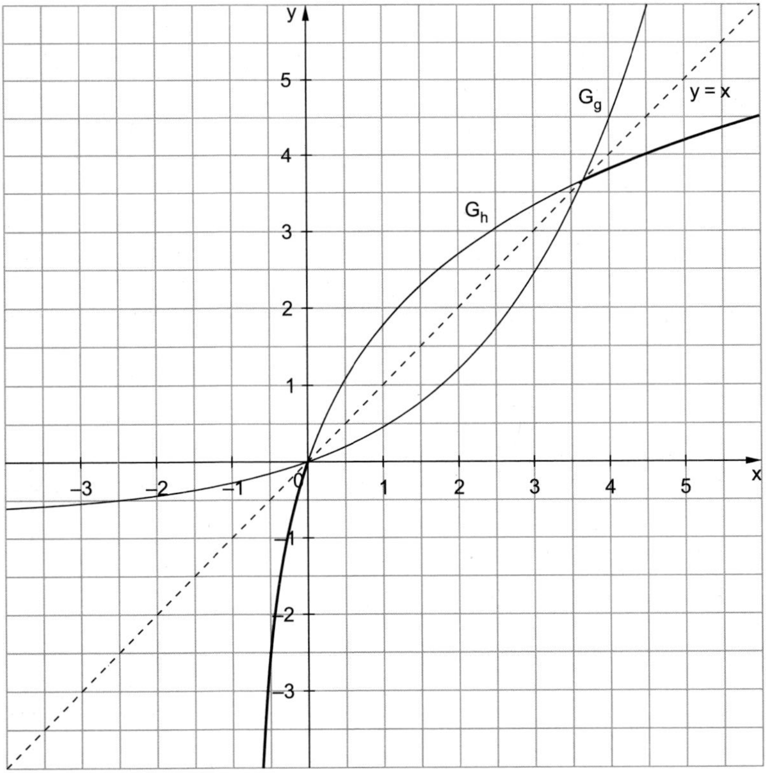

b) Das von den beiden Graphen eingeschlossene Flächenstück ist symmetrisch zur Winkelhalbierenden des I. und III. Quadranten (y = x), wird von y = x also halbiert.

Der Term $\int_0^{2,5} (x - g(x))\,dx$ kennzeichnet die Fläche, die vom Graphen G_g und der Winkelhalbierenden im Intervall [0; 2,5] eingeschlossen wird.

Der Faktor 2 vor dem bestimmten Integral spiegelt diese Fläche an der Winkelhalbierenden.

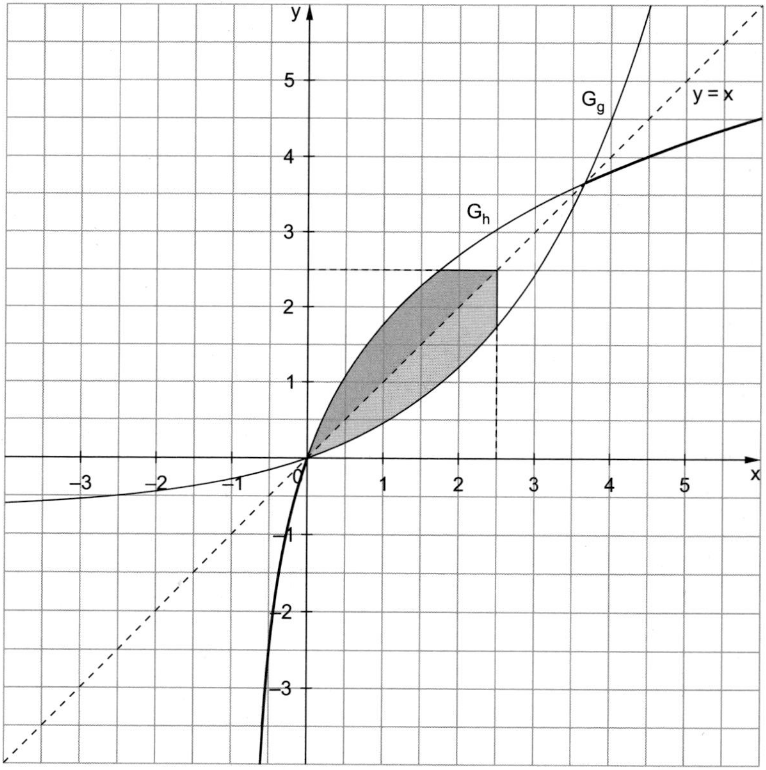

c) $k(x) = x - 0,7 \cdot e^{0,5x} + 0,7$

$$K(x) = \frac{1}{2}x^2 - 0,7 \cdot \frac{1}{0,5}e^{0,5x} + 0,7x = 0,5x^2 - 1,4e^{0,5x} + 0,7x$$

Aufgabengruppe 2

1\. a) $y = 2 - x^2 = -x^2 + 2$

Die Parabel ergibt sich also durch Spiegelung der Normalparabel an der x-Achse und Verschiebung um 2 in positive y-Richtung.

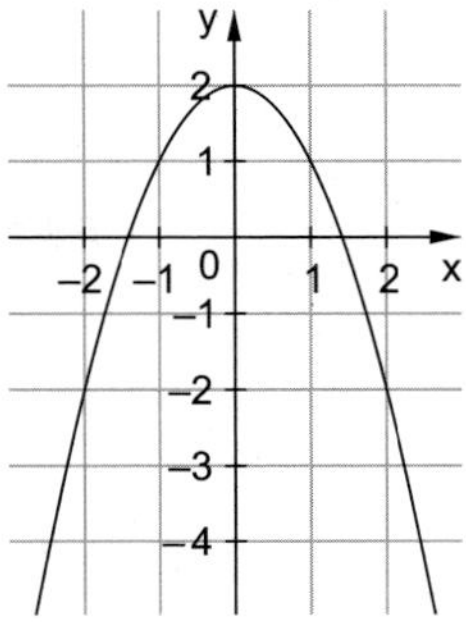

Die Funktion $g(x) = \ln(2 - x^2)$ ist nur definiert, wenn $2 - x^2 > 0$ gilt.

Die Parabel liegt zwischen den beiden Nullstellen oberhalb der x-Achse, hat also positive Funktionswerte.

Wegen
$$2 - x^2 = 0$$
$$x^2 = 2$$
$$x = \pm\sqrt{2}$$

lautet der Definitionsbereich der Funktion g:

$\mathbb{D}_g =]-\sqrt{2}; \sqrt{2}[$

b) $g'(x) = \dfrac{1}{2 - x^2} \cdot (-2x) = \dfrac{-2x}{2 - x^2} = \dfrac{2x}{x^2 - 2}$

2\. a) Da h bei $x = 2$ einen Pol ohne Vorzeichenwechsel hat, muss $x = 2$ senkrechte Asymptote sein.

Die Gleichung der schrägen Asymptote ist angegeben.

Da der Pol bei $x = 2$ keinen Vorzeichenwechsel hat, muss gelten:

$\lim\limits_{x \to 2^-} h(x) = +\infty$

Der Graph von h(x) muss sich für $x \to -\infty$ ebenfalls der schrägen Asymptote annähern.

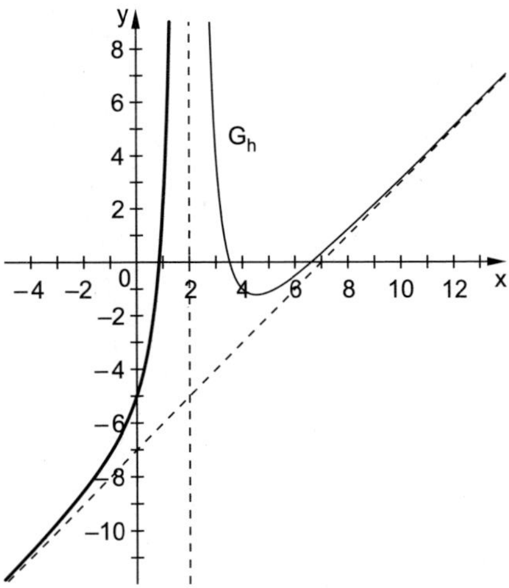

b) Im Intervall [10; 20] nähert sich der Funktionsgraph G_h der schrägen Asymptote g: $y = x - 7$ an.

$$\int_{10}^{20} h(x)\,dx \approx \int_{10}^{20} (x-7)\,dx = \left[\frac{1}{2}x^2 - 7x\right]_{10}^{20} = (200-140)-(50-70) = 80$$

oder:

Die gesuchte Fläche unter der schrägen Asymptote hat die Form eines Trapezes mit den beiden Parallelen der Längen $g(10) = 10 - 7 = 3$ und $g(20) = 20 - 7 = 13$ sowie der Höhe $20 - 10 = 10$:

$$A = \frac{3+13}{2} \cdot 10 = 80$$

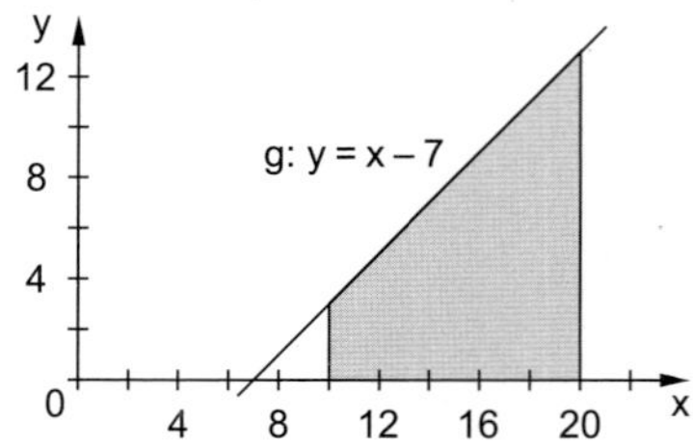

3. a) $k(x) = \dfrac{-x^2 + 2x}{2x^2 + 4}$

Nullstellen: $-x^2 + 2x = 0$

$$x(-x+2) = 0$$

$$x_1 = 0;\; x_2 = 2$$

Wegen Grad Zähler = Grad Nenner bestimmen die Koeffizienten von x^2 die waagrechte Asymptote:

$$y = \frac{-1}{2} = -0{,}5$$

oder:

$$\lim_{x \to \pm\infty} \frac{-x^2 + 2x}{2x^2 + 4} = \lim_{x \to \pm\infty} \frac{-1 + \frac{2}{x}}{2 + \frac{4}{x^2}} = \frac{-1+0}{2+0} = \frac{-1}{2} = -0{,}5$$

b) $\dfrac{-x^2 + 2x}{2x^2 + 4} = -0{,}5$

$$-x^2 + 2x = -0{,}5(2x^2 + 4)$$

$$-x^2 + 2x = -x^2 - 2$$

$$2x = -2$$

$$x = -1$$

4. Die beiden Näherungswerte J(1) und J(4,5) ergeben sich durch Auszählen von Kästchen, wobei **jeweils 4 Kästchen eine Flächeneinheit** ergeben.

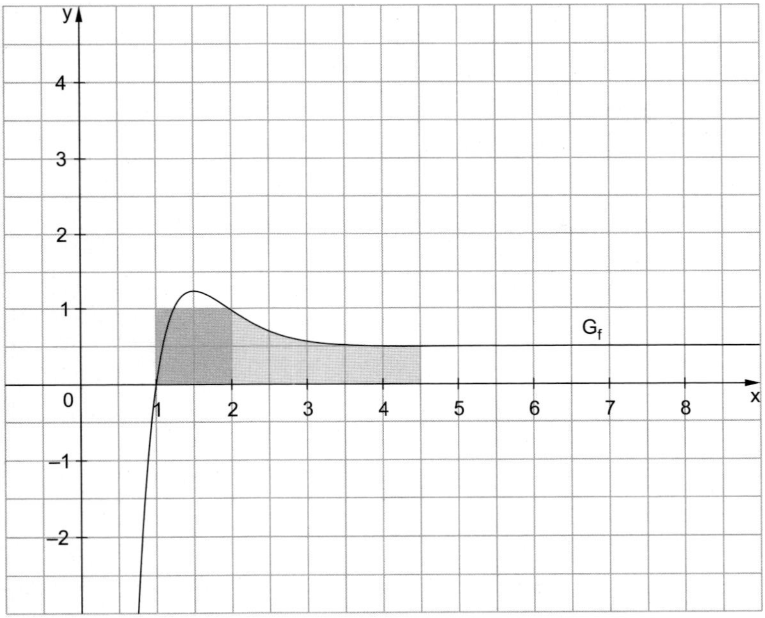

J(1) umfasst ungefähr 4 Kästchen (das „Zuviel“ links gleicht sich in etwa mit dem „Zuwenig“ oben aus). Da die Fläche oberhalb der x-Achse liegt, aber in negative Richtung integriert wird, muss das Vorzeichen von J(1) negativ sein:

$$J(1) = \int_2^1 f(t)\,dt \approx -1$$

J(4,5) umfasst ungefähr 6 Kästchen. Da die Fläche oberhalb der x-Achse liegt und in positive Richtung integriert wird, ergibt sich ein positives Vorzeichen für J(4,5):

$$J(4{,}5) = \int_2^{4{,}5} f(t)\,dt \approx 1{,}5$$

Außer $J(1) \approx -1$ und $J(4{,}5) \approx 1{,}5$ ist beim Zeichnen des Graphen noch zu beachten, dass $J(2) = 0$ gilt (obere und untere Integrationsgrenze sind gleich). Ferner muss der Graph in $[0{,}8;\ 1[$ fallen (da hier $f(x) < 0$) und in $]1;\ +\infty[$ steigen (da hier $f(x) > 0$).

Es ergibt sich:

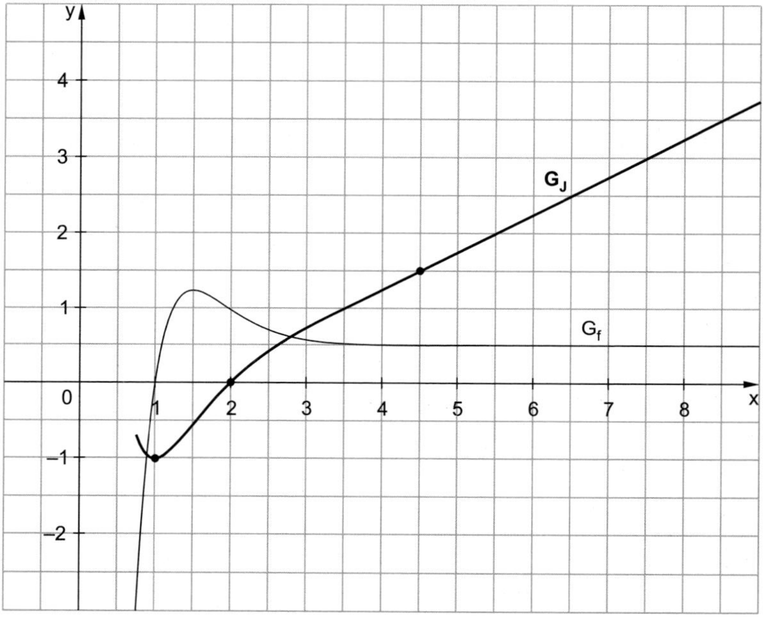

Abitur Mathematik (Bayern): Abiturprüfung 2020
Prüfungsteil A – Stochastik

Aufgabengruppe 1

BE

Gegeben sind grüne und rote Würfel, deren Seitenflächen unterschiedlich beschriftet sind und beim Werfen mit jeweils gleicher Wahrscheinlichkeit auftreten. Jeder grüne Würfel trägt auf fünf Seitenflächen die Augenzahl 1 und auf einer die Augenzahl 6. Jeder rote Würfel trägt auf jeweils zwei Seitenflächen die Augenzahlen 1, 3 bzw. 6.

a) In einer Urne befinden sich drei grüne Würfel und zwei rote Würfel. Der Urne werden mit einem Griff zwei Würfel zufällig entnommen. Geben Sie einen Term an, mit dem man die Wahrscheinlichkeit dafür bestimmen kann, dass ein roter Würfel und ein grüner Würfel entnommen werden. 2

b) Ein grüner Würfel und ein roter Würfel werden gleichzeitig geworfen. Die Zufallsgröße X beschreibt die Summe der beiden geworfenen Augenzahlen. Geben Sie alle Werte an, die die Zufallsgröße X annehmen kann, und bestimmen Sie die Wahrscheinlichkeit $P(X=7)$. 3

5

Aufgabengruppe 2

BE

Ein Glücksrad besteht aus zwei unterschiedlich großen Sektoren. Der größere Sektor ist mit der Zahl 1 und der kleinere mit der Zahl 3 beschriftet. Die Wahrscheinlichkeit dafür, beim einmaligen Drehen des Glücksrads die Zahl 1 zu erzielen, wird mit p bezeichnet. Das Glücksrad wird zweimal gedreht.

a) Begründen Sie, dass die Wahrscheinlichkeit dafür, dass die Summe der beiden erzielten Zahlen 4 ist, durch den Term $2p \cdot (1-p)$ angegeben wird. 1

b) Die Zufallsgröße X beschreibt die Summe der beiden erzielten Zahlen. Bestimmen Sie, für welchen Wert von p die Zufallsgröße X den Erwartungswert 3 hat. 4

5

Tipps und Hinweise

Aufgabengruppe 1

Aufgabe a

- Die Würfel werden „mit einem Griff entnommen“, also gleichzeitig und damit ohne Zurücklegen gezogen.
- Es sind insgesamt fünf Würfel, aus denen zwei gezogen werden.
- Es soll einer der drei grünen und einer der zwei roten Würfel entnommen werden.

Aufgabe b

- Aus der Angabe (oberhalb von Teilaufgabe a) lassen sich die Wahrscheinlichkeiten für die Augenzahlen auf dem grünen bzw. roten Würfel herleiten. Notieren Sie sich diese Wahrscheinlichkeiten.
- Listen Sie alle möglichen Ergebnisse auf, wenn ein grüner und ein roter Würfel geworfen werden.
- Bestimmen Sie alle Summen der beiden Augenzahlen.
- Welche Doppelwürfe ergeben die Augensumme 7?

Aufgabengruppe 2

Aufgabe a

- Das Glücksrad hat nur die beiden Sektoren 1 und 3.
- Die Wahrscheinlichkeit von 1 soll p sein. Bestimmen Sie die Wahrscheinlichkeit von 3 in Abhängigkeit von p.
- Listen Sie alle möglichen Ergebnisse auf, die sich beim zweimaligen Drehen ergeben.
- Welche dieser Ergebnisse liefern den Summenwert 4?
- Bestimmen Sie die Wahrscheinlichkeit für den Summenwert 4.
- Formen Sie so um, dass sich der angegebene Term ergibt.

Aufgabe b

- Geben Sie in einer Tabelle alle für X möglichen Werte und die zugehörigen Wahrscheinlichkeiten (in Abhängigkeit von p) an.
- Der Erwartungswert ergibt sich als Summe aus den Produkten vom Wert von X und dessen Wahrscheinlichkeit:
  $E(X) = x_1 \cdot P(x_1) + x_2 \cdot P(x_2) + \ldots + x_n \cdot P(x_n)$

- Der sich ergebende Term für den Erwartungswert muss den Wert 3 haben.
- Daraus ergibt sich eine Gleichung für p.
- Lösen Sie diese Gleichung.

Lösungen

Aufgabengruppe 1

a) $P(\text{ein roter und ein grüner Würfel}) = \frac{\binom{3}{1} \cdot \binom{2}{1}}{\binom{5}{2}}$

b) Für die Wahrscheinlichkeiten der Augenzahlen gilt:

Würfel grün: $P(1) = \frac{5}{6}$ $\quad P(6) = \frac{1}{6}$

Würfel rot: $P(1) = \frac{2}{6} = \frac{1}{3}$ $\quad P(3) = \frac{1}{3}$ $\quad P(6) = \frac{1}{3}$

Mögliche Ergebnisse für grün | rot sind:

1 | 1   1 | 3   1 | 6   6 | 1   6 | 3   6 | 6

Die Zufallsgröße X (Summe der Augenzahlen) kann somit die Werte 2, 4, 7, 9 und 12 annehmen.

Nur die Doppelwürfe 1 | 6 und 6 | 1 liefern die Augensumme 7:

$P(7) = P(1|6; 6|1) = \frac{5}{6} \cdot \frac{1}{3} + \frac{1}{6} \cdot \frac{1}{3} = \frac{1}{3}$

Aufgabengruppe 2

a) $P(1) = p$ und $P(3) = 1 - p$ mit $p > 0{,}5$

Beim zweimaligen Drehen sind als Ergebnisse möglich:

1 | 1   1 | 3   3 | 1   3 | 3

$P(4) = P(1|3; 3|1) = p \cdot (1-p) + (1-p) \cdot p = p \cdot (1-p) + p \cdot (1-p) = 2 \cdot p \cdot (1-p)$

b)

X	2	4	6
P(X)	$p \cdot p = p^2$	$2p \cdot (1-p)$	$(1-p) \cdot (1-p) = (1-p)^2$

$$\begin{aligned} E(X) &= 2 \cdot p^2 + 4 \cdot 2p(1-p) + 6 \cdot (1-p)^2 \\ &= 2p^2 + 8p - 8p^2 + 6(1 - 2p + p^2) \\ &= 2p^2 + 8p - 8p^2 + 6 - 12p + 6p^2 \\ &= -4p + 6 \end{aligned}$$

$$\begin{aligned} E(X) = 3 \;\Rightarrow\; -4p + 6 &= 3 \\ -4p &= -3 \\ p &= 0{,}75 \end{aligned}$$

Abitur Mathematik (Bayern): Abiturprüfung 2020
Prüfungsteil A – Geometrie

Aufgabengruppe 1

BE

Die Strecke [PQ] mit den Endpunkten $P(8\,|\,-5\,|\,1)$ und Q ist Durchmesser einer Kugel mit Mittelpunkt $M(5\,|\,-1\,|\,1)$.

a) Berechnen Sie die Koordinaten von Q und weisen Sie nach, dass der Punkt $R(9\,|\,-1\,|\,4)$ auf der Kugel liegt. 3

b) Begründen Sie ohne weitere Rechnung, dass das Dreieck PQR bei R rechtwinklig ist. 2

5

Aufgabengruppe 2

BE

Gegeben sind die Punkte $P(-2\,|\,3\,|\,0)$, $R(2\,|\,-1\,|\,2)$ und $Q(q\,|\,1\,|\,5)$ mit der reellen Zahl q, wobei Q von P genauso weit entfernt ist wie von R.

a) Bestimmen Sie q.
[zur Kontrolle: $q = -2$] 3

b) Ermitteln Sie die Koordinaten des Eckpunkts S der Raute PQRS. Zeigen Sie, dass PQRS kein Quadrat ist. 2

5

Tipps und Hinweise

Aufgabengruppe 1

Aufgabe a

- *Bestimmung von Q*

Die Strecke [PQ] soll Durchmesser sein.

Welche Lage hat M auf der Strecke [PQ]?

Die Koordinaten des Mittelpunkts der Strecke [AB] ergeben sich aus:
$\overrightarrow{M_{AB}} = \frac{1}{2}(\vec{A} + \vec{B})$

oder:

Es gilt: $\overrightarrow{PQ} = 2 \cdot \overrightarrow{PM}$

- *Nachweis R auf Kugel*

Ein Punkt R liegt auf einer Kugel mit Mittelpunkt M, wenn die Strecke [MR] die Länge des Radius hat.

Der Radius ergibt sich als Länge von [MP].

Die Länge der Strecke [MP] ist die Länge des Vektors $\overrightarrow{MP}$.

Die Länge eines Vektors $\vec{a}$ berechnet sich aus:

$$|\vec{a}| = \left| \begin{pmatrix} a_1 \\ a_2 \\ a_3 \end{pmatrix} \right| = \sqrt{a_1^2 + a_2^2 + a_3^2}$$

Bestimmen Sie die Länge der Strecke [MR] und vergleichen Sie mit dem Radius.

Aufgabe b

Fertigen Sie eine Skizze, die die Lage der Punkte P, Q und R veranschaulicht.

Zeichnen Sie einen Kreis mit Mittelpunkt M und tragen Sie die Punkte P, Q und R ein.

Wie nennt man einen Kreis, der den Durchmesser [PQ] hat?

Es handelt sich um den Thaleskreis.

Welche Eigenschaft haben alle Dreiecke PQR, wenn R auf dem Thaleskreis über [PQ] liegt?

Aufgabengruppe 2

Aufgabe a

Q soll **von P** und **von R** dieselbe Entfernung haben.

Die Strecken [QP] und [QR] sollen dieselbe Länge besitzen.

Die Länge der Strecke [QP] ist die Länge des Vektors $\overrightarrow{QP}$.

Die Länge eines Vektors $\vec{a}$ berechnet sich aus:

$$|\vec{a}| = \left| \begin{pmatrix} a_1 \\ a_2 \\ a_3 \end{pmatrix} \right| = \sqrt{a_1^2 + a_2^2 + a_3^2}$$

Bestimmen Sie die Längen der beiden Strecken [QP] und [QR] in Abhängigkeit von q.

Setzen Sie die beiden Längen gleich.

Es ergibt sich eine Gleichung für q.

Durch Quadrieren fallen die Wurzeln auf beiden Seiten der Gleichung weg.

Binomische Formeln beachten!

Lösen Sie die Gleichung und vergleichen Sie Ihr Ergebnis mit der Angabe.

Aufgabe b

- *Bestimmung von S*

Fertigen Sie eine Skizze, die die Lage der Punkte P, Q und R veranschaulicht.

Q muss nicht der Mittelpunkt der Strecke [PR] sein, wenn [QP] und [QR] gleich lang sind.

P, Q und R bilden ein gleichschenkliges Dreieck.

Eine Raute ist ein spezielles Parallelogramm, daher sind auch bei der Raute gegenüberliegende Seiten parallel und gleich lang.

- *Nachweis Raute kein Quadrat*

Eine Raute hat vier gleich lange Seiten. Ist ein Winkel 90°, so sind alle Winkel 90°. Die Raute ist dann ein Quadrat.

Die Raute hat einen rechten Winkel, wenn die beiden an einem Eckpunkt (z. B. bei Q) zusammenkommenden Vektoren aufeinander senkrecht stehen.

Zwei Vektoren stehen aufeinander senkrecht, wenn ihr Skalarprodukt null ergibt:
$\vec{a} \perp \vec{b} \quad \Leftrightarrow \quad \vec{a} \circ \vec{b} = 0$

$$\vec{a} \circ \vec{b} = \begin{pmatrix} a_1 \\ a_2 \\ a_3 \end{pmatrix} \circ \begin{pmatrix} b_1 \\ b_2 \\ b_3 \end{pmatrix} = a_1 \cdot b_1 + a_2 \cdot b_2 + a_3 \cdot b_3$$

Lösungen

Aufgabengruppe 1

a) Da [PQ] ein Durchmesser der Kugel ist, ist der Kugelmittelpunkt auch Mittelpunkt der Strecke [PQ].

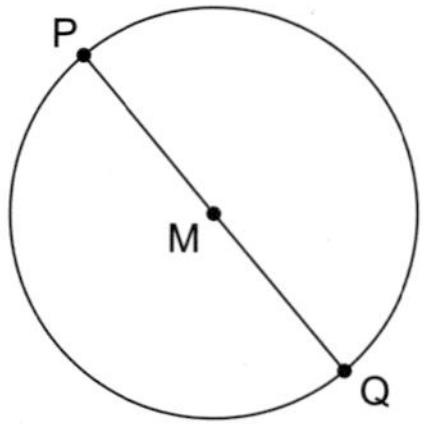

$$\vec{M} = \frac{1}{2}(\vec{P} + \vec{Q})$$

$$2 \cdot \vec{M} = \vec{P} + \vec{Q}$$

$$\vec{Q} = 2 \cdot \vec{M} - \vec{P}$$

$$\vec{Q} = 2 \cdot \begin{pmatrix} 5 \\ -1 \\ 1 \end{pmatrix} - \begin{pmatrix} 8 \\ -5 \\ 1 \end{pmatrix} = \begin{pmatrix} 2 \\ 3 \\ 1 \end{pmatrix}$$

$Q(2 \mid 3 \mid 1)$

oder:

$$\vec{Q} = \vec{P} + 2 \cdot \overrightarrow{PM}$$

$$\vec{Q} = \begin{pmatrix} 8 \\ -5 \\ 1 \end{pmatrix} + 2 \cdot \left[\begin{pmatrix} 5 \\ -1 \\ 1 \end{pmatrix} - \begin{pmatrix} 8 \\ -5 \\ 1 \end{pmatrix} \right] = \begin{pmatrix} 8 \\ -5 \\ 1 \end{pmatrix} + 2 \cdot \begin{pmatrix} -3 \\ 4 \\ 0 \end{pmatrix} = \begin{pmatrix} 2 \\ 3 \\ 1 \end{pmatrix}$$

oder:

$$\vec{Q} = \vec{M} + \overrightarrow{PM}$$

$$\vec{Q} = \begin{pmatrix} 5 \\ -1 \\ 1 \end{pmatrix} + \left[\begin{pmatrix} 5 \\ -1 \\ 1 \end{pmatrix} - \begin{pmatrix} 8 \\ -5 \\ 1 \end{pmatrix} \right] = \begin{pmatrix} 5 \\ -1 \\ 1 \end{pmatrix} + \begin{pmatrix} -3 \\ 4 \\ 0 \end{pmatrix} = \begin{pmatrix} 2 \\ 3 \\ 1 \end{pmatrix}$$

R liegt auf der Kugel, wenn $\overline{MR}$ gleich dem Radius ist. Der Radius ergibt sich aus $\overline{MP}$ (oder $\overline{MQ}$).

$$r = \overline{MP} = |\overrightarrow{MP}| = \left| \begin{pmatrix} 8 \\ -5 \\ 1 \end{pmatrix} - \begin{pmatrix} 5 \\ -1 \\ 1 \end{pmatrix} \right| = \left| \begin{pmatrix} 3 \\ -4 \\ 0 \end{pmatrix} \right| = \sqrt{3^2 + (-4)^2 + 0^2} = 5$$

$$\overline{MR} = |\overrightarrow{MR}| = \left| \begin{pmatrix} 9 \\ -1 \\ 4 \end{pmatrix} - \begin{pmatrix} 5 \\ -1 \\ 1 \end{pmatrix} \right| = \left| \begin{pmatrix} 4 \\ 0 \\ 3 \end{pmatrix} \right| = \sqrt{4^2 + 0^2 + 3^2} = 5 = r$$

b) Die Dreiecksseite [PQ] ist Durchmesser der Kugel (siehe Angabe), der Dreieckspunkt R liegt auf der Kugel (siehe a). Somit gibt es einen Kreis, dessen Mittelpunkt der Kugelmittelpunkt ist und der durch die drei Dreieckspunkte P, Q und R verläuft.

Dieser Kreis ist der Thaleskreis über [PQ] und somit hat das Dreieck PQR bei R einen rechten Winkel.

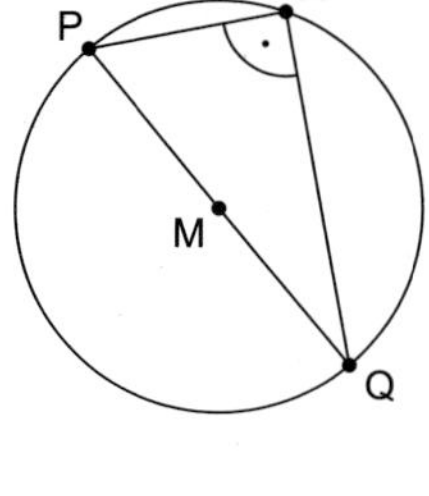

Aufgabengruppe 2

a) Es soll gelten:

$$\overline{QP} = \overline{QR}$$

$$|\overrightarrow{QP}| = |\overrightarrow{QR}|$$

$$\left|\begin{pmatrix} -2 \\ 3 \\ 0 \end{pmatrix} - \begin{pmatrix} q \\ 1 \\ 5 \end{pmatrix}\right| = \left|\begin{pmatrix} 2 \\ -1 \\ 2 \end{pmatrix} - \begin{pmatrix} q \\ 1 \\ 5 \end{pmatrix}\right|$$

$$\left|\begin{pmatrix} -2-q \\ 2 \\ -5 \end{pmatrix}\right| = \left|\begin{pmatrix} 2-q \\ -2 \\ -3 \end{pmatrix}\right|$$

$$\sqrt{(-2-q)^2 + 2^2 + (-5)^2} = \sqrt{(2-q)^2 + (-2)^2 + (-3)^2}$$

$$4 + 4q + q^2 + 4 + 25 = 4 - 4q + q^2 + 4 + 9$$

$$q^2 + 4q + 33 = q^2 - 4q + 17$$

$$8q = -16$$

$$q = -2$$

b) Das Dreieck PQR ist somit ein gleichschenkliges Dreieck mit der Basis [RP], das sich zur Raute erweitern lässt.

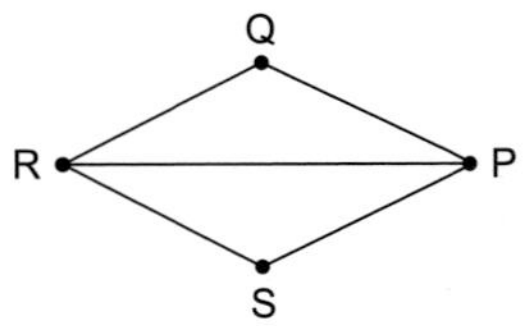

$\vec{S} = \vec{R} + \overrightarrow{QP}$

$$\vec{S} = \begin{pmatrix} 2 \\ -1 \\ 2 \end{pmatrix} + \left[\begin{pmatrix} -2 \\ 3 \\ 0 \end{pmatrix} - \begin{pmatrix} -2 \\ 1 \\ 5 \end{pmatrix}\right] = \begin{pmatrix} 2 \\ 1 \\ -3 \end{pmatrix}$$

$S(2\,|\,1\,|\,-3)$

oder:

$\vec{S} = \vec{P} + \overrightarrow{QR}$

$$\vec{S} = \begin{pmatrix} -2 \\ 3 \\ 0 \end{pmatrix} + \left[\begin{pmatrix} 2 \\ -1 \\ 2 \end{pmatrix} - \begin{pmatrix} -2 \\ 1 \\ 5 \end{pmatrix}\right] = \begin{pmatrix} 2 \\ 1 \\ -3 \end{pmatrix}$$

Die Raute ist kein Quadrat, wenn einer der Winkel (z. B. der Winkel bei Q) kein rechter Winkel ist.

$$\overrightarrow{QP} \circ \overrightarrow{QR} = \begin{pmatrix} 0 \\ 2 \\ -5 \end{pmatrix} \circ \begin{pmatrix} 4 \\ -2 \\ -3 \end{pmatrix} = 0 - 4 + 15 = 11 \neq 0$$

$\overrightarrow{QP}$ und $\overrightarrow{QR}$ stehen also nicht aufeinander senkrecht. Der Winkel bei Q ist somit kein rechter Winkel, die Raute also kein Quadrat.

Abitur Mathematik (Bayern): Abiturprüfung 2020
Prüfungsteil B – Analysis Aufgabengruppe 1

BE

Gegeben ist die in ℝ definierte Funktion $f: x \mapsto \frac{x^2-1}{x^2+1}$; die Abbildung 1 zeigt ihren Graphen G_f.

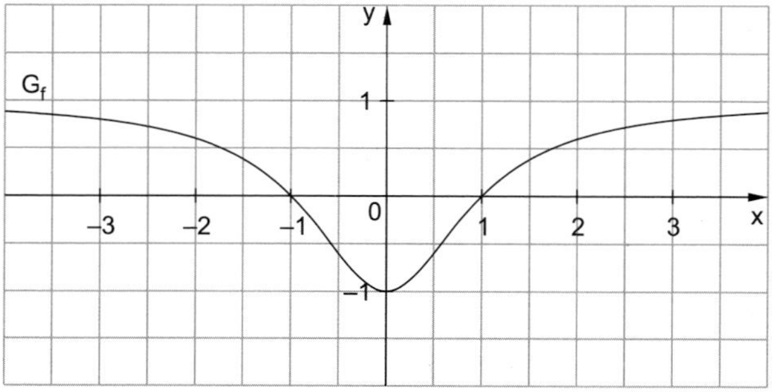

Abb. 1

1. a) Bestätigen Sie rechnerisch, dass G_f symmetrisch bezüglich der y-Achse ist, und untersuchen Sie anhand des Funktionsterms das Verhalten von f für $x \to +\infty$. Bestimmen Sie diejenigen x-Werte, für die $f(x) = 0{,}96$ gilt. 5

   b) Untersuchen Sie rechnerisch das Monotonieverhalten von G_f.
   [zur Kontrolle: $f'(x) = \frac{4x}{(x^2+1)^2}$] 4

   c) Bestimmen Sie rechnerisch eine Gleichung der Tangente t an G_f im Punkt $(3 \mid f(3))$. Berechnen Sie die Größe des Winkels, unter dem t die x-Achse schneidet, und zeichnen Sie t in die Abbildung 1 ein. 4

∗ 2. Nun wird die in ℝ definierte Integralfunktion $F: x \mapsto \int_0^x f(t)\,dt$ betrachtet; ihr Graph wird mit G_F bezeichnet.

   a) Begründen Sie, dass F in $x = 0$ eine Nullstelle hat, und machen Sie mithilfe des Verlaufs von G_f plausibel, dass im Intervall [1; 3] eine weitere Nullstelle von F liegt.
   Geben Sie an, welche besondere Eigenschaft G_F im Punkt $(-1 \mid F(-1))$ hat, und begründen Sie Ihre Angabe. 5

   b) Die Gerade mit der Gleichung $y = x - 1$ begrenzt gemeinsam mit den Koordinatenachsen ein Dreieck. Geben Sie den Flächeninhalt dieses Dreiecks und den sich daraus ergebenden Näherungswert für F(1) an. 2

* Die Aufgabe 2 ist für die Abiturprüfung 2023 nicht relevant.

c) Die Abbildung 2 zeigt den Graphen G_f sowie den Graphen G_g der in $\mathbb{R}$ definierten Funktion $g\colon x \mapsto -\cos\left(\frac{\pi}{2}x\right)$.

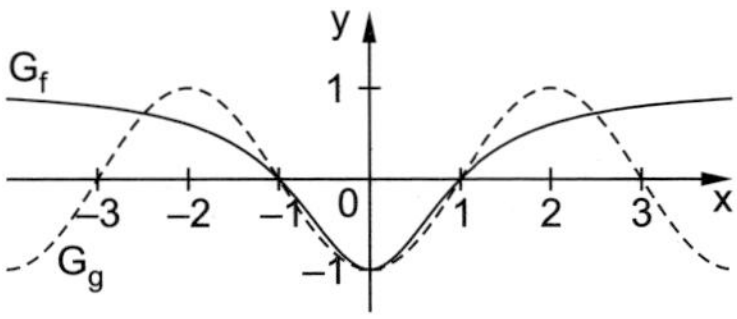

Abb. 2

Beschreiben Sie, wie G_g aus dem Graphen der in $\mathbb{R}$ definierten Funktion $x \mapsto \cos x$ hervorgeht, und berechnen Sie durch Integration von g einen weiteren Näherungswert für F(1).
[zur Kontrolle: $F(1) \approx -\frac{2}{\pi}$] 5

d) Berechnen Sie das arithmetische Mittel der beiden in den Aufgaben 2b und 2c berechneten Näherungswerte. Skizzieren Sie den Graphen von F für $0 \leq x \leq 3$ unter Berücksichtigung der bisherigen Ergebnisse in der Abbildung 1. 4

3. Für jeden Wert $k > 0$ legen die auf G_f liegenden Punkte $P_k(-k \mid f(-k))$ und $Q_k(k \mid f(k))$ gemeinsam mit dem Punkt $R(0 \mid 1)$ ein gleichschenkliges Dreieck P_kQ_kR fest.

a) Berechnen Sie für $k = 2$ den Flächeninhalt des zugehörigen Dreiecks P_2Q_2R (vgl. Abbildung 3).

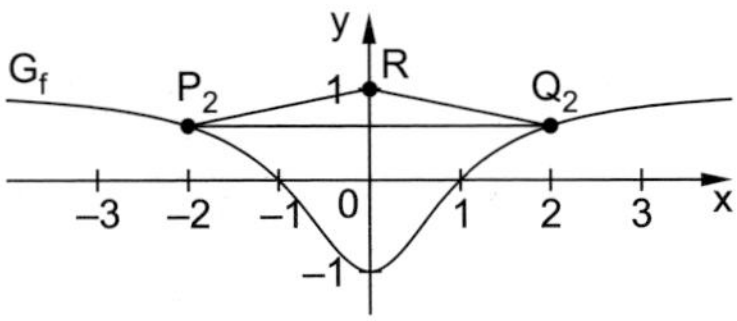

Abb. 3

Zeigen Sie anschließend, dass der Flächeninhalt des Dreiecks P_kQ_kR allgemein durch den Term $A(k) = \frac{2k}{k^2+1}$ beschrieben werden kann. 5

b) Zeigen Sie, dass es einen Wert von $k > 0$ gibt, für den A(k) maximal ist. Berechnen Sie diesen Wert von k sowie den Flächeninhalt des zugehörigen Dreiecks P_kQ_kR. 6

40

Tipps und Hinweise

Aufgabe 1 a

- *Symmetrie*

Der Graph einer Funktion ist symmetrisch zur y-Achse, wenn $f(-x) = f(x)$ gilt.

Bilden Sie $f(-x)$, formen Sie um und vergleichen Sie mit $f(x)$.

- *Limeswert*

Da Grad Zähler = Grad Nenner gilt, ergibt sich die Gleichung der waagrechten Asymptote als Quotient der beiden Koeffizienten bei der höchsten x-Potenz (hier x^2).

oder:

Sie bilden den Limes für $x \to +\infty$, nachdem Sie den Funktionsterm durch x^2 gekürzt haben.

Es gilt: Der Wert eines Bruchs mit konstantem Zähler strebt gegen null, wenn sein Nenner gegen $+\infty$ strebt.

- *Bestimmung x-Werte*

Lösen Sie die Gleichung $f(x) = 0{,}96$.

Multiplizieren Sie die Gleichung zunächst mit dem Nenner.

Aufgabe 1 b

Das Monotonieverhalten ergibt sich durch die Vorzeichen der 1. Ableitung.

Beachten Sie die Quotientenregel (siehe Merkhilfe).

Auf der Merkhilfe ist auch vermerkt, welche Monotonie von f sich durch das Vorzeichen von f' ergibt.

Da im Nenner von f' mit dem Quadrat stets ein positiver Wert steht, entscheidet das Vorzeichen des Zählers über das Vorzeichen von f'.

Aufgabe 1 c

- *Tangente*

Die Tangente ist eine Gerade mit der Gleichung $y = mx + b$.

Die Steigung m der Tangente ergibt sich durch $m = f'(x_0)$ (siehe Merkhilfe).

Hier gilt: $x_0 = 3$

Berechnen Sie $m = f'(3)$.

Bestimmen Sie $f(3)$.

Setzen Sie die Punktkoordinaten und m in die Geradengleichung ein und bestimmen Sie b.

Geben Sie die Tangentengleichung an.

- *Schnittwinkel*

Für den Schnittwinkel α gilt: $\tan\alpha = m = f'(3)$

- *graphische Darstellung*

Zeichnen Sie die Tangente in Abbildung 1 ein.

Aufgabe 2 a

- *Nullstellen*

$$F(0) = \int_0^0 f(t)\,dt$$

Für $x = 0$ stimmen beim Integral die untere und die obere Integralgrenze überein. Der Wert des Integrals ist somit null.

$$F(1) = \int_0^1 f(t)\,dt$$

Das bestimmte Integral berechnet eine Fläche, die unterhalb der x-Achse liegt.

Welches Vorzeichen besitzt F(1)?

Vergleichen Sie die Größe der Fläche, die vom Graphen von f und der x-Achse im Intervall [1; 3] eingeschlossen wird, mit der im Intervall [0; 1] eingeschlossenen Fläche.

Die Werte von F(x) geben stets eine Flächenbilanz an.

Bildet man z. B. F(2), so geht die Fläche des Intervalls [0; 1] negativ, die des Intervalls [1; 2] positiv in die Flächenbilanz ein.

Was muss gelten, damit für $a \in [1; 3]$ gilt: $F(a) = 0$?

- *Erkennen und Begründen der Eigenschaft*

Für $x = -1$ hat f eine Nullstelle.

f ist die Ableitungsfunktion von F.

F hat somit in $x = -1$ eine waagrechte Tangente, also einen Extremwert oder einen Terrassenpunkt.

Die Funktionswerte von f sind links von $x = -1$ positiv und rechts von $x = -1$ negativ.

Der Graph von F muss also links von $x = -1$ steigen und rechts von $x = -1$ fallen.

Welcher Extremwert ergibt sich beim Wechsel von steigend auf fallend?

Aufgabe 2 b

Fertigen Sie eine Skizze mit der Geraden $y = x - 1$ an.

$y = x - 1$ ist eine Gerade durch den Punkt $(0|-1)$ mit der Steigung 1.

Welche Art Dreieck wird durch die Gerade und die Koordinatenachsen begrenzt?

Die Fläche eines rechtwinkligen Dreiecks lässt sich als Fläche eines halben Rechtecks berechnen.

Das Dreieck hat gleich lange Katheten.

Jede Kathete hat die Länge 1.

Beachten Sie das Vorzeichen von F(1); siehe auch Teilaufgabe 2 a.

Aufgabe 2 c

- *Veränderung des Graphen*

Mögliche Veränderungen sind:

$g(x) + a$	Verschiebung um a in y-Richtung
$g(x + a)$	Verschiebung um $-a$ in x-Richtung
$a \cdot g(x)$	Dehnung/Stauchung in y-Richtung
$g(a \cdot x)$	Dehnung/Stauchung in x-Richtung
$-g(x)$	Spiegelung an der x-Achse
$g(-x)$	Spiegelung an der y-Achse

Zwei der obigen Veränderungen treten auf.

- *Näherungswert für F(1)*

Der Näherungswert ergibt sich durch $\int_0^1 g(x)\,dx$.

Die Stammfunktion von cos x ist auf der Merkhilfe angegeben.

Beachten Sie bei der Integration, dass es sich um einen Term der Art $f(ax + b)$ handelt.

Sie finden die entsprechende Formel auf der Merkhilfe.

Aufgabe 2 d

- *arithmetisches Mittel*

Das arithmetische Mittel m von a und b ergibt sich durch $m = \frac{1}{2}(a + b)$.

- *graphische Darstellung*

Sie kennen den Funktionswert F(0) aus Teilaufgabe 2 a und sollen für F(1) den Mittelwert m verwenden.

Tragen Sie die beiden Punkte in Abbildung 1 ein.

Die Funktion f ist die Ableitungsfunktion von F.

Das Vorzeichen von f gibt also Auskunft über die Monotonie von F.

Der Graph von F fällt für $0 < x < 1$, da $f(x) < 0$ für $0 < x < 1$ gilt.

Der Graph von F steigt für $x > 1$, da $f(x) > 0$ für $x > 1$ gilt.

Der Graph muss somit in $(1 \mid \approx -0{,}568)$ einen Tiefpunkt haben.

Aufgabe 3 a

- *Flächeninhalt für k = 2*

Berechnen Sie f(2) und geben Sie die Koordinaten von P_2 und Q_2 an.

Das gleichschenklige Dreieck P_2Q_2R wird durch die y-Achse in zwei kongruente rechtwinklige Dreiecke zerlegt.

Bestimmen Sie die Längen der beiden Katheten.

Berechnen Sie die Fläche des Dreiecks P_2Q_2R als Summe der Flächen der beiden rechtwinkligen Dreiecke.

- *Flächeninhalt allgemein*

Auch die Fläche des allgemeinen Dreiecks P_kQ_kR lässt sich als Fläche zweier kongruenter rechtwinkliger Dreiecke angeben.

Bestimmen Sie die Kathetenlängen des allgemeinen rechtwinkligen Dreiecks.

Die waagrechte Kathete hat die Länge k.

Die senkrechte Kathetenlänge ist abhängig von f(k).

Die senkrechte Kathete hat eine Länge von $1 - f(k)$.

Vereinfachen Sie den Term von A(k), bis Sie die angegebene Form erhalten.

Aufgabe 3 b

Damit A(k) einen Extremwert hat, muss $A'(k) = 0$ gelten.

Beachten Sie beim Ableiten die Quotientenregel (siehe Merkhilfe).

Ein Bruch hat den Wert null, wenn der Zähler den Wert null hat (und der Nenner nicht).

Die quadratische Gleichung hat zwei Lösungen, von denen nur eine die Bedingung $k > 0$ erfüllt.

Betrachten Sie das Vorzeichen von A'(k) für $0 < k < 1$ und für $k > 1$.

Schließen Sie aus dem Vorzeichen von A'(k) auf das Monotonieverhalten von A(k).

Zeigen Sie, dass der Extremwert ein Maximum ist.

Berechnen Sie den maximalen Flächeninhalt.

Lösungen

1. $f(x)=\frac{x^2-1}{x^2+1}$; $\mathbb{D}=\mathbb{R}$

a) $f(-x)=\frac{(-x)^2-1}{(-x)^2+1}=\frac{x^2-1}{x^2+1}=f(x)$

Der Graph ist somit symmetrisch zur y-Achse.

$\lim\limits_{x\to+\infty}\frac{x^2-1}{x^2+1}=\frac{1}{1}=1$, da Grad Zähler = Grad Nenner

oder:

$$\lim\limits_{x\to+\infty}\frac{x^2-1}{x^2+1}=\lim\limits_{x\to+\infty}\frac{1-\frac{1}{x^2}}{1+\frac{1}{x^2}}=\frac{1-0}{1+0}=1$$

$$\frac{x^2-1}{x^2+1}=0{,}96$$
$$x^2-1=0{,}96\cdot(x^2+1)$$
$$x^2-1=0{,}96x^2+0{,}96$$
$$0{,}04x^2=1{,}96$$
$$x^2=49$$
$$x=\pm7$$

b) $f'(x)=\frac{2x\cdot(x^2+1)-(x^2-1)\cdot 2x}{(x^2+1)^2}=\frac{2x^3+2x-2x^3+2x}{(x^2+1)^2}=\frac{4x}{(x^2+1)^2}$

Wegen $f'(x)>0$ für $x>0$ steigt G_f streng monoton für $x>0$.
Wegen $f'(x)<0$ für $x<0$ fällt G_f streng monoton für $x<0$.

c) $f(3)=\frac{3^2-1}{3^2+1}=\frac{8}{10}=0{,}8$

$f'(3)=\frac{4\cdot3}{(3^2+1)^2}=\frac{12}{100}=0{,}12$

Tangente t: $y=mx+b$ mit $m=f'(3)=0{,}12$
durch $P(3\,|\,0{,}8)$:
$0{,}8=0{,}12\cdot3+b$
$b=0{,}8-0{,}36$
$b=0{,}44$

t: $y=0{,}12x+0{,}44$

Winkel α, unter dem die Tangente t die x-Achse schneidet:
$\tan\alpha = m = f'(3) = 0{,}12 \quad \Rightarrow \quad \alpha \approx 6{,}84°$

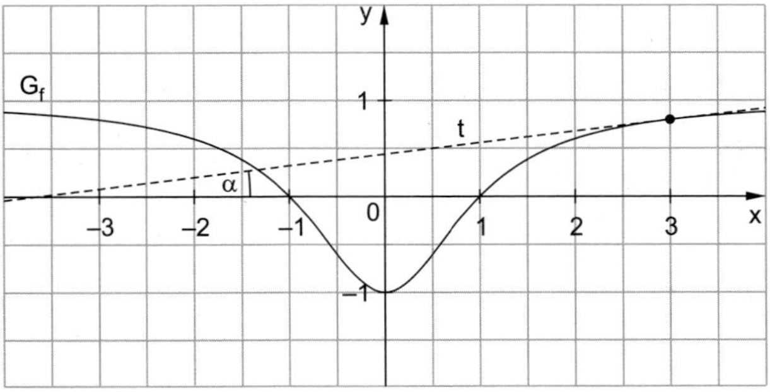

2. $F(x) = \int_0^x f(t)\,dt;\; \mathbb{D} = \mathbb{R}$

a) $F(0) = 0$, da $\int_0^0 f(t)\,dt = 0$ (obere Integrationsgrenze = untere Integrationsgrenze)

$F(1) < 0$, da die Fläche im Intervall [0; 1] unter der x-Achse liegt.

Abbildung 1 zeigt, dass die vom Graphen von f und der x-Achse im Intervall [1; 3] oberhalb der x-Achse eingeschlossene Fläche größer ist als die Fläche im Intervall [0; 1] unterhalb der x-Achse. Es gibt also in [1; 3] eine Stelle a, sodass die in [0; 1] unterhalb der x-Achse liegende Fläche durch die in [1; a] oberhalb der x-Achse liegende Fläche ausgeglichen wird:

$$F(a) = \int_0^a f(t)\,dt = \underbrace{\int_0^1 f(t)\,dt}_{<0} + \underbrace{\int_1^a f(t)\,dt}_{>0} = 0$$

Die Flächenbilanz in [0; a] ist somit 0.

F(x) besitzt im Punkt $(-1 \mid F(-1))$ eine waagrechte Tangente, da die Ableitungsfunktion f(x) für $x = -1$ eine Nullstelle hat. Da das Vorzeichen von f(x) bei $x = -1$ von plus (oberhalb der x-Achse) nach minus (unterhalb der x-Achse) wechselt, wechselt die Monotonie von F(x) für $x = -1$ von steigend nach fallend. Im Punkt $(-1 \mid F(-1))$ befindet sich somit ein Hochpunkt von F(x).

b) Das Dreieck hat die Eckpunkte (0 | 0), (0 | −1) und (1 | 0). Es handelt sich um ein gleichschenklig-rechtwinkliges Dreieck mit der Kathetenlänge 1.

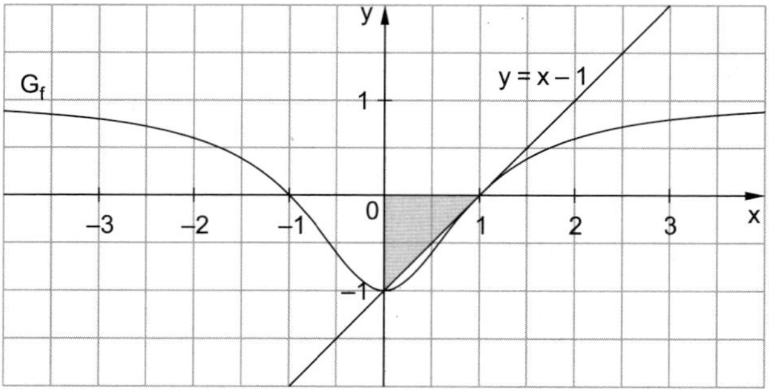

$$A_{Dreieck} = \frac{1}{2} \cdot 1 \cdot 1 = \frac{1}{2} = 0{,}5 \quad \Rightarrow \quad F(1) \approx -0{,}5$$

c) Das Minuszeichen bewirkt eine Spiegelung des Graphen an der x-Achse, der Faktor $\frac{\pi}{2}$ vor dem x bewirkt eine Stauchung des Graphen in x-Richtung. Die Periode von g ist nicht mehr 2π wie bei der cos-Funktion, sondern:

$$2\pi : \frac{\pi}{2} = 2\pi \cdot \frac{2}{\pi} = 4$$

Näherungswert für F(1):

$$\int_0^1 -\cos\left(\frac{\pi}{2}x\right) dx = \left[-\frac{1}{\frac{\pi}{2}} \sin\left(\frac{\pi}{2}x\right)\right]_0^1 = \left[-\frac{2}{\pi}\sin\left(\frac{\pi}{2}x\right)\right]_0^1 = -\frac{2}{\pi}\sin\left(\frac{\pi}{2}\right) + \frac{2}{\pi}\sin(0)$$

$$= -\frac{2}{\pi} \cdot 1 + \frac{2}{\pi} \cdot 0 = -\frac{2}{\pi}$$

$$F(1) \approx -\frac{2}{\pi} \approx -0{,}6366$$

d) $m = \frac{1}{2} \cdot \left[\left(-\frac{1}{2}\right) + \left(-\frac{2}{\pi}\right)\right] \approx -0{,}568$

Für F(x) und den Graphen G_F gilt:
$F(0) = 0$
$F(1) \approx -0{,}568$
G_F fällt in $]0; 1[$, da $F'(x) = f(x) < 0$ in $]0; 1[$.
G_F steigt in $]1; 3[$, da $F'(x) = f(x) > 0$ in $]1; 3[$.

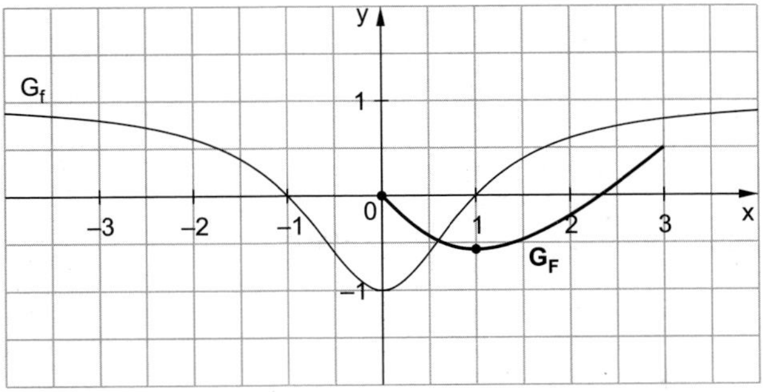

3. a) $f(2)=\dfrac{2^2-1}{2^2+1}=\dfrac{3}{5}=0{,}6$

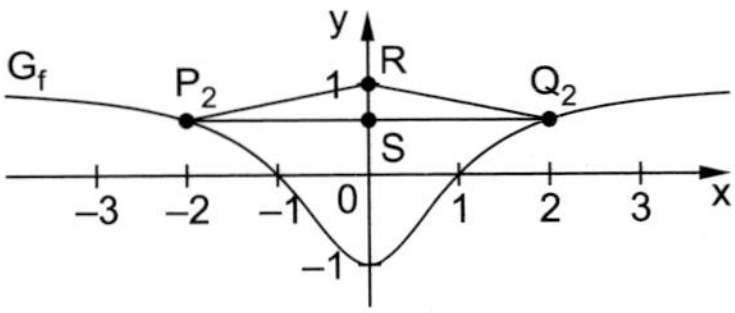

$P_2(-2\,|\,0{,}6)$ und $Q_2(2\,|\,0{,}6)$

Der Schnittpunkt von P_2Q_2 mit der y-Achse heiße S. Es gilt $S(0\,|\,0{,}6)$.

$$A_{P_2Q_2R}=2\cdot A_{SQ_2R}=2\cdot\frac{1}{2}\cdot\overline{SQ_2}\cdot\overline{SR}=2\cdot\frac{1}{2}\cdot 2\cdot(1-0{,}6)=0{,}8$$

Der Schnittpunkt von P_kQ_k mit der y-Achse heiße S_k. Es gilt $S_k(0\,|\,f(k))$.

$$A(k)=A_{P_kQ_kR}=2\cdot A_{S_kQ_kR}=2\cdot\frac{1}{2}\cdot\overline{S_kQ_k}\cdot\overline{S_kR}=2\cdot\frac{1}{2}\cdot k\cdot\left(1-f(k)\right)$$

$$=2\cdot\frac{1}{2}\cdot k\cdot\left(1-\frac{k^2-1}{k^2+1}\right)=k\cdot\left(\frac{k^2+1}{k^2+1}-\frac{k^2-1}{k^2+1}\right)=k\cdot\frac{2}{k^2+1}=\frac{2k}{k^2+1}$$

b) Um eine maximale Fläche zu erhalten, muss die Ableitung von A(k) null sein.

$$A'(k)=\frac{2\cdot(k^2+1)-2k\cdot 2k}{(k^2+1)^2}=\frac{2k^2+2-4k^2}{(k^2+1)^2}=\frac{2-2k^2}{(k^2+1)^2}$$

$A'(k)=0 \;\Rightarrow\; 2-2k^2=0 \;\Rightarrow\; k^2=1 \;\Rightarrow\; k=\pm 1$

Wegen $k>0$ wird nur $k=1$ betrachtet.

- A(k) hat für $k=1$ eine waagrechte Tangente.
- Für $0<k<1$ ist der Zähler von A'(k) und damit auch A'(k) größer als null, A(k) steigt also.
- Für $k>1$ ist der Zähler von A'(k) und damit auch A'(k) kleiner als null, A(k) fällt also.

A(k) besitzt für $k=1$ ein Maximum.

$$A(1)=\frac{2\cdot 1}{1^2+1}=1$$

Der maximale Flächeninhalt des Dreiecks P_1Q_1R beträgt 1 FE.

Abitur Mathematik (Bayern): Abiturprüfung 2020
Prüfungsteil B – Analysis Aufgabengruppe 2

BE

Gegeben ist die Funktion $f\colon x \mapsto 1 + 7e^{-0{,}2x}$ mit Definitionsbereich $\mathbb{R}_0^+$; die Abbildung 1 zeigt ihren Graphen G_f.

1. a) Begründen Sie, dass die Gerade mit der Gleichung $y = 1$ waagrechte Asymptote von G_f ist. Zeigen Sie rechnerisch, dass f streng monoton abnehmend ist. 3

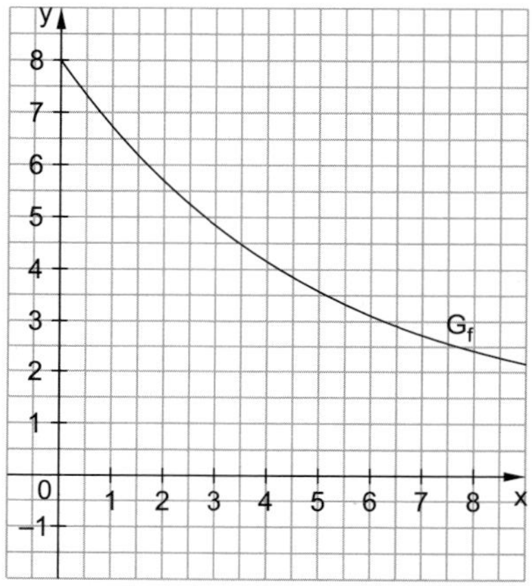

Abb. 1

Für jeden Wert $s > 0$ legen die Punkte $(0\,|\,1)$, $(s\,|\,1)$, $(s\,|\,f(s))$ und $(0\,|\,f(s))$ ein Rechteck mit dem Flächeninhalt R(s) fest.

b) Zeichnen Sie dieses Rechteck für $s = 5$ in die Abbildung 1 ein. Zeigen Sie, dass R(s) für einen bestimmten Wert von s maximal ist, und geben Sie diesen Wert von s an. [zur Kontrolle: $R(s) = 7s \cdot e^{-0{,}2s}$] 7

c) Berechnen Sie den Inhalt des Flächenstücks, das von G_f, der y-Achse sowie den Geraden mit den Gleichungen $y = 1$ und $x = 5$ begrenzt wird. Einen Teil dieses Flächenstücks nimmt das zu $s = 5$ gehörige Rechteck ein. Bestimmen Sie den prozentualen Anteil des Flächeninhalts dieses Rechtecks am Inhalt des Flächenstücks. 7

2. Die in $\mathbb{R}_0^+$ definierte Funktion $A\colon x \mapsto \frac{8}{f(x)}$ beschreibt modellhaft die zeitliche Entwicklung des Flächeninhalts eines Algenteppichs am Südufer eines Sees. Dabei ist x die seit Beobachtungsbeginn vergangene Zeit in Tagen und A(x) der Flächeninhalt in Quadratmetern.

a) Bestimmen Sie A(0) sowie $\lim\limits_{x \to +\infty} A(x)$ und geben Sie jeweils die Bedeutung des Ergebnisses im Sachzusammenhang an. Begründen Sie mithilfe des Monotonieverhaltens der Funktion f, dass der Flächeninhalt des Algenteppichs im Laufe der Zeit ständig zunimmt. 5

b) Bestimmen Sie denjenigen Wert x_0, für den $A(x_0) = 4$ gilt, und interpretieren Sie Ihr Ergebnis im Sachzusammenhang. [zur Kontrolle: $x_0 \approx 9{,}7$] 4

c) Bestimmen Sie die momentane Änderungsrate des Flächeninhalts des Algenteppichs zu Beobachtungsbeginn. 4

d) Nur zu dem Zeitpunkt, der im Modell durch x_0 (vgl. Aufgabe 2b) beschrieben wird, nimmt die momentane Änderungsrate des Flächeninhalts des Algenteppichs ihren größten Wert an. Geben Sie eine besondere Eigenschaft des Graphen von A im Punkt $(x_0 \mid A(x_0))$ an, die sich daraus folgern lässt, und begründen Sie Ihre Angabe. 2

e) Skizzieren Sie den Graphen der Funktion A unter Verwendung der bisherigen Ergebnisse in der Abbildung 2.

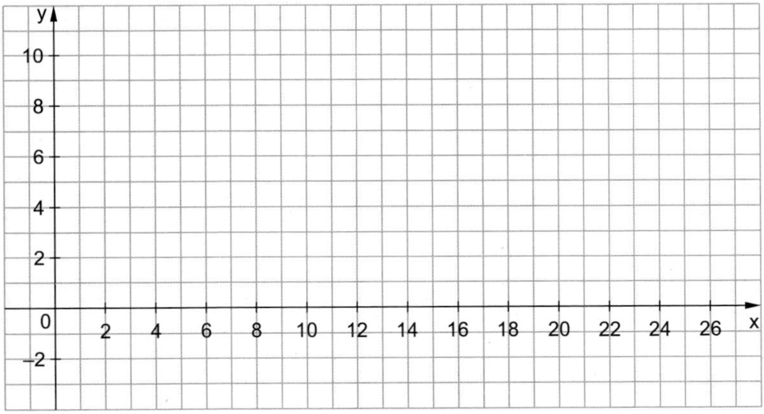

Abb. 2 3

f) Um die zeitliche Entwicklung des Flächeninhalts eines Algenteppichs am Nordufer des Sees zu beschreiben, wird im Term A(x) die im Exponenten zur Basis e enthaltene Zahl −0,2 durch eine kleinere Zahl ersetzt.

Vergleichen Sie den Algenteppich am Nordufer mit dem am Südufer

- hinsichtlich der durch A(0) und $\lim\limits_{x \to +\infty} A(x)$ beschriebenen Eigenschaften (vgl. Aufgabe 2a).
- hinsichtlich der momentanen Änderungsrate des Flächeninhalts zu Beobachtungsbeginn (vgl. Aufgabe 2c).

Skizzieren Sie – ausgehend von diesem Vergleich – in der Abbildung 2 den Graphen einer Funktion, die eine mögliche zeitliche Entwicklung des Flächeninhalts des Algenteppichs am Nordufer beschreibt. 5

40

Tipps und Hinweise

Aufgabe 1 a

- *Asymptote*

Der Definitionsbereich ist $\mathbb{R}_0^+$.

Eine Asymptote ist eine Gerade, der sich der Funktionsgraph beliebig gut annähert.

Aufgrund des Definitionsbereichs ist eine Annäherung nur für $x \to +\infty$ möglich.

Bilden Sie den Limes für $x \to +\infty$.

- *Monotonie*

Beachten Sie beim Ableiten die Kettenregel (nachdifferenzieren). Sie finden die Formel auf der Merkhilfe.

f ist streng monoton abnehmend, wenn $f'(x) < 0$ gilt (siehe Merkhilfe).

Aufgabe 1 b

- *graphische Darstellung*

Wegen $s = 5$ sind die Punkte $(0\,|\,1)$, $(5\,|\,1)$, $(5\,|\,f(5))$ und $(0\,|\,f(5))$ einzuzeichnen.

Der Punkt $(5\,|\,f(5))$ ist der Schnittpunkt der Senkrechten $x = 5$ mit dem Funktionsgraphen.

Der Punkt $(0\,|\,f(5))$ besitzt denselben y-Wert wie $(5\,|\,f(5))$.

- *Aufstellen von R(s)*

Die Länge des Rechtecks beträgt in der Abbildung 5. Das Rechteck wurde für $s = 5$ gezeichnet.

Welche Größe hat die Länge des Rechtecks allgemein?

Die Breite des Rechtecks verläuft in y-Richtung, lässt sich also durch Funktionswerte ausdrücken.

Der obere Eckpunkt hat die y-Koordinate f(s), der untere Eckpunkt die y-Koordinate 1.

Bestimmen Sie die Rechtecksfläche in Abhängigkeit von s.

- *Maximierung von R(s)*

Damit R(s) einen Extremwert hat, muss $R'(s) = 0$ gelten.

Beachten Sie beim Ableiten die Produkt- und Kettenregel (siehe Merkhilfe).

Für alle a gilt: $e^a > 0$

Betrachten Sie das Vorzeichen von R'(s) für $0 < s < 5$ und für $s > 5$.

Schließen Sie aus dem Vorzeichen von R'(s) auf das Monotonieverhalten von R(s) (siehe Merkhilfe).

Zeigen Sie, dass der Extremwert ein Maximum ist.

Aufgabe 1 c

- *Veranschaulichung der Fläche*

Markieren Sie die gesuchte Fläche in der Abbildung.

Das gesuchte Flächenstück wird in [0; 5] oben und unten von den Graphen zweier Funktionen begrenzt.

Der obere Graph ist der Graph von f, der untere der von $y = 1$.

- *Berechnung der Fläche*

Bestimmen Sie die gesuchte Fläche durch $\int_0^5 (f(x) - 1)\,dx$.

Beachten Sie, dass es sich um die Integration einer Funktion vom Typ $f(ax + b)$ handelt (siehe Merkhilfe).

- *prozentualer Anteil*

Die Fläche des Rechtecks ergibt sich durch R(5).

Berechnen Sie den prozentualen Anteil, indem Sie die Fläche des Rechtecks durch die Gesamtfläche dividieren.

Die Dezimalzahl lässt sich durch Verschieben des Kommas um zwei Stellen nach rechts in eine Prozentzahl verwandeln.

Aufgabe 2 a

- *A(0)*

Bestimmen Sie A(0) und beschreiben Sie das Ergebnis im Sachzusammenhang.

In der Angabe finden Sie sowohl die Interpretation von x als auch die von A(x).

- *Limeswert*

Der Limes von f(x) für $x \to +\infty$ ist in Teilaufgabe 1 a angegeben.

Bestimmen Sie damit den Limes von A(x) für $x \to +\infty$.

Beschreiben Sie auch dieses Ergebnis im Sachzusammenhang.

- *Monotonie*

In Teilaufgabe 1 a wurde gezeigt, dass f streng monoton abnehmend ist.

Was bedeutet das für die Funktionswerte von A(x), wenn $x \to +\infty$ geht?

A(x) ist ein Bruch mit konstantem Zähler.

- Für $x \to +\infty$ wird der Nenner von A(x) stets kleiner.
- Der Wert des Bruchs und somit die Werte von A(x) werden für $x \to +\infty$ immer größer.
- Welche Monotonie hat eine Funktion, deren Funktionswerte immer größer werden?
- Was bedeutet das im Sachzusammenhang?

Aufgabe 2 b

- Lösen Sie die Gleichung $A(x_0) = 4$.
- Bei der Auflösung hilft die Umkehrfunktion $\ln x$.
- Es gilt: $e^x = a \quad \Rightarrow \quad x = \ln a$
- Beschreiben Sie das Ergebnis im Sachzusammenhang.
- x gibt die Zeit in Tagen, A(x) die Größe der Fläche in m^2 an.

Aufgabe 2 c

- Die momentane Änderungsrate wird durch die 1. Ableitung angegeben.
- Beachten Sie beim Ableiten die Quotienten- und die Kettenregel (siehe Merkhilfe).
- „zu Beobachtungsbeginn" bedeutet $x = 0$.
- Berechnen Sie A'(0).
- Beachten Sie die Benennung von A'(x).

Aufgabe 2 d

- Welche Eigenschaften hat eine Funktion h an der Stelle x_0, wenn sich dort ein Maximum befindet?
- An der Stelle x_0 muss die Funktion h eine waagrechte Tangente besitzen, also $h'(x_0) = 0$.
- An der Stelle x_0 muss die Monotonie von steigend auf fallend wechseln, $h'(x_0)$ also das Vorzeichen von plus nach minus wechseln.
- Beachten Sie, dass die zu behandelnde Funktion die momentane Änderungsrate, also die Ableitungsfunktion A'(x) ist.
- $[A'(x)]' = A''(x)$
- Eine Funktion k hat an der Stelle x_0 einen Wendepunkt, wenn $k''(x_0) = 0$ gilt und k'' an der Stelle x_0 einen Vorzeichenwechsel hat (siehe Merkhilfe).

Aufgabe 2 e

„Verwendung der bisherigen Ergebnisse“ bedeutet, dass Sie alles, was Sie bisher über die Funktion in Erfahrung gebracht haben, verwenden müssen.

Sie wissen aus Teilaufgabe 2 a den Wert von A(0) und den Limes für $x \to +\infty$.

Zeichnen Sie entsprechend den Punkt $(0\,|\,1)$ und die waagrechte Asymptote $y = 8$ ein.

Sie wissen aus Teilaufgabe 2 b, dass die Funktion durch den Punkt $(\approx 9{,}73\,|\,4)$ verläuft.

Zeichnen Sie den Punkt ein.

Sie kennen auf Teilaufgabe 2 c die Steigung im Punkt $(0\,|\,1)$.

Zeichnen Sie die Tangente im Punkt $(0\,|\,1)$ ein. Verwenden Sie dabei ein Steigungsdreieck mit einer waagrechten Kathete der Länge 10. Die senkrechte Kathete hat dann die Länge 1,75.

Sie haben in Teilaufgabe 2 a gezeigt, dass A(x) streng monoton steigend ist.

Sie haben in Teilaufgabe 2 d gezeigt, dass der Punkt $(\approx 9{,}73\,|\,4)$ ein Wendepunkt ist.

Vervollständigen Sie die Zeichnung entsprechend.

Aufgabe 2 f

- *B(0)*

Die neue Funktion B(x) unterscheidet sich von A(x) nur im Exponenten, indem statt $-0{,}2$ die negative Zahl a mit $a < -0{,}2$ eingesetzt wird.

$$B(x) = \frac{8}{g_a(x)} = \frac{8}{1 + 7e^{ax}}$$

Berechnen Sie B(0).

Vergleichen Sie B(0) mit A(0) und beschreiben Sie das Ergebnis im Sachzusammenhang.

- *Limeswert*

Bilden Sie den Limes von B(x) für $x \to +\infty$.

Bilden Sie dazu zunächst den Limes von $g_a(x)$ für $x \to +\infty$.

Beachten Sie, dass a eine negative Zahl ist.

Vergleichen Sie die Limeswerte von B(x) und A(x).

Beschreiben Sie das Ergebnis im Sachzusammenhang.

- *momentane Änderungsrate*

Leiten Sie B(x) ab.

Beachten Sie beim Ableiten die Quotienten- und die Kettenregel (siehe Merkhilfe).

„zu Beobachtungsbeginn“ bedeutet $x=0$.

Berechnen Sie B'(0).

Es ergibt sich $B'(0)=\frac{-7a}{8}$.

Berechnen Sie B'(0) für $a=-0{,}2$ und vergleichen Sie mit A'(0).

Wie verändert sich der Wert B'(0), wenn Sie für a Werte einsetzen, die kleiner als $-0{,}2$ sind?

Versuchen Sie es z. B. mit $a=-0{,}3$ oder $a=-0{,}4$.

Je kleiner a wird, desto größer wird B'(0).

Für $a<-0{,}2$ gilt also stets: $B'(0)>A'(0)$

- *graphische Darstellung*

Wie macht sich das im Graphen von B bemerkbar?

Zeichnen Sie einen Graphen von B ein, der wie der Graph von A in $(0\,|\,1)$ beginnt und die waagrechte Asymptote $y=8$ hat. Der Graph von B muss aber rechts vom Punkt $(0\,|\,1)$ steiler verlaufen als der Graph von A. G_B liegt also oberhalb von G_A.

Lösungen

1. $f(x) = 1 + 7e^{-0,2x}$; $\mathbb{D} = \mathbb{R}_0^+$

a) $\lim\limits_{x \to +\infty} (1 + 7e^{-0,2x}) = „1 + 7e^{-\infty}“ = 1 + 7 \cdot 0 = 1$

$f'(x) = 7e^{-0,2x} \cdot (-0,2) = -1,4e^{-0,2x} < 0$, da $e^{-0,2x} > 0$

Somit ist f streng monoton abnehmend.

b) Das Rechteck hat die Länge s und die Breite $f(s) - 1$.

$R(s) = s \cdot (1 + 7e^{-0,2s} - 1) = s \cdot 7e^{-0,2s}$
$= 7s \cdot e^{-0,2s}$

$R'(s) = 7 \cdot e^{-0,2s} + 7s \cdot e^{-0,2s} \cdot (-0,2)$
$= 7 \cdot e^{-0,2s} \cdot (1 - 0,2s)$

$R'(s) = 0 \quad \Rightarrow \quad 1 - 0,2s = 0 \quad \Rightarrow \quad s = 5$

R(s) hat für $s = 5$ eine waagrechte Tangente.

Für $0 < s < 5$ gilt $1 - 0,2s > 0$, R(s) steigt also.

Für $s > 5$ gilt $1 - 0,2s < 0$, R(s) fällt also.

Für $s = 5$ besitzt R(s) also ein Maximum.

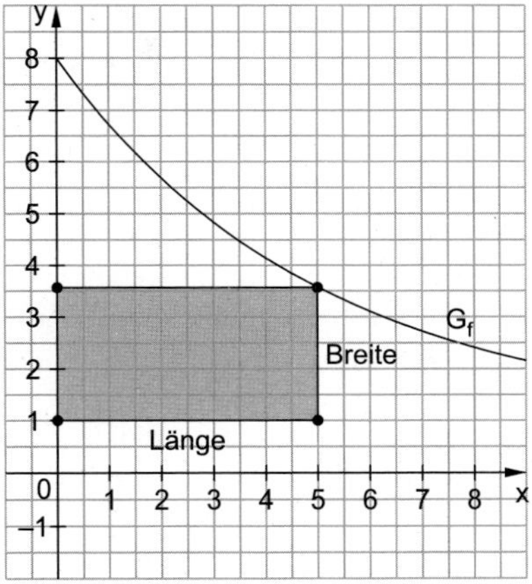

c) Das gesuchte Flächenstück A wird im Intervall [0; 5] von den Funktionen f(x) und $y = 1$ eingeschlossen.

$$A = \int_0^5 (1 + 7e^{-0,2x} - 1)\, dx$$
$$= \int_0^5 (7e^{-0,2x})\, dx$$
$$= \left[7 \cdot \frac{1}{-0,2} \cdot e^{-0,2x} \right]_0^5$$
$$= \left[-35 \cdot e^{-0,2x} \right]_0^5 = -35 \cdot e^{-1} + 35 \cdot e^0$$
$$= -35 \cdot e^{-1} + 35 = 35 \cdot (-e^{-1} + 1)$$
$$= 35 \cdot (1 - e^{-1})$$

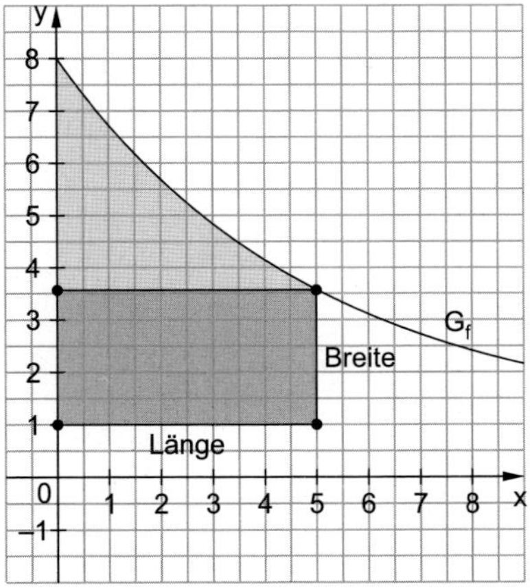

Fläche des Rechtecks $= R(5) = 7 \cdot 5 \cdot e^{-0,2 \cdot 5} = 35 \cdot e^{-1}$

prozentualer Anteil $= \dfrac{R(5)}{A} = \dfrac{35 \cdot e^{-1}}{35 \cdot (1 - e^{-1})} = \dfrac{e^{-1}}{1 - e^{-1}} \approx 0,582 = 58,2\,\%$

2. $A(x)=\frac{8}{f(x)}$

a) $A(0)=\frac{8}{f(0)}=\frac{8}{1+7e^{0}}=\frac{8}{8}=1$

Der Algenteppich hat zu Beginn des Beobachtungszeitraums eine Größe von 1 m^2.

$$\lim_{x\to+\infty}\frac{8}{f(x)}=\frac{8}{\lim\limits_{x\to+\infty}f(x)}=\frac{8}{1}=8$$

Der Algenteppich nähert sich für einen beliebig langen Beobachtungszeitraum einer Größe von 8 m^2 an.

f(x) ist streng monoton abnehmend (siehe Aufgabe 1 a). Die Funktionswerte von f(x) werden also mit zunehmendem x immer kleiner. Ein Bruch, dessen Zähler konstant sowie positiv (hier 8) ist und dessen Nenner immer kleiner wird, wird immer größer. A(x) ist somit streng monoton zunehmend.

b)
$$\begin{aligned}
A(x_0)&=4\\
\frac{8}{f(x_0)}&=4\\
f(x_0)&=2\\
1+7e^{-0,2x_0}&=2\\
7e^{-0,2x_0}&=1\\
e^{-0,2x_0}&=\frac{1}{7}\\
-0,2x_0&=\ln\frac{1}{7}\\
x_0&=\ln\frac{1}{7}:(-0,2)=-5\cdot\ln\frac{1}{7}\approx 9,73
\end{aligned}$$

Ungefähr 9,73 Tage nach Beginn der Beobachtung hat der Algenteppich eine Größe von 4 m^2.

c) $A'(x)=\frac{0\cdot f(x)-8\cdot f'(x)}{(f(x))^2}=\frac{-8\cdot f'(x)}{(f(x))^2}=\frac{-8\cdot(-1,4e^{-0,2x})}{(1+7e^{-0,2x})^2}=\frac{11,2e^{-0,2x}}{(1+7e^{-0,2x})^2}$

$A'(0)=\frac{11,2\cdot 1}{(1+7)^2}=\frac{11,2}{8^2}=0,175$

Die momentane Änderungsrate zu Beobachtungsbeginn beträgt $0,175\,\frac{m^2}{Tag}$.

d) $A'(x)$ hat für $x = x_0$ ein Maximum. Also hat die Ableitung von $A'(x)$ (das ist die 2. Ableitung $A''(x)$) für $x = x_0$ eine Nullstelle. Es gilt also:
$A''(x_0) = 0$

Da die Monotonie bei einem Maximum von steigend auf fallend wechselt, hat $A''(x)$ für $x = x_0$ einen Vorzeichenwechsel von plus nach minus.

Die Bedingungen für einen Wendepunkt sind für $x = x_0$ erfüllt. Der Graph von $A(x)$ hat also im Punkt $(x_0 \mid A(x_0))$ einen Wendepunkt.

e) Es gilt:

- $A(0) = 1$
- $\lim\limits_{x \to +\infty} A(x) = 8$
- $A(\approx 9{,}73) = 4$ $\quad(\approx 9{,}73 \mid 4)$ ist Wendepunkt.
- $A'(0) = 0{,}175$ $\quad$ Die Tangente in $(0 \mid 1)$ hat die Steigung 0,175.

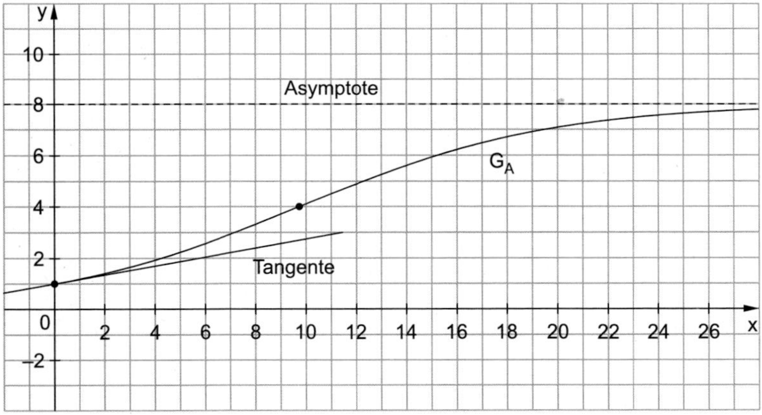

f) Der Flächeninhalt des Algenteppichs am Nordufer wird durch die Funktion

$$B(x) = \frac{8}{g_a(x)}$$

beschrieben, wobei:

$g_a(x) = 1 + 7e^{ax}$ mit $a < -0{,}2$

$$B(0) = \frac{8}{g_a(0)} = \frac{8}{1 + 7e^0} = \frac{8}{8} = 1 = A(0)$$

Der Algenteppich ist zu Beginn des Beobachtungszeitraums am Nordufer genauso groß wie am Südufer.

$$\lim_{x \to +\infty} g_a(x) = \lim_{x \to +\infty} (1+7e^{ax}) = „1+7e^{-\infty}“ = 1+7\cdot 0 = 1 = \lim_{x \to +\infty} f(x)$$

$$\lim_{x \to +\infty} \frac{8}{g_a(x)} = \frac{8}{\lim\limits_{x \to +\infty} g_a(x)} = \frac{8}{1} = 8$$

Der Algenteppich nähert sich für einen beliebig langen Beobachtungszeitraum am Nordufer wie am Südufer einer Größe von 8 m^2 an.

$$B'(x) = \frac{0\cdot g_a(x) - 8\cdot g'_a(x)}{(g_a(x))^2} = \frac{-8\cdot g'_a(x)}{(g_a(x))^2} = \frac{-8\cdot(7e^{ax}\cdot a)}{(1+7e^{ax})^2} = \frac{-56ae^{ax}}{(1+7e^{ax})^2}$$

$$B'(0) = \frac{-56ae^{a\cdot 0}}{(1+7e^{a\cdot 0})^2} = \frac{-56a}{(1+7)^2} = \frac{-56a}{64} = \frac{-7a}{8}$$

Für $a = -0{,}2$ gilt:

$$B'(0) = \frac{-7\cdot(-0{,}2)}{8} = \frac{1{,}4}{8} = 0{,}175 = A'(0)$$

Für $a < -0{,}2$ gilt:

$$B'(0) > \frac{1{,}4}{8}, \text{ also } B'(0) > A'(0)$$

Somit verläuft die Tangente in $(0\,|\,1)$ beim Graphen von B steiler als beim Graphen von A.

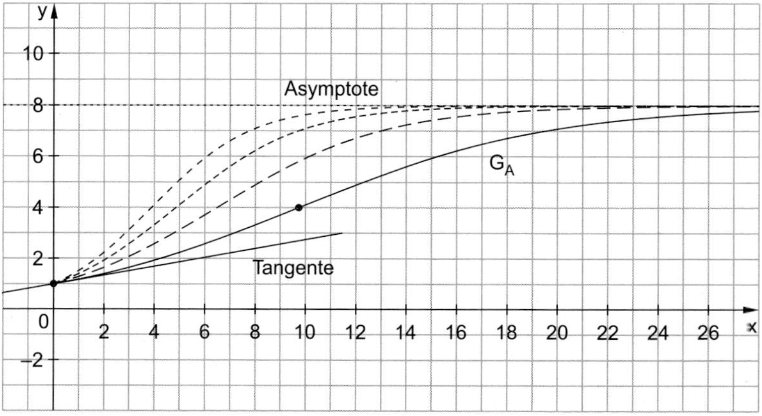

Die gestrichelt eingezeichneten Graphen von B(x) sind mögliche Verläufe. Wichtig ist, dass der Graph bei $(0\,|\,1)$ beginnt, die Asymptote $y = 8$ hat und zunächst steiler verläuft als G_A.

Abitur Mathematik (Bayern): Abiturprüfung 2020
Prüfungsteil B – Stochastik Aufgabengruppe 1

BE

1. In einer Gemeinde gibt es 6 250 Haushalte, von denen 2 250 über einen schnellen Internetanschluss verfügen. Zwei Drittel der Haushalte, die über einen schnellen Internetanschluss verfügen, besitzen auch ein Abonnement eines Streamingdiensts. 46 % aller Haushalte verfügen weder über einen schnellen Internetanschluss noch besitzen sie ein Abonnement eines Streamingdiensts.

   Betrachtet werden die folgenden Ereignisse:

   A: „Ein zufällig ausgewählter Haushalt verfügt über einen schnellen Internetanschluss."

   B: „Ein zufällig ausgewählter Haushalt besitzt ein Abonnement eines Streamingdiensts."

   Stellen Sie zu der beschriebenen Situation eine vollständig ausgefüllte Vierfeldertafel auf und überprüfen Sie, ob die Ereignisse A und B stochastisch unabhängig sind. 5

2. Ein Telekommunikationsunternehmen möchte neue Kunden gewinnen. Dazu schickt es an zufällig ausgewählte Haushalte Werbematerial. Im Folgenden soll davon ausgegangen werden, dass die angeschriebenen Haushalte unabhängig voneinander mit einer Wahrscheinlichkeit von jeweils 20 % noch nicht über einen schnellen Internetanschluss verfügen.

   a) Ermitteln Sie jeweils die Wahrscheinlichkeit dafür, dass unter 10 angeschriebenen Haushalten
      - mindestens zwei noch nicht über einen schnellen Internetanschluss verfügen.
      - genau acht bereits über einen schnellen Internetanschluss verfügen. 4

   b) Beschreiben Sie im Sachzusammenhang ein Ereignis, dessen Wahrscheinlichkeit durch den Term $0{,}2^{10} + (1 - 0{,}2)^{10}$ angegeben wird. 2

   c) Ermitteln Sie, wie viele Haushalte das Unternehmen mindestens anschreiben müsste, damit mit einer Wahrscheinlichkeit von mehr als 99 % wenigstens ein angeschriebener Haushalt, der noch nicht über einen schnellen Internetanschluss verfügt, einen solchen einrichten lassen würde. Gehen Sie dabei davon aus, dass sich jeder hundertste angeschriebene Haushalt, der noch nicht über einen schnellen Internetanschluss verfügt, dafür entscheidet, einen solchen einrichten zu lassen. 5

3. Die Zufallsgröße Y kann die Werte 0, 1, 2, 3 und 4 annehmen. Die Tabelle zeigt die Wahrscheinlichkeitsverteilung von Y mit a, b $\in [0; 1]$.

k	0	1	2	3	4
$P(Y=k)$	a	b	$\frac{3}{8}$	b	a

a) Beschreiben Sie, woran man unmittelbar erkennen kann, dass der Erwartungswert von Y gleich 2 ist. 2

Die Varianz von Y ist gleich $\frac{11}{8}$.

b) Bestimmen Sie die Werte von a und b. 5

c) Die Zufallsgröße Z, die für eine Laplace-Münze die Anzahl des Auftretens von „Zahl" bei viermaligem Werfen beschreibt, hat ebenfalls den Erwartungswert 2 und es gilt analog $P(Z=2)=\frac{3}{8}$. Berechnen Sie die Varianz von Z, vergleichen Sie diese mit der Varianz von Y und beschreiben Sie davon ausgehend einen qualitativen Unterschied der Wahrscheinlichkeitsverteilungen von Z und Y. 2

25

Tipps und Hinweise

Aufgabe 1

- *Vierfeldertafel*

Merkmale der Vierfeldertafel sind A und B mit der Definition in der Angabe.

Tragen Sie die gegebenen Zahlen 6 250 und 2 250 in die Vierfeldertafel ein.

6 250 ist die Anzahl aller Haushalte, 2 250 die Anzahl aller Haushalte mit A.

Zwei Drittel der 2 250 Haushalte mit A haben auch B, bilden also die Menge $A \cap B$. Berechnen Sie zwei Drittel von 2 250 und tragen Sie entsprechend ein.

46 % aller Haushalte haben weder A noch B, bilden also die Menge $\overline{A} \cap \overline{B}$. Berechnen Sie 46 % von 6 250 und tragen Sie entsprechend ein.

Vervollständigen Sie die Vierfeldertafel durch Addition bzw. Subtraktion.

- *stochastische Unabhängigkeit*

Zwei Ereignisse A und B sind stochastisch unabhängig, wenn $P(A \cap B) = P(A) \cdot P(B)$ gilt.

In der Vierfeldertafel sind die absoluten Häufigkeiten der drei Mengen A, B und $A \cap B$ abzulesen.

Wie ergeben sich daraus die relativen Häufigkeiten, die hier als Wahrscheinlichkeiten verwendet werden?

Relative Häufigkeiten ergeben sich durch Division der absoluten Häufigkeiten durch die Gesamtanzahl (hier 6 250).

Berechnen Sie P(A), P(B) und $P(A \cap B)$.

Vergleichen Sie das Produkt aus P(A) und P(B) mit $P(A \cap B)$.

Aufgabe 2 a

- *Wahrscheinlichkeit mindestens zwei*

Es handelt sich um eine Bernoullikette der Länge 10, wobei gilt:
P(Haushalt hat noch keinen schnellen Internetanschluss) $= p = 0{,}2$

Formen Sie „mindestens zwei“ mithilfe des Gegenereignisses um, um die Stochastiktabelle benutzen zu können.

„mindestens zwei“ bedeutet „nicht 0 und nicht 1“.

Achten Sie darauf, die kumulative Tabelle zu verwenden.

- *Wahrscheinlichkeit genau acht*

Bei der Berechnung der zweiten Wahrscheinlichkeit geht es um Haushalte, die bereits einen schnellen Internetanschluss besitzen.

- Wie groß ist die Wahrscheinlichkeit, dass ein Haushalt bereits einen schnellen Internetanschluss besitzt?

oder:

- Wie groß ist die Wahrscheinlichkeit, dass ein Haushalt noch keinen schnellen Internetanschluss besitzt? Wie viele solche Haushalte sollen sich unter den 10 angeschriebenen befinden?
- Achten Sie darauf, **nicht** die kumulative Tabelle zu verwenden.

Aufgabe 2 b

- Es handelt sich weiterhin um eine Bernoullikette der Länge 10.
- Die gegebene Wahrscheinlichkeit ist als Summe angegeben.
- Das Ereignis besteht also aus zwei Teilen.
- Wofür steht die Wahrscheinlichkeit 0,2?
- Dies tritt bei allen 10 Versuchen ein.
- Wofür steht die Wahrscheinlichkeit $(1-0{,}2)$?
- Dies tritt bei allen 10 Versuchen ein.
- Die zu interpretierende Wahrscheinlichkeit umfasst beide Ereignisse.

Aufgabe 2 c

- Wie groß ist die Wahrscheinlichkeit, dass ein Haushalt noch keinen schnellen Internetanschluss besitzt, diesen aber einrichten lässt?
- 20 % aller Haushalte besitzen noch keinen schnellen Internetanschluss, jeder hundertste davon will ihn einrichten lassen.
- $p = 0{,}002$
- Die Wahrscheinlichkeit für die Einrichtung mindestens eines schnellen Internetanschlusses ist größer als 99 %.
- Formen Sie „mindestens eins" mithilfe des Gegenereignisses um.
- „mindestens eins" bedeutet „nicht 0".
- Der Lösungsansatz lautet: $1 - 0{,}998^n > 0{,}99$
- Beim Auflösen der Ungleichung hilft Logarithmieren.
- Bedenken Sie, dass $\ln a < 0$ für $0 < a < 1$ gilt.
- n muss eine natürliche Zahl sein.

Aufgabe 3 a

- Was fällt bei den Wahrscheinlichkeiten von Y auf?
- Die Wahrscheinlichkeiten sind symmetrisch zum Wert $P(Y=2)$.
- Die Werte, die Y annehmen kann, sind symmetrisch zu 2 angeordnet.
- Ist das Diagramm der Verteilungsfunktion einer Zufallsgröße X symmetrisch zu $x=a$, so ist der Erwartungswert $E(X)=a$.

Aufgabe 3 b

- Die Formel für die Varianz finden Sie auf der Merkhilfe.
- Var(Y) ist abhängig von a und b.
- Var(Y) soll den Wert $\frac{11}{8}$ haben. Das liefert eine Bestimmungsgleichung für a und b.
- Die zweite Bestimmungsgleichung ergibt sich aus der Summe aller Wahrscheinlichkeiten.
- Lösen Sie das Gleichungssystem.
- Da in beiden Gleichungen der Term 2b enthalten ist, können Sie sowohl das Einsetz- als auch das Additionsverfahren verwenden.

Aufgabe 3 c

- Das viermalige Werfen einer Laplace-Münze kann als Bernoullikette der Länge 4 mit der Trefferwahrscheinlichkeit $p=0{,}5$ aufgefasst werden.
- Die Varianz einer binomialverteilten Zufallsgröße lässt sich mithilfe der Formel aus der Merkhilfe berechnen.
- Vergleichen Sie die Größe der beiden Varianzen.
- Var(Z) ist kleiner als Var(Y), obwohl Z und Y sowohl in ihren Werten als auch im Erwartungswert als auch in der Wahrscheinlichkeit P(2) übereinstimmen.
- Je größer eine Varianz ist, desto größer sind die Wahrscheinlichkeiten für Werte, die weiter vom Erwartungswert entfernt sind.

Lösungen

1. A: „schneller Internetanschluss“
   B: „Abo bei Streamingdienst“

   Es sind stets absolute Häufigkeiten gegeben.

	A	$\overline{A}$	
B	$\frac{2}{3}$ von 2 250		
$\overline{B}$		46 % von 6 250	
	2 250		6 250

	A	$\overline{A}$	
B	1 500	**1 125**	**2 625**
$\overline{B}$	**750**	2 875	**3 625**
	2 250	**4 000**	6 250

Die berechneten Werte sind **fett** gedruckt.

$$P(A) = \frac{2\,250}{6\,250} = 0{,}36 = 36\ \%$$

$$P(B) = \frac{2\,625}{6\,250} = 0{,}42 = 42\ \%$$

$$P(A \cap B) = \frac{1\,500}{6\,250} = 0{,}24 = 24\ \%$$

$$P(A) \cdot P(B) = 0{,}36 \cdot 0{,}42 = 0{,}1512 \neq 0{,}24$$

A und B sind stochastisch abhängig.

2. a) $P(a_1) = P(X \geq 2) = 1 - P(X \leq 1) = 1 - \sum_{i=0}^{1} B(10; 0{,}2; i) = 1 - 0{,}37581$

$$= 0{,}62419 \approx 62{,}4\ \%$$

oder:

$$P(a_1) = P(X \geq 2) = 1 - P(X \leq 1) = 1 - P_{0,2}^{10}(X \leq 1) = 1 - 0{,}37581$$

$$= 0{,}62419 \approx 62{,}4\ \%$$

$$P(a_2) = B(10; 0{,}8; 8) = 0{,}30199 \approx 30{,}2\ \%$$

oder:

$$P(a_2) = B(10; 0{,}2; 2) = 0{,}30199 \approx 30{,}2\ \%$$

b) Von den 10 angeschriebenen Haushalten besitzen entweder keiner oder alle 10 einen schnellen Internetanschluss.

c) Da 20 % aller Haushalte noch nicht über einen schnellen Internetanschluss verfügen, von denen jeder hundertste sich diesen einrichten lässt, ist die Wahrscheinlichkeit für eine solche Einrichtung:

$$p = \frac{1}{100} \text{ von } 20\,\% = 0{,}01 \cdot 0{,}2 = 0{,}002$$

$$\begin{aligned} P(\text{wenigstens 1 Einrichtung}) &> 99\,\% \\ 1 - P(\text{keine Einrichtung}) &> 0{,}99 \\ 1 - B(n; 0{,}002; 0) &> 0{,}99 \\ 1 - \binom{n}{0} \cdot 0{,}002^0 \cdot 0{,}998^n &> 0{,}99 \\ 1 - 0{,}998^n &> 0{,}99 \\ -0{,}998^n &> -0{,}01 \\ 0{,}998^n &< 0{,}01 \end{aligned}$$

Multiplikation mit −1 dreht das Ungleichheitszeichen um!

$$\begin{aligned} \ln(0{,}998^n) &< \ln(0{,}01) \\ n \cdot \ln(0{,}998) &< \ln(0{,}01) \\ n &> \frac{\ln(0{,}01)}{\ln(0{,}998)} \end{aligned}$$

Division durch eine negative Zahl dreht das Ungleichheitszeichen um!

$$n > 2\,300{,}3$$

Es müssen mindestens 2 301 Haushalte angeschrieben werden.

3. a) Ist das Diagramm der Verteilungsfunktion einer Zufallsgröße X symmetrisch zu $x = c$, so ist der Erwartungswert $E(X) = c$.

Die Werte der Zufallsgröße Y sind ebenso symmetrisch um den Wert 2 angeordnet wie die zugehörigen Wahrscheinlichkeiten um $P(Y = 2) = \frac{3}{8}$.

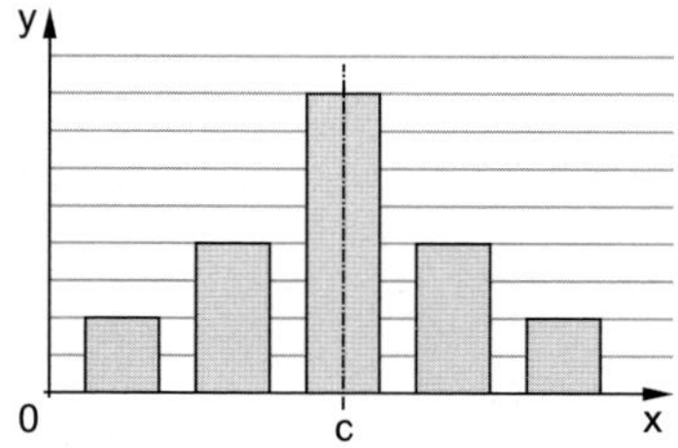

b) $$\begin{aligned} Var(Y) &= (0-2)^2 \cdot a + (1-2)^2 \cdot b + (2-2)^2 \cdot \frac{3}{8} + (3-2)^2 \cdot b + (4-2)^2 \cdot a \\ &= 4a + b + 0 + b + 4a = 8a + 2b \end{aligned}$$

Aus $Var(Y) = \frac{11}{8}$ ergibt sich die Gleichung I:

$$\text{I} \quad 8a + 2b = \frac{11}{8}$$

Ferner gilt $a+b+\frac{3}{8}+b+a=1,$ woraus sich Gleichung II ergibt:

$$\text{II} \quad 2a+2b=\frac{5}{8}$$

$$2b=\frac{5}{8}-2a$$

II in I ergibt

$$8a+\frac{5}{8}-2a=\frac{11}{8}$$

$$6a=\frac{6}{8}$$

$$a=\frac{1}{8}$$

und damit:

$$2b=\frac{5}{8}-2\cdot\frac{1}{8}$$

$$2b=\frac{3}{8}$$

$$b=\frac{3}{16}$$

c) Das viermalige Werfen einer Laplace-Münze ist eine Bernoullikette der Länge 4 mit der Trefferwahrscheinlichkeit $p=0{,}5$.

Für die Varianz von Z erhält man daher:

$\text{Var}(Z)=4\cdot 0{,}5\cdot(1-0{,}5)=1<\text{Var}(Y)$

Da beide Zufallsgrößen in ihren Werten, im Erwartungswert und in P(2) übereinstimmen, müssen bei Z die „äußeren" Wahrscheinlichkeiten (also a) kleiner sein als bei Y. Damit müssen die „inneren" Wahrscheinlichkeiten (also b) bei Z größer sein als bei Y, da die Summe aller Wahrscheinlichkeiten gleich 1 sein muss.

oder:

Man erhält Var(Z) auch umständlicher über die Ergebnisse des viermaligen Münzwurfs:

ZZZZ	KZZZ	KKZZ	KKKZ	KKKK
	ZKZZ	KZKZ	KKZK	
	ZZKZ	KZZK	KZKK	
	ZZZK	ZZKK	ZKKK	
		ZKZK		
		ZKKZ		

Es ergibt sich für Z die Wahrscheinlichkeitsverteilung:

k	0	1	2	3	4
P(Z=k)	$\frac{1}{16}$	$4\cdot\frac{1}{16}=\frac{1}{4}$	$6\cdot\frac{1}{16}=\frac{3}{8}$	$4\cdot\frac{1}{16}=\frac{1}{4}$	$\frac{1}{16}$

$$\begin{aligned}\mathrm{Var}(Z) &= (0-2)^2\cdot\frac{1}{16}+(1-2)^2\cdot\frac{1}{4}+(2-2)^2\cdot\frac{3}{8}+(3-2)^2\cdot\frac{1}{4}+(4-2)^2\cdot\frac{1}{16}\\ &=\frac{1}{4}+\frac{1}{4}+0+\frac{1}{4}+\frac{1}{4}=1\end{aligned}$$

Nun lassen sich die Unterschiede in der Wahrscheinlichkeitsverteilung der beiden Zufallsgrößen ablesen:

$$P(Z=0)=\frac{1}{16}<\frac{1}{8}=P(Y=0)=a$$

$$P(Z=1)=\frac{1}{4}>\frac{3}{16}=P(Y=1)=b$$

Die kleinere Varianz von Z macht also die Wahrscheinlichkeit von 0 bzw. 4 bei Z kleiner als bei Y und die Wahrscheinlichkeit von 1 bzw. 3 bei Z größer als bei Y.

Abitur Mathematik (Bayern): Abiturprüfung 2020
Prüfungsteil B – Stochastik Aufgabengruppe 2

BE

Das Laplace-Gymnasium veranstaltet auf dem Sportplatz ein Fußballturnier für die neuen 5. Klassen.

1. An dem Turnier nehmen neun Mannschaften teil. Die Mannschaften bestehen jeweils aus Jungen und Mädchen, wobei zwei Drittel aller mitspielenden Kinder männlich sind.

   a) Die drei Spielführerinnen und die sechs Spielführer der Fußballmannschaften stellen sich in einer Reihe für ein Foto auf. Bestimmen Sie die Anzahl der Möglichkeiten für die Aufstellung der neun Kinder, wenn die drei Spielführerinnen nebeneinanderstehen sollen. 3

   b) Im Rahmen der Begrüßung durch die Schulleiterin werden aus allen Spielerinnen und Spielern zunächst zehn Kinder ausgelost, die je einen Fußball erhalten sollen. Um die Wahrscheinlichkeit dafür zu berechnen, dass fünf Mädchen und fünf Jungen einen Ball erhalten, verwendet Max den Ansatz $\binom{10}{5} \cdot \left(\frac{2}{3}\right)^5 \cdot \left(\frac{1}{3}\right)^5$.
   Geben Sie an, ob Max dabei vom Modell „Ziehen mit Zurücklegen" oder vom Modell „Ziehen ohne Zurücklegen" ausgeht. Begründen Sie rechnerisch unter Zugrundelegung eines im Sachkontext realistischen Zahlenwerts für die Gesamtzahl der Spielerinnen und Spieler, dass die von Max berechnete Wahrscheinlichkeit nur geringfügig von der tatsächlichen Wahrscheinlichkeit abweicht. 5

Neben dem Fußballturnier werden für die Schülerinnen und Schüler auch ein Elfmeterschießen und ein Torwandschießen angeboten.

2. Dafür konnten sich die Kinder in zwei Listen eintragen. 45 % der Kinder haben sich sowohl für das Torwandschießen als auch für das Elfmeterschießen eingetragen, 15 % haben sich nur für das Elfmeterschießen eingetragen. 90 % der Kinder, die sich für das Torwandschießen eingetragen haben, haben sich auch für das Elfmeterschießen eingetragen. Aus den Kindern wird eines zufällig ausgewählt. Betrachtet werden die folgenden Ereignisse:
   T: „Das Kind hat sich für das Torwandschießen eingetragen."
   E: „Das Kind hat sich für das Elfmeterschießen eingetragen."

   a) Untersuchen Sie die Ereignisse T und E auf stochastische Unabhängigkeit. 4

b) Drücken Sie jedes der beiden folgenden Ereignisse unter Verwendung der Mengenschreibweise durch T und E aus.
A: „Das Kind hat sich in keine der Listen eingetragen."
B: „Das Kind hat sich in genau eine Liste eingetragen." 3

Beim Torwandschießen treten zwei Schützen gegeneinander an. Zunächst gibt der eine sechs Schüsse ab, anschließend der andere. Wer dabei mehr Treffer erzielt, hat gewonnen; andernfalls geht das Torwandschießen unentschieden aus.

3. Joe trifft beim Torwandschießen bei jedem Schuss mit einer Wahrscheinlichkeit von 20 %, Hans mit einer Wahrscheinlichkeit von 30 %.

   a) Bestimmen Sie die Wahrscheinlichkeit dafür, dass Joe beim Torwandschießen gegen Hans gewinnt, wenn Hans bei seinen sechs Schüssen genau zwei Treffer erzielt hat. Erläutern Sie anhand einer konkreten Spielsituation, dass das dieser Aufgabe zugrunde gelegte mathematische Modell im Allgemeinen nicht der Realität entspricht. 4

   b) Beschreiben Sie im Sachzusammenhang ein Ereignis, dessen Wahrscheinlichkeit durch den Term $\sum_{k=0}^{6} \left(B(6;0,2;k) \cdot B(6;0,3;k)\right)$ angegeben wird. 2

   c) Lisa erreichte im Training in 90 % aller Fälle bei sechs Schüssen mindestens einen Treffer. Bestimmen Sie die Wahrscheinlichkeit dafür, dass ihr erster Schuss im Wettbewerb ein Treffer ist, wenn man davon ausgeht, dass sich ihre Trefferquote im Vergleich zum Training nicht ändert. Legen Sie Ihrer Berechnung als Modell eine geeignete Bernoullikette zugrunde. 4

25

Tipps und Hinweise

Aufgabe 1 a

- Es sind insgesamt 9 Plätze zu vergeben.
- Auf 3 nebeneinanderliegenden Plätzen sollen die Mädchen stehen.
- Die Anzahl dieser Möglichkeiten lässt sich durch Aufzeichnen ermitteln.
- Sowohl die Mädchen als auch die Jungen haben noch die Möglichkeit, untereinander Plätze zu tauschen.
- Für n Leute gibt es n! Möglichkeiten, sich in einer Reihe aufzustellen.

Aufgabe 1 b

- *mit oder ohne Zurücklegen*

- Sowohl für Ziehen mit als auch ohne Zurücklegen finden sich die entsprechenden Formeln auf der Merkhilfe.
- Welcher Formel entspricht der von Max verwendete Ansatz?

- *Wahrscheinlichkeit mit Zurücklegen*

- Bestimmen Sie den Wert der Wahrscheinlichkeit, die Max verwendet.
- Sie können diese Wahrscheinlichkeit mit dem Taschenrechner oder mithilfe der Stochastiktabelle ermitteln, wenn Sie den von Max verwendeten Ansatz als Bernoullikette angeben.

- *Wahrscheinlichkeit ohne Zurücklegen*

- Warum lässt sich die tatsächliche Wahrscheinlichkeit mit dieser Formel nicht berechnen?
- Berechnen Sie die gesuchte Wahrscheinlichkeit mit dem Modell „Ziehen ohne Zurücklegen".
- Die dafür benötigte Gesamtzahl ergibt sich durch die 9 Fußballmannschaften.
- Wie viele Spieler hat eine Fußballmannschaft normalerweise?
- Zwei Drittel aller Spieler sind männlich.
- Wie viele Spieler sind somit männlich, wie viele weiblich?
- Es sollen je 5 Mädchen und 5 Jungen ausgesucht werden.
- Bestimmen Sie den Wert dieser Wahrscheinlichkeit mithilfe des Taschenrechners.

- *Abweichung*

- Vergleichen Sie die beiden Wahrscheinlichkeiten.
- An welcher Dezimalstelle unterscheiden sie sich?

Aufgabe 2 a

Zwei Ereignisse A und B sind stochastisch unabhängig, wenn $P(A \cap B) = P(A) \cdot P(B)$ gilt.

Sie benötigen also die Wahrscheinlichkeiten $P(T \cap E)$ sowie P(T) und P(E).

Geben Sie an, welche Wahrscheinlichkeit (ausgedrückt mithilfe von T und E) jeweils durch 45 %, 15 % und 90 % angegeben ist.

„sowohl … als auch“ kennzeichnet eine Schnittmenge.

Manche Kinder haben sich **nur** für das Elfmeterschießen angemeldet. Damit haben diese Kinder sich **nicht** für das Torwandschießen angemeldet.

90 % gibt den Wert einer bedingten Wahrscheinlichkeit an.

Die Bedingung steht im Relativsatz.

Die Formel für die Berechnung einer bedingten Wahrscheinlichkeit steht auf der Merkhilfe.

Ihnen ist der Wert der bedingten Wahrscheinlichkeit und der Wert der Wahrscheinlichkeit der Schnittmenge bekannt.

Berechnen Sie P(T).

Aus den gegebenen Werten lässt sich auch P(E) bestimmen.

Das Ereignis E setzt sich zusammen aus $E \cap \overline{T}$ und $E \cap T = T \cap E$.

Berechnen Sie P(E).

Vergleichen Sie $P(T \cap E)$ mit dem Produkt aus P(T) und P(E).

Aufgabe 2 b

Bei A hat sich das Kind also weder beim Torwandschießen noch beim Elfmeterschießen eingetragen.

„genau eine Liste“ bedeutet: Das Kind hat sich entweder bei T, aber nicht bei E, oder bei E, aber nicht bei T eingetragen.

Aufgabe 3 a

- *Berechnung der Wahrscheinlichkeit*

Wie viele Treffer muss Joe mindestens erzielen, um zu gewinnen?

Bestimmen Sie die Wahrscheinlichkeit, dass Joe mindestens 3 Treffer erzielt.

Formen Sie mithilfe des Gegenereignisses um.

„mindestens 3“ bedeutet „nicht 0, 1, 2“.

- Es handelt sich um eine Bernoullikette der Länge 6 mit der Trefferwahrscheinlichkeit 0,2.

- Achten Sie darauf, die kumulative Tabelle zu verwenden.

• *Erläuterung*

- Wie wird Joe reagieren, wenn der erste und der zweite Schuss danebengehen?

- Bleibt seine Trefferquote konstant, wenn Joe nervös wird?

Aufgabe 3 b

- Der angegebene Term ist eine Summe aus 7 Summanden (je einer für $k = 0, 1, 2, 3, 4, 5, 6$).

- Jeder Summand besteht aus einem Produkt. Der erste Faktor gibt die Wahrscheinlichkeit an, dass Joe k Treffer erzielt. Der zweite Faktor gibt die Wahrscheinlichkeit an, dass Hans k Treffer erzielt.

- Das k ist in jedem Summanden das gleiche.

- Der erste Summand gibt die Wahrscheinlichkeit an, dass Joe und Hans jeweils keinen Treffer erzielen.
  Der zweite Summand gibt die Wahrscheinlichkeit an, dass Joe und Hans jeweils einen Treffer erzielen.
  Und entsprechend weiter.

Aufgabe 3 c

- Gesucht ist die Trefferquote p von Lisa.

- Die Wahrscheinlichkeit, dass Lisa bei 6 Schüssen mindestens einmal trifft, muss 90 % betragen.

- Formen Sie „mindestens eins“ mithilfe des Gegenereignisses um.

- „mindestens eins“ bedeutet „nicht 0“.

- Der Lösungsansatz lautet: $1 - B(6; p; 0) = 0{,}9$

- Schreiben Sie B(6; p; 0) ausführlich (siehe Merkhilfe).

- Lösen Sie die Gleichung nach p auf.

- Beachten Sie: $a^n = c \;\Rightarrow\; a = \sqrt[n]{c}$

Lösungen

1. a) Die 3 Mädchen haben auf den 9 Plätzen 7 Möglichkeiten, nebeneinanderzustehen:

   oooxxxxxx xoooxxxxx xxoooxxxx xxxoooxxx xxxxoooxx xxxxxooox xxxxxxooo

   Die Mädchen untereinander können auf 3! Arten ihre Plätze tauschen, die Jungen auf 6! Arten.

   Anzahl der möglichen Aufstellungen:
   $7 \cdot 3! \cdot 6! = 30\,240$

   b) Max geht vom Modell „Ziehen mit Zurücklegen" aus und erhält:

   $$P(\text{Ziehen mit Zurücklegen}) = \binom{10}{5} \cdot \left(\frac{2}{3}\right)^5 \cdot \left(\frac{1}{3}\right)^5 = B\left(10; \frac{2}{3}; 5\right) = 0{,}13656\ldots$$

   Da jede Spielerin und jeder Spieler nur einmal ausgelost werden kann, ergibt sich die tatsächliche Wahrscheinlichkeit beim „Ziehen ohne Zurücklegen". Geht man davon aus, dass jede Mannschaft aus 11 Spielern besteht, so wird unter 99 Spielern ausgelost, von denen 66 Jungen und 33 Mädchen sind.

   $$P(\text{Ziehen ohne Zurücklegen}) = \frac{\binom{66}{5} \cdot \binom{33}{5}}{\binom{99}{10}} = 0{,}13614\ldots$$

   Die beiden Wahrscheinlichkeiten unterscheiden sich erst in der 4. Dezimale.

2. $P(T \cap E) = 45\,\%;\quad P(E \cap \overline{T}) = 15\,\%;\quad P_T(E) = 90\,\%$

   a) $P_T(E) = \dfrac{P(T \cap E)}{P(T)}$

   $$P(T) = \frac{P(T \cap E)}{P_T(E)} = \frac{0{,}45}{0{,}90} = 0{,}5$$

   $$P(E) = P(E \cap \overline{T}) + P(E \cap T) = 0{,}15 + 0{,}45 = 0{,}6$$

   $$P(T) \cdot P(E) = 0{,}5 \cdot 0{,}6 = 0{,}3 \neq 0{,}45 = P(T \cap E)$$

   T und E sind stochastisch abhängig.

   b) A: $\overline{T} \cap \overline{E}$

   B: $(T \cap \overline{E}) \cup (\overline{T} \cap E)$

3. a) Da Hans zwei Treffer erzielt hat, muss Joe mindestens 3 Treffer erzielen, um zu gewinnen:

$$P(X \geq 3) = 1 - P(X \leq 2) = 1 - \sum_{i=0}^{2} B(6; 0,2; i) = 1 - 0,90112 = 0,09888 \approx 9,9\ \%$$

oder:

$$P(X \geq 3) = 1 - P(X \leq 2) = 1 - P_{0,2}^{6}(X \leq 2) = 1 - 0,90112 = 0,09888 \approx 9,9\ \%$$

Joe wird immer nervöser, wenn er nicht spätestens beim dritten Schuss einen Treffer erzielt (hat er auch beim dritten Schuss noch keinen Treffer, müsste er anschließend drei Treffer hintereinander haben, um noch gewinnen zu können). Dadurch kann seine Trefferwahrscheinlichkeit sinken.

b) Das Torwandschießen endet unentschieden, da Joe und Hans jeweils die gleiche Trefferzahl erzielen.

c) Gesucht ist die Trefferquote p von Lisa.

P(mindestens 1 Treffer bei 6 Schüssen) = 90 %

$$\begin{aligned}
1 - P(\text{kein Treffer bei 6 Schüssen}) &= 0,9 \\
1 - B(6; p; 0) &= 0,9 \\
B(6; p; 0) &= 0,1 \\
\binom{n}{0} \cdot p^0 \cdot (1-p)^6 &= 0,1 \\
1 \cdot 1 \cdot (1-p)^6 &= 0,1 \\
(1-p)^6 &= 0,1 \\
1 - p &= \sqrt[6]{0,1} \\
p &= 1 - \sqrt[6]{0,1} \\
p &\approx 0,319 = 31,9\ \%
\end{aligned}$$

Abitur Mathematik (Bayern): Abiturprüfung 2020
Prüfungsteil B – Geometrie Aufgabengruppe 1

BE

Die Abbildung 1 zeigt modellhaft eine Mehrzweckhalle, die auf einer horizontalen Fläche steht und die Form eines geraden Prismas hat.

Die Punkte $A_1(0|0|0)$, $A_2(20|0|0)$, A_3 und $A_4(0|10|0)$ stellen im Modell die Eckpunkte der Grundfläche der Mehrzweckhalle dar, die Punkte B_1, B_2, B_3 und B_4 die Eckpunkte der Dachfläche. Diejenige Seitenwand, die im Modell in der x_1x_3-Ebene liegt, ist 6 m hoch, die ihr gegenüberliegende Wand nur 4 m.

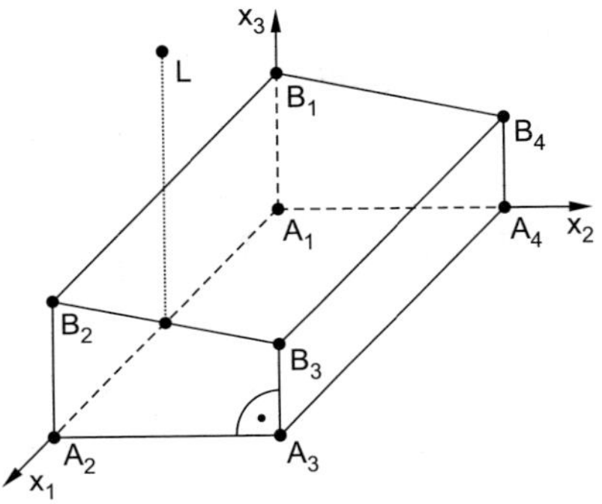

Abb. 1

Eine Längeneinheit im Koordinatensystem entspricht 1 m, d. h. die Mehrzweckhalle ist 20 m lang.

a) Geben Sie die Koordinaten der Punkte B_2, B_3 und B_4 an und bestätigen Sie, dass diese Punkte in der Ebene $E: x_2 + 5x_3 - 30 = 0$ liegen. 4

b) Berechnen Sie die Größe des Neigungswinkels der Dachfläche gegenüber der Horizontalen. 3

c) Der Punkt $T(7|10|0)$ liegt auf der Kante $[A_3A_4]$. Untersuchen Sie rechnerisch, ob es Punkte auf der Kante $[B_3B_4]$ gibt, für die gilt: Die Verbindungsstrecken des Punktes zu den Punkten B_1 und T stehen aufeinander senkrecht. Geben Sie gegebenenfalls die Koordinaten dieser Punkte an. 6

Der Punkt L, der vertikal über dem Mittelpunkt der Kante $[A_1A_2]$ liegt, veranschaulicht im Modell die Position einer Flutlichtanlage, die 12 m über der Grundfläche angebracht ist. Die als punktförmig angenommene Lichtquelle beleuchtet – mit Ausnahme des Schattenbereichs in der Nähe der Hallenwände – das gesamte Gelände um die Halle.

d) Die Punkte L, B_2 und B_3 legen eine Ebene F fest. Ermitteln Sie eine Gleichung von F in Normalenform.
[zur Kontrolle: $F: 3x_1 + x_2 + 5x_3 - 90 = 0$] 5

* e) Die Ebene F schneidet die x_1x_2-Ebene in der Gerade g. Bestimmen Sie eine Gleichung von g.
[zur Kontrolle: $g: \overrightarrow{X} = \begin{pmatrix} 30 \\ 0 \\ 0 \end{pmatrix} + \lambda \cdot \begin{pmatrix} 1 \\ -3 \\ 0 \end{pmatrix},\ \lambda \in \mathbb{R}$] 3

* Die Aufgabe e ist für die Abiturprüfung 2023 nicht relevant.

f) Die Abbildung 2 zeigt den Grundriss des Hallenmodells in der x_1x_2-Ebene Stellen Sie unter Verwendung der bisherigen Ergebnisse den Schattenbereich der Flutlichtanlage in der Abbildung exakt dar.

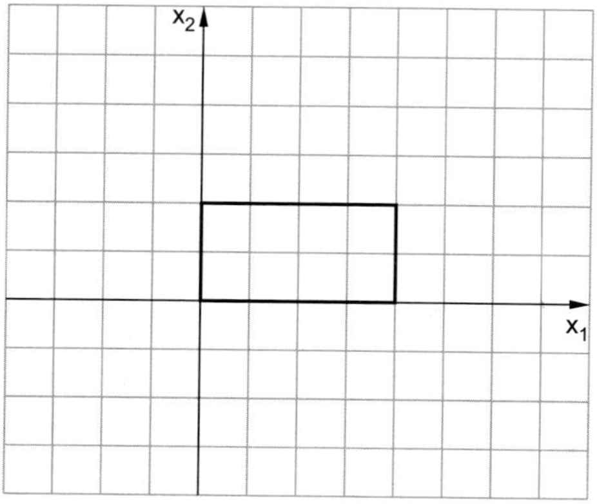

Abb. 2

$\frac{4}{25}$

Tipps und Hinweise

Aufgabe a

- *Bestimmung der Koordinaten*

Ein Prisma ist ein Körper, bei dem die Grund- und die Deckfläche (hier $A_2A_3B_3B_2$ und $A_1A_4B_4B_1$) kongruent sind und so parallel zueinander verlaufen, dass die Verbindungen entsprechender Punkte von Grund- und Deckfläche (hier z. B. A_1 und A_2) auf der Grund- und der Deckfläche senkrecht stehen.

Die Punkte A_1, A_2, A_3 und A_4 liegen in der x_1x_2-Ebene, die Punkte A_1, A_2, B_2 und B_1 liegen in der x_1x_3-Ebene.

Die Strecken $[A_3A_4]$, $[B_3B_4]$ und $[B_2B_1]$ verlaufen parallel zur x_1-Achse, auf der A_1 und A_2 liegen.

B_2 liegt senkrecht über A_2.

Die Koordinaten von A_2 und B_2 unterscheiden sich nur in der x_3-Koordinate.

Die Dachkante $[B_2B_1]$ liegt 6 m hoch über der x_1-Achse.

Beachten Sie den Maßstab.

B_3 liegt senkrecht über A_3, B_4 liegt senkrecht über A_4.

Die Dachkante $[B_3B_4]$ liegt 4 m hoch über der x_1x_2-Ebene.

- *Nachweis der Lage*

Ein Punkt liegt in einer Ebene, wenn seine Koordinaten die Ebenengleichung erfüllen.

Setzen Sie die Koordinaten von B_2, B_3 und B_4 in E ein und zeigen Sie, dass sich jeweils null ergibt.

Aufgabe b

Die Dachfläche ist Teil der Ebene E, die Horizontale ist die x_1x_2-Ebene.

Der Neigungswinkel ist der Schnittwinkel der beiden Ebenen.

Der Schnittwinkel zweier Ebenen ist der Winkel zwischen den beiden Normalenvektoren der Ebenen.

Lesen Sie die Koordinaten des Normalenvektors von E aus der Ebenengleichung ab.

Die x_3-Achse steht auf der x_1x_2-Ebene senkrecht.

Die Formel für den Winkel zwischen zwei Vektoren finden Sie auf der Merkhilfe.

Da nach dem Schnittwinkel gefragt ist, muss der Absolutbetrag des Zählers verwendet werden.

Aufgabe c

- Die Kante $[B_3B_4]$ liegt auf der Geraden durch B_3 und B_4.
- Stellen Sie eine Gleichung der Geraden durch B_3 und B_4 auf.
- Für welche Werte des Parameters λ liegen die Punkte P auf der Kante $[B_3B_4]$?
- Die Verbindungsstrecken und damit die Verbindungsvektoren von P nach B_1 bzw. nach T sollen aufeinander senkrecht stehen.
- Wie lässt sich zeigen, dass zwei Vektoren aufeinander senkrecht stehen?
- Das Skalarprodukt der beiden Vektoren $\overrightarrow{PB_1}$ und $\overrightarrow{PT}$ muss null ergeben (siehe Merkhilfe).
- Bestimmen Sie $\overrightarrow{PB_1}$ und $\overrightarrow{PT}$ in Abhängigkeit von λ.
- Berechnen Sie das Skalarprodukt der Vektoren $\overrightarrow{PB_1}$ und $\overrightarrow{PT}$ (siehe Merkhilfe).
- Setzen Sie das Skalarprodukt null.
- Es ergibt sich eine quadratische Gleichung für den Parameter λ.
- Lösen Sie die Gleichung mithilfe der Formel (siehe Merkhilfe).
- Vergleichen Sie die beiden Lösungen mit der Bedingung für λ.
- Nur ein λ erfüllt die Bedingung.
- Bestimmen Sie die Koordinaten des Punktes P für dieses λ.

Aufgabe d

• *Koordinaten von L*

- Welche Koordinaten hat der Mittelpunkt der Strecke $[A_1A_2]$?
- Die Lichtquelle L liegt vertikal (= senkrecht) darüber und zwar in einer Höhe von 12 m.
- Beachten Sie den Maßstab.

• *Ebenengleichung*

- Bestimmen Sie zwei Richtungsvektoren von F.
- Ein Normalenvektor von F ergibt sich als Vektorprodukt der beiden Richtungsvektoren.
- Die Berechnung des Vektorprodukts ergibt sich aus der Formel auf der Merkhilfe.
- Setzen Sie den Normalenvektor und einen Aufpunkt (z. B. B_2) in die Normalenform der Ebene ein (siehe Merkhilfe).
- Vergleichen Sie mit der Angabe.

Aufgabe e

- Um zwei Ebenen schneiden zu können, muss eine Ebene in Parameterform vorliegen.
- Geben Sie eine Parameterform der x_1x_2-Ebene an.
- Setzen Sie die Koordinaten der x_1x_2-Ebene in die Ebenengleichung von F ein.
- Es ergibt sich eine Gleichung für die beiden Parameter der x_1x_2-Ebene.
- Lösen Sie nach einem der beiden Parameter auf.
- Setzen Sie nun in die Parameterform der x_1x_2-Ebene ein.
- Formen Sie so um, dass eine „gewohnte“ Geradengleichung entsteht.
- Vergleichen Sie mit der Angabe.
- Wichtig ist, dass Ihr Richtungsvektor mit dem angegebenen identisch oder parallel dazu ist. Weicht Ihr Aufpunkt von dem angegebenen ab, so kontrollieren Sie, ob sich im angegebenen Ergebnis ein λ finden lässt, sodass sich Ihr Aufpunkt ergibt.

oder:

- Sie suchen zwei Punkte, die in der x_1x_2-Ebene liegen (also als dritte Koordinate null haben) **und** die Ebenengleichung F erfüllen.
- Die Gerade g verläuft durch diese zwei Punkte.
- Stellen Sie die Geradengleichung auf und vergleichen Sie mit der Angabe.
- Wichtig ist, dass Ihr Richtungsvektor mit dem angegebenen identisch oder parallel dazu ist. Weicht Ihr Aufpunkt von dem angegebenen ab, so kontrollieren Sie, ob sich im angegebenen Ergebnis ein λ finden lässt, sodass sich Ihr Aufpunkt ergibt.

Aufgabe f

- Die Ebene F enthält alle Lichtstrahlen, die von L ausgehend die Dachkante $[B_2B_3]$ berühren.
- Die Gerade g begrenzt den Schatten, der rechts der Halle entsteht.
- Zeichnen Sie die Gerade g ein.
- Die Gerade g verläuft in der x_1x_2-Ebene durch den Punkt $(30|0)$.
- Beachten Sie den Maßstab.
- Der Richtungsvektor von g ist durch $\begin{pmatrix} 1 \\ -3 \end{pmatrix}$ gegeben.
- Die Halle ist symmetrisch und die Lichtquelle L gehört dieser Symmetrieebene an.
- Die linke Schattengrenze liegt symmetrisch zu g bezüglich der Halle.
- Zeichnen Sie die linke Schattengrenze ein.

- Die Halle wirft auch in x_2-Richtung einen Schatten.
- Diese Schattengrenze muss parallel zur x_1-Achse verlaufen, da die Dachkante $[B_3B_4]$ parallel zur x_1-Achse verläuft.
- Beschreiben Sie den Lichtstrahl, der von L aus durch den Mittelpunkt der Dachkante $[B_3B_4]$ verläuft, durch die Gerade k.
- Bestimmen Sie den Schnittpunkt S der Geraden k mit der x_1x_2-Ebene.
- Setzen Sie die Koordinaten von k in die Normalenform der x_1x_2-Ebene ($x_3 = 0$) ein.
- Berechnen Sie den Parameter von k.
- Einsetzen des Parameters in k liefert den Schnittpunkt S.
- Die noch fehlende Schattengrenze verläuft parallel zur x_1-Achse durch S.

Lösungen

a) $B_2(20|0|6)$; $B_3(20|10|4)$; $B_4(0|10|4)$

B_2 in E: $0+5\cdot 6-30=0$ erfüllt
B_3 in E: $10+5\cdot 4-30=0$ erfüllt
B_4 in E: $10+5\cdot 4-30=0$ erfüllt

oder (umständlicher):
Richtungsvektoren der Ebene E sind z. B.:

$$\overrightarrow{B_3B_2}=\begin{pmatrix}20\\0\\6\end{pmatrix}-\begin{pmatrix}20\\10\\4\end{pmatrix}=\begin{pmatrix}0\\-10\\2\end{pmatrix} \text{ und } \overrightarrow{B_3B_4}=\begin{pmatrix}0\\10\\4\end{pmatrix}-\begin{pmatrix}20\\10\\4\end{pmatrix}=\begin{pmatrix}-20\\0\\0\end{pmatrix}$$

$$\vec{n}_E=\begin{pmatrix}0\\-10\\2\end{pmatrix}\times\begin{pmatrix}-20\\0\\0\end{pmatrix}=\begin{pmatrix}0\\-40\\-200\end{pmatrix}=-40\cdot\begin{pmatrix}0\\1\\5\end{pmatrix}$$

$$E: \quad \begin{pmatrix}0\\1\\5\end{pmatrix}\circ\left[\vec{X}-\begin{pmatrix}20\\10\\4\end{pmatrix}\right]=0$$

$$x_2+5x_3-(0+10+20)=0$$
$$x_2+5x_3-30=0$$

b) Der Neigungswinkel der Dachfläche E gegenüber der Horizontalen (x_1x_2-Ebene) ist der Schnittwinkel der beiden Ebenen und damit gleich dem Winkel zwischen den Normalenvektoren der beiden Ebenen.

$$\vec{n}_E=\begin{pmatrix}0\\1\\5\end{pmatrix}; \quad \vec{n}_{x_1x_2\text{-Ebene}}=\begin{pmatrix}0\\0\\1\end{pmatrix}$$

$$\cos\alpha=\frac{\left|\begin{pmatrix}0\\1\\5\end{pmatrix}\circ\begin{pmatrix}0\\0\\1\end{pmatrix}\right|}{\sqrt{0^2+1^2+5^2}\cdot\sqrt{0^2+0^2+1^2}}=\frac{|0+0+5|}{\sqrt{26}\cdot 1}=\frac{5}{\sqrt{26}} \quad\Rightarrow\quad \alpha\approx 11{,}3°$$

c) Für alle Punkte P, die auf der Kante $[B_3B_4]$ liegen, gilt:

$$\vec{P}=\vec{B_3}+\lambda\cdot\overrightarrow{B_3B_4}=\begin{pmatrix}20\\10\\4\end{pmatrix}+\lambda\cdot\left[\begin{pmatrix}0\\10\\4\end{pmatrix}-\begin{pmatrix}20\\10\\4\end{pmatrix}\right]=\begin{pmatrix}20\\10\\4\end{pmatrix}+\lambda\cdot\begin{pmatrix}-20\\0\\0\end{pmatrix} \text{ mit } 0\le\lambda\le 1$$

Es soll gelten: $\overrightarrow{PB_1}\perp\overrightarrow{PT}$, also $\overrightarrow{PB_1}\circ\overrightarrow{PT}=0$

$$\overrightarrow{PB_1}=\begin{pmatrix}0\\0\\6\end{pmatrix}-\begin{pmatrix}20-20\lambda\\10\\4\end{pmatrix}=\begin{pmatrix}-20+20\lambda\\-10\\2\end{pmatrix}$$

$$\overrightarrow{PT} = \begin{pmatrix} 7 \\ 10 \\ 0 \end{pmatrix} - \begin{pmatrix} 20-20\lambda \\ 10 \\ 4 \end{pmatrix} = \begin{pmatrix} -13+20\lambda \\ 0 \\ -4 \end{pmatrix}$$

$$\overrightarrow{PB_1} \circ \overrightarrow{PT} = \begin{pmatrix} -20+20\lambda \\ -10 \\ 2 \end{pmatrix} \circ \begin{pmatrix} -13+20\lambda \\ 0 \\ -4 \end{pmatrix} = (-20+20\lambda)\cdot(-13+20\lambda)+0-8$$

$$= 260-400\lambda-260\lambda+400\lambda^2-8$$

$$= 400\lambda^2-660\lambda+252$$

$$400\lambda^2-660\lambda+252=0$$

$$\lambda_{1/2} = \frac{660 \pm \sqrt{(-660)^2-4\cdot 400\cdot 252}}{2\cdot 400}$$

$$\lambda_{1/2} = \frac{660 \pm 180}{800}$$

$$\lambda_1 = 1{,}05$$

$$\lambda_2 = 0{,}6$$

Da P auf der Kante $[B_3B_4]$ liegen soll, muss $0 \le \lambda \le 1$ gelten (siehe oben), also kann nur λ_2 Lösung sein.

$$\overrightarrow{P_{0,6}} = \begin{pmatrix} 20 \\ 10 \\ 4 \end{pmatrix} + 0{,}6 \cdot \begin{pmatrix} -20 \\ 0 \\ 0 \end{pmatrix} = \begin{pmatrix} 8 \\ 10 \\ 4 \end{pmatrix}$$

$P_{0,6}(8\,|\,10\,|\,4)$

d) Der Mittelpunkt der Strecke $[A_1A_2]$ hat die Koordinaten $(10\,|\,0\,|\,0)$. Die Lichtquelle L liegt senkrecht in einer Höhe von 12 m darüber. Somit:
$L(10\,|\,0\,|\,12)$

Richtungsvektoren der Ebene F sind z. B.:

$$\overrightarrow{B_2L} = \begin{pmatrix} 10 \\ 0 \\ 12 \end{pmatrix} - \begin{pmatrix} 20 \\ 0 \\ 6 \end{pmatrix} = \begin{pmatrix} -10 \\ 0 \\ 6 \end{pmatrix} \text{ und } \overrightarrow{B_2B_3} = \begin{pmatrix} 20 \\ 10 \\ 4 \end{pmatrix} - \begin{pmatrix} 20 \\ 0 \\ 6 \end{pmatrix} = \begin{pmatrix} 0 \\ 10 \\ -2 \end{pmatrix}$$

$$\vec{n}_F = \begin{pmatrix} -10 \\ 0 \\ 6 \end{pmatrix} \times \begin{pmatrix} 0 \\ 10 \\ -2 \end{pmatrix} = \begin{pmatrix} -60 \\ -20 \\ -100 \end{pmatrix} = -20 \cdot \begin{pmatrix} 3 \\ 1 \\ 5 \end{pmatrix}$$

$$F: \quad \begin{pmatrix} 3 \\ 1 \\ 5 \end{pmatrix} \circ \left[\vec{X} - \begin{pmatrix} 20 \\ 0 \\ 6 \end{pmatrix} \right] = 0$$

$$3x_1 + x_2 + 5x_3 - (60+0+30) = 0$$

$$3x_1 + x_2 + 5x_3 - 90 = 0$$

e) x_1x_2-Ebene in Parameterform: $\overrightarrow{X} = \begin{pmatrix} 0 \\ 0 \\ 0 \end{pmatrix} + \mu \cdot \begin{pmatrix} 1 \\ 0 \\ 0 \end{pmatrix} + \nu \cdot \begin{pmatrix} 0 \\ 1 \\ 0 \end{pmatrix}$

$F \cap x_1x_2$-Ebene: $3\mu + \nu + 5 \cdot 0 - 90 = 0 \;\Rightarrow\; \nu = 90 - 3\mu$

$$g\colon \overrightarrow{X} = \begin{pmatrix} 0 \\ 0 \\ 0 \end{pmatrix} + \mu \cdot \begin{pmatrix} 1 \\ 0 \\ 0 \end{pmatrix} + (90 - 3\mu) \cdot \begin{pmatrix} 0 \\ 1 \\ 0 \end{pmatrix}$$

$$\overrightarrow{X} = \begin{pmatrix} 0 \\ 0 \\ 0 \end{pmatrix} + \mu \cdot \begin{pmatrix} 1 \\ 0 \\ 0 \end{pmatrix} + 90 \cdot \begin{pmatrix} 0 \\ 1 \\ 0 \end{pmatrix} + \mu \cdot \begin{pmatrix} 0 \\ -3 \\ 0 \end{pmatrix}$$

$$\overrightarrow{X} = \begin{pmatrix} 0 \\ 90 \\ 0 \end{pmatrix} + \mu \cdot \begin{pmatrix} 1 \\ -3 \\ 0 \end{pmatrix}$$

Für $\mu = 30$ ergibt sich der Aufpunkt aus der Kontrolllösung.

oder:

Man sucht zwei Punkte von F, die in der x_1x_2-Ebene liegen, für die also $x_3 = 0$ gilt. Die x_1x_2-Koordinaten müssen also die Gleichung $3x_1 + x_2 + 5 \cdot 0 - 90 = 0$ erfüllen, z. B.: $(30|0|0)$ und $(0|90|0)$

Die Schnittgerade g muss durch diese beiden Punkte verlaufen:

$$g\colon \overrightarrow{X} = \begin{pmatrix} 30 \\ 0 \\ 0 \end{pmatrix} + \mu \cdot \left[\begin{pmatrix} 0 \\ 90 \\ 0 \end{pmatrix} - \begin{pmatrix} 30 \\ 0 \\ 0 \end{pmatrix} \right]$$

$$\overrightarrow{X} = \begin{pmatrix} 30 \\ 0 \\ 0 \end{pmatrix} + \mu \cdot \begin{pmatrix} -30 \\ 90 \\ 0 \end{pmatrix}$$

$$\overrightarrow{X} = \begin{pmatrix} 30 \\ 0 \\ 0 \end{pmatrix} + \mu \cdot \begin{pmatrix} -1 \\ 3 \\ 0 \end{pmatrix}$$

f) Die Halle ist 20 m lang (x_1-Richtung) und 10 m breit (x_2-Richtung).

Die Ebene F verläuft durch die Lichtquelle L und die beiden Dachpunkte B_2 und B_3. Die Schnittgerade g von F und der x_1x_2-Ebene begrenzt also den Schatten rechts der Halle.

g verläuft in der x_1x_2-Ebene durch den Punkt $(30|0)$ und hat den Richtungsvektor $\begin{pmatrix} 1 \\ -3 \end{pmatrix}$.

Da L senkrecht über der Mitte von $[A_1A_2]$ liegt, ist die Schattengrenze g* links der Halle die Spiegelung von g an der Symmetrieachse der Halle.

Die Schattengrenze s in positiver x_2-Richtung muss parallel zur x_1-Achse verlaufen. Die Gerade k durch die Lichtquelle L und den Mittelpunkt M der Kante $[B_3B_4]$ schneidet die x_1x_2-Ebene in einem Punkt S der Schattengrenze s.
$M(10|10|4)$

$$k\colon \vec{X} = \begin{pmatrix} 10 \\ 0 \\ 12 \end{pmatrix} + \mu \cdot \left[\begin{pmatrix} 10 \\ 10 \\ 4 \end{pmatrix} - \begin{pmatrix} 10 \\ 0 \\ 12 \end{pmatrix} \right]$$

$$\vec{X} = \begin{pmatrix} 10 \\ 0 \\ 12 \end{pmatrix} + \mu \cdot \begin{pmatrix} 0 \\ 10 \\ -8 \end{pmatrix}$$

$k \cap x_1x_2$-Ebene ($x_3 = 0$): $12 - 8\mu = 0 \quad \Rightarrow \quad \mu = 1{,}5$

$$\vec{S} = \begin{pmatrix} 10 \\ 0 \\ 12 \end{pmatrix} + 1{,}5 \cdot \begin{pmatrix} 0 \\ 10 \\ -8 \end{pmatrix} = \begin{pmatrix} 10 \\ 15 \\ 0 \end{pmatrix}$$

s verläuft also in der x_1x_2-Ebene parallel zur x_1-Achse durch den Punkt $(10\,|\,15)$.

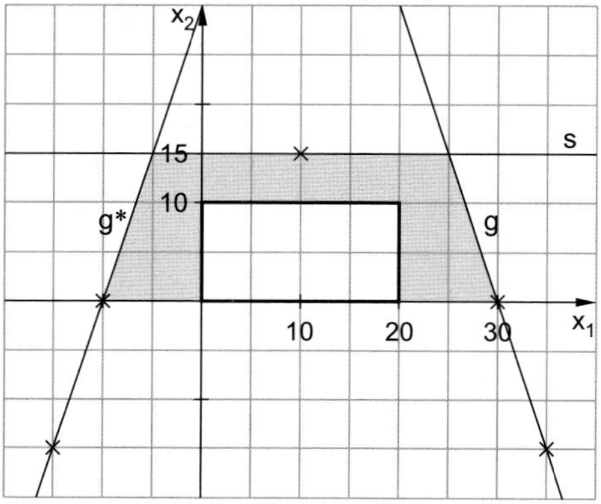

Abitur Mathematik (Bayern): Abiturprüfung 2020
Prüfungsteil B – Geometrie Aufgabengruppe 2

BE

Gegeben sind in einem kartesischen Koordinatensystem die Ebene

E: $4x_1 - 8x_2 + x_3 + 50 = 0$ und die Gerade g: $\overrightarrow{X} = \begin{pmatrix} 3 \\ 12 \\ -2 \end{pmatrix} + \lambda \cdot \begin{pmatrix} 5 \\ 11 \\ -4 \end{pmatrix}$, $\lambda \in \mathbb{R}$.

a) Erläutern Sie, warum die folgende Rechnung ein Nachweis dafür ist, dass g und E genau einen gemeinsamen Punkt haben:
$\begin{pmatrix} 4 \\ -8 \\ 1 \end{pmatrix} \circ \begin{pmatrix} 5 \\ 11 \\ -4 \end{pmatrix} = -72 \neq 0$ 1

b) Berechnen Sie die Größe des Schnittwinkels von g und E und zeigen Sie, dass $S(0{,}5\,|\,6{,}5\,|\,0)$ der Schnittpunkt von g und E ist. 5

c) Die Kugel K mit dem Mittelpunkt $M(-13\,|\,20\,|\,0)$ berührt die Ebene E. Bestimmen Sie die Koordinaten des zugehörigen Berührpunkts F sowie den Kugelradius r.
[zur Kontrolle: $F(-5\,|\,4\,|\,2)$, $r = 18$] 6

d) Weisen Sie nach, dass die Gerade g die Kugel K im Punkt $T(3\,|\,12\,|\,-2)$ berührt. 5

Die Punkte M, T, S und F (vgl. die Aufgaben b, c und d) liegen in einer Ebene Z. Die nicht maßstabsgetreue Abbildung zeigt die Gerade g, den Schnitt der Ebene E mit der Ebene Z sowie den Schnitt der Kugel K mit der Ebene Z.

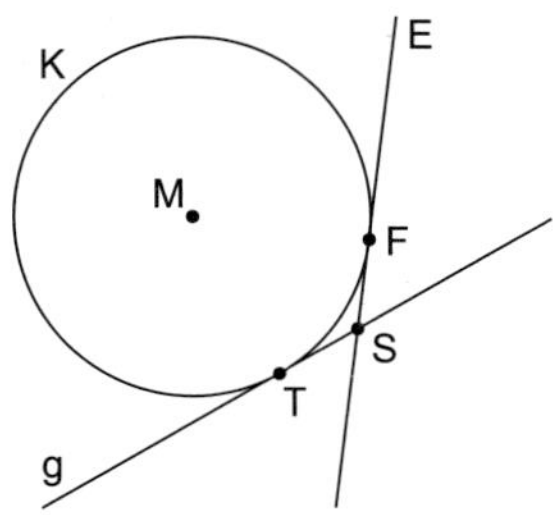

e) Begründen Sie, dass das Viereck MTSF einen Umkreis besitzt.

Berechnen Sie den Flächeninhalt dieses Vierecks. 4

f) Durch Rotation des Vierecks MTSF um die Gerade MS entsteht ein Körper. Beschreiben Sie diesen Körper.

In einer Formelsammlung ist zur Berechnung des Volumens eines solchen Körpers die Formel $V = \frac{1}{3} \cdot \left(\frac{a}{2}\right)^2 \cdot \pi \cdot b$ zu finden. Geben Sie für den beschriebenen Körper die Strecken an, deren Längen für a bzw. b einzusetzen sind. 4

25

Tipps und Hinweise

Aufgabe a

- Welche Vektoren werden hier skalarmultipliziert?
- Die Koordinaten des ersten Vektors kommen in der Ebenengleichung vor. Der zweite Vektor ist in der Geradengleichung enthalten.
- Das Skalarprodukt aus dem Normalenvektor der Ebene E und dem Richtungsvektor der Geraden g ist ungleich null.
- Was bedeutet das für die gegenseitige Lage von E und g?
- Welche Lage haben E und g, wenn g nicht parallel zu E verläuft?
- Die Schnittmenge einer Ebene und einer nicht dazu parallelen Geraden ist ein Schnittpunkt.

Aufgabe b

- *Schnittwinkel*

- Der Schnittwinkel α von Gerade und Ebene lässt sich aus dem Richtungsvektor $\vec{u}$ der Geraden und dem Normalenvektor $\vec{n}$ der Ebene berechnen.
- Es gilt: $\sin\alpha = \frac{|\vec{u} \circ \vec{n}|}{|\vec{u}| \cdot |\vec{n}|}$
- Die Formeln für das Skalarprodukt und den Betrag eines Vektors finden Sie auf der Merkhilfe.
- Der Wert des Skalarprodukts ist in Teilaufgabe a angegeben.

- *Schnittpunkt*

- Der Schnitt von g und E erfolgt durch Einsetzen der Koordinaten von g in die Normalenform von E.
- Es ergibt sich eine Gleichung für λ.
- Berechnen Sie λ.
- Einsetzen von λ in die Geradengleichung liefert die Koordinaten von S.

oder:

- Sie zeigen, dass die Koordinaten von S sowohl die Geraden- als auch die Ebenengleichung erfüllen.

Aufgabe c

- *Bestimmung von F*

- Im Berührpunkt F steht der Radius senkrecht auf der Ebene E.
- Der Berührpunkt F liegt sowohl auf dem Lot zu E durch M als auch auf E.

- Das Lot ℓ ist eine Gerade. Sie verläuft durch M und hat den Normalenvektor von E als Richtungsvektor.
- Schneiden Sie das Lot ℓ mit der Ebene E.
- Setzen Sie die Koordinaten von ℓ in die Normalenform von E ein.
- Es ergibt sich eine Gleichung für den Parameter des Lots.
- Berechnen Sie diesen Parameter.
- Einsetzen des Parameterwerts in die Geradengleichung von ℓ liefert die Koordinaten des Punktes F.

• *Radius*

- Jeder Punkt auf der Kugel hat vom Mittelpunkt die gleiche Entfernung. Diese Entfernung nennt man den Kugelradius.
- Der Radius entspricht der Länge des Vektors $\overrightarrow{MF}$.
- Die Länge eines Vektors ist gleich dem Betrag dieses Vektors (siehe Merkhilfe).

Aufgabe d

- Die Gerade g berührt die Kugel K im Punkt T, wenn folgende Bedingungen erfüllt sind:
  T liegt auf g.
  Die Strecke [MT] hat die Länge r.
  Der Vektor $\overrightarrow{MT}$ steht auf der Geraden g senkrecht.
- T liegt auf g, wenn die Koordinaten von T die Geradengleichung erfüllen.
- Setzen Sie die Koordinaten von T anstelle von X ein und zeigen Sie, dass die Vektorgleichung für genau einen Parameter erfüllt ist.
- Die Länge der Strecke [MT] ist gleich der Länge des Vektors $\overrightarrow{MT}$.
- Die Länge eines Vektors ist gleich dem Betrag dieses Vektors (siehe Merkhilfe).
- Zeigen Sie, dass der Betrag des Vektors $\overrightarrow{MT}$ gleich dem Radius ist (siehe Teilaufgabe c).
- Der Vektor $\overrightarrow{MT}$ steht auf der Geraden g senkrecht, wenn er auf dem Richtungsvektor von g senkrecht steht.
- Wie lässt sich zeigen, dass zwei Vektoren aufeinander senkrecht stehen?
- Das Skalarprodukt der beiden Vektoren muss null ergeben (siehe Merkhilfe).
- Zeigen Sie, dass das Skalarprodukt den Wert null hat.

Aufgabe e

- *Umkreis*

Zeichnen Sie die Viereckseiten [MF] und [MT] in die Skizze ein.

Ergänzen Sie im Viereck die Diagonale [MS].

Das Viereck MTSF besitzt zwei rechte Winkel.

Der Winkel bei F beträgt 90° (siehe Teilaufgabe c) und der Winkel bei T beträgt 90° (siehe Teilaufgabe d).

Die Diagonale [MS] teilt das Viereck in zwei rechtwinklige Dreiecke.

Die Diagonale [MS] ist die Hypotenuse der beiden rechtwinkligen Dreiecke MTS und SFM.

Der Mittelpunkt der Diagonalen [MS] ist der Mittelpunkt eines Kreises, auf dem sowohl T als auch F liegen. Wie nennt man diesen Kreis?

Da alle Viereckspunkte auf dem Thaleskreis über [MS] liegen, ist der Thaleskreis zugleich der Umkreis des Vierecks MTSF.

- *Fläche*

Der Flächeninhalt des Vierecks MTSF ist gleich dem Flächeninhalt der beiden kongruenten Dreiecke MTS und MSF.

Die Fläche eines rechtwinkligen Dreiecks MSF ist gleich der Hälfte des Produkts der beiden Kathetenlängen.

Die Länge der Kathete [MF] ist der Radius.

Die Länge der Kathete [FS] ist der Betrag des Vektors $\overrightarrow{FS}$ (siehe Merkhilfe).

Aufgabe f

Bei der Rotation um die Gerade MS verbleiben die beiden Viereckspunkte M und S an ihrem Platz.

Welche Figur beschreiben die Viereckspunkte T und F bei der Rotation?

Bei der Rotation bewegen sich T und F auf einem Kreis, dessen Mittelpunkt N der Mittelpunkt der Strecke [TF] ist. Dieser Kreis steht auf der Drehachse MS senkrecht.

Bei der Rotation entstehen zwei Kegel mit demselben Grundkreis. Der eine hat die Spitze in M, der andere in S.

Man nennt so eine Figur einen Doppelkegel.

Das Volumen des Doppelkegels setzt sich aus den Volumina der beiden Einzelkegel zusammen.

Die Formel für das Volumen eines Kegels finden Sie auf der Merkhilfe.

- In der Merkhilfe bezeichnet r den Radius des Grundkreises des Kegels.
- Hier gilt: $r = \overline{NT} = \overline{NF} = \frac{1}{2}\overline{TF}$
- In der Merkhilfe bezeichnet h die Kegelhöhe, sie ist im einen Fall $\overline{NM}$ und im anderen $\overline{NS}$.
- Die Summe der beiden Kegelvolumina lässt sich so umformen, dass sie der gegebenen Volumenformel ähnelt.
- Vergleichen Sie und geben Sie die Entsprechungen für a und b an.

Lösungen

a) $\begin{pmatrix} 4 \\ -8 \\ 1 \end{pmatrix}$ ist ein Normalenvektor der Ebene E.

$\begin{pmatrix} 5 \\ 11 \\ -4 \end{pmatrix}$ ist ein Richtungsvektor der Geraden g.

Da das Skalarprodukt der beiden Vektoren ungleich 0 ist, steht der Richtungsvektor der Geraden nicht senkrecht auf dem Normalenvektor der Ebene. Die Gerade g verläuft somit nicht parallel zur Ebene E, sondern schneidet sie in genau einem Punkt.

b) $$\sin\alpha = \frac{\left|\begin{pmatrix} 4 \\ -8 \\ 1 \end{pmatrix} \circ \begin{pmatrix} 5 \\ 11 \\ -4 \end{pmatrix}\right|}{\sqrt{4^2+(-8)^2+1^2} \cdot \sqrt{5^2+11^2+(-4)^2}} = \frac{|-72|}{9 \cdot \sqrt{162}} = \frac{72}{9 \cdot \sqrt{162}} = \frac{8}{\sqrt{162}}$$

$\Rightarrow \quad \alpha \approx 38{,}9°$

$$\begin{aligned} g \cap E:\quad 4(3+5\lambda) - 8(12+11\lambda) + (-2-4\lambda) + 50 &= 0 \\ 12 + 20\lambda - 96 - 88\lambda - 2 - 4\lambda + 50 &= 0 \\ -72\lambda - 36 &= 0 \\ \lambda &= -0{,}5 \end{aligned}$$

$$\vec{S} = \begin{pmatrix} 3 \\ 12 \\ -2 \end{pmatrix} - 0{,}5 \cdot \begin{pmatrix} 5 \\ 11 \\ -4 \end{pmatrix} = \begin{pmatrix} 0{,}5 \\ 6{,}5 \\ 0 \end{pmatrix}$$

$S(0{,}5 \mid 6{,}5 \mid 0)$

oder:

$S \in g$, da $\begin{pmatrix} 0{,}5 \\ 6{,}5 \\ 0 \end{pmatrix} = \begin{pmatrix} 3 \\ 12 \\ -2 \end{pmatrix} + \lambda \cdot \begin{pmatrix} 5 \\ 11 \\ -4 \end{pmatrix}$ für $\lambda = -0{,}5$ erfüllt ist.

$S \in E$, da $4 \cdot 0{,}5 - 8 \cdot 6{,}5 + 0 + 50 = 0$ erfüllt ist.

c) Da der Radius im Berührpunkt F auf der Ebene E senkrecht stehen muss, ist F der Schnittpunkt von E mit dem Lot ℓ auf E durch M.

$$\ell: \vec{X} = \begin{pmatrix} -13 \\ 20 \\ 0 \end{pmatrix} + \mu \cdot \begin{pmatrix} 4 \\ -8 \\ 1 \end{pmatrix}$$

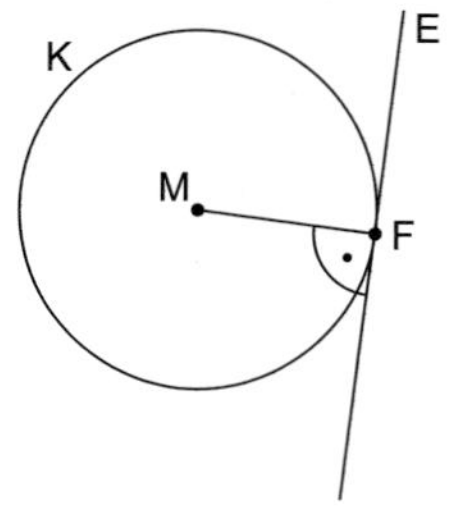

$$\begin{aligned} \ell \cap E:\quad 4(-13+4\mu) - 8(20-8\mu) + \mu + 50 &= 0 \\ -52 + 16\mu - 160 + 64\mu + \mu + 50 &= 0 \\ 81\mu - 162 &= 0 \\ \mu &= 2 \end{aligned}$$

$$\vec{F} = \begin{pmatrix} -13 \\ 20 \\ 0 \end{pmatrix} + 2 \cdot \begin{pmatrix} 4 \\ -8 \\ 1 \end{pmatrix} = \begin{pmatrix} -5 \\ 4 \\ 2 \end{pmatrix}$$

F(–5 | 4 | 2)

$$r = |\overrightarrow{MF}| = \left| \begin{pmatrix} -5 \\ 4 \\ 2 \end{pmatrix} - \begin{pmatrix} -13 \\ 20 \\ 0 \end{pmatrix} \right| = \left| \begin{pmatrix} 8 \\ -16 \\ 2 \end{pmatrix} \right| = \sqrt{8^2 + (-16)^2 + 2^2} = 18$$

d) Die Gerade g berührt die Kugel K im Punkt T, wenn gilt:

- $T \in g$
- $|\overrightarrow{MT}| = r$
- $\overrightarrow{MT}$ steht auf dem Richtungsvektor von g senkrecht.

$T \in g$, da $\begin{pmatrix} 3 \\ 12 \\ -2 \end{pmatrix} = \begin{pmatrix} 3 \\ 12 \\ -2 \end{pmatrix} + \lambda \cdot \begin{pmatrix} 5 \\ 11 \\ -4 \end{pmatrix}$ für $\lambda = 0$ erfüllt ist (T ist der Aufpunkt von g).

$|\overrightarrow{MT}| = r$, da $|\overrightarrow{MT}| = \left| \begin{pmatrix} 3 \\ 12 \\ -2 \end{pmatrix} - \begin{pmatrix} -13 \\ 20 \\ 0 \end{pmatrix} \right| = \left| \begin{pmatrix} 16 \\ -8 \\ -2 \end{pmatrix} \right| = \sqrt{16^2 + (-8)^2 + (-2)^2} = 18 = r$

$\overrightarrow{MT} \perp \vec{u}$, da $\begin{pmatrix} 16 \\ -8 \\ -2 \end{pmatrix} \circ \begin{pmatrix} 5 \\ 11 \\ -4 \end{pmatrix} = 80 - 88 + 8 = 0$

e) MSF und MTS sind rechtwinklige Dreiecke mit der Hypotenuse [MS]. Der Mittelpunkt von [MS] ist der Mittelpunkt der Thaleskreises über [MS], auf dem sowohl F als auch T liegen.
Dieser Thaleskreis ist somit auch der Umkreis des Vierecks MTSF.

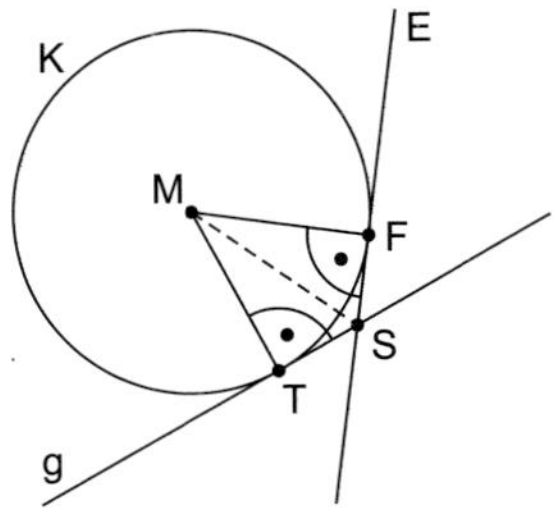

$$A_{MTSF} = 2 \cdot A_{MSF} = 2 \cdot \frac{1}{2} \cdot \overline{MF} \cdot \overline{FS}$$

Mit $|\overrightarrow{MF}| = r = 18$ und

$$\overline{FS} = |\overrightarrow{FS}| = \left| \begin{pmatrix} 0{,}5 \\ 6{,}5 \\ 0 \end{pmatrix} - \begin{pmatrix} -5 \\ 4 \\ 2 \end{pmatrix} \right| = \left| \begin{pmatrix} 5{,}5 \\ 2{,}5 \\ -2 \end{pmatrix} \right| = \sqrt{5{,}5^2 + 2{,}5^2 + (-2)^2} = \sqrt{40{,}5}$$

ergibt sich:

$$A_{MTSF} = 2 \cdot A_{MSF} = 2 \cdot \frac{1}{2} \cdot \overline{MF} \cdot \overline{FS} = 18 \cdot \sqrt{40{,}5} \approx 114{,}55$$

Die Fläche des Vierecks MTSF beträgt ungefähr 114,55 FE.

f) Durch die Rotation entsteht ein Doppelkegel.

Die beiden Kegel haben denselben Grundkreis, dessen Mittelpunkt N der Mittelpunkt der Strecke [TF] ist. Der eine Kegel hat seine Spitze in M (und somit als Höhe die Strecke [NM]). Der andere Kegel hat seine Spitze in S (und somit als Höhe die Strecke [NS]).

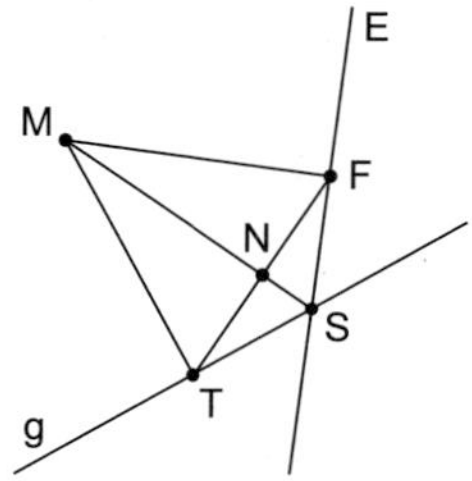

Aus der Skizze kann man erkennen:
In der Formel

$$V = \frac{1}{3} \cdot \left(\frac{a}{2}\right)^2 \cdot \pi \cdot b$$

steht a für die Länge der Strecke [TF] und b für die Länge der Strecke [MS].

oder:
Man berechnet das Volumen des Doppelkegels mithilfe der Formel für die Berechnung eines Kegelvolumens (siehe Merkhilfe):

$$V = \frac{1}{3} \cdot \left(\frac{1}{2}\overline{TF}\right)^2 \cdot \pi \cdot \overline{MN} + \frac{1}{3} \cdot \left(\frac{1}{2}\overline{TF}\right)^2 \cdot \pi \cdot \overline{NS} = \frac{1}{3} \cdot \left(\frac{1}{2}\overline{TF}\right)^2 \cdot \pi \cdot (\overline{MN} + \overline{NS})$$

$$= \frac{1}{3} \cdot \left(\frac{1}{2}\overline{TF}\right)^2 \cdot \pi \cdot \overline{MS}$$

In der Formel $V = \frac{1}{3} \cdot \left(\frac{a}{2}\right)^2 \cdot \pi \cdot b$ steht also a für die Länge der Strecke [TF] und b für die Länge der Strecke [MS].

Abitur Mathematik (Bayern): Abiturprüfung 2021
Prüfungsteil A – Analysis

Aufgabengruppe 1

BE

1. Gegeben ist die in $\mathbb{R}$ definierte Funktion f mit $f(x) = e^{2x+1}$. Zeigen Sie, dass f umkehrbar ist, und ermitteln Sie einen Term der Umkehrfunktion von f. 4

2. a) Gegeben ist die Funktion $g\colon x \mapsto (x^2 - 9x) \cdot \sqrt{2-x}$ mit maximaler Definitionsmenge D_g. Geben Sie D_g und alle Nullstellen von g an. 3

   b) Gegeben ist die in $\mathbb{R}$ definierte Funktion $h\colon x \mapsto \ln\left(\frac{1}{x^2+1}\right)$. Begründen Sie, dass die Wertemenge von h das Intervall $]-\infty; 0]$ ist. 3

3. Betrachtet wird die in $\mathbb{R}^+$ definierte Funktion f mit $f(x) = \frac{1}{\sqrt{x^3}}$.

   a) Zeigen Sie, dass die in $\mathbb{R}^+$ definierte Funktion F mit $F(x) = -\frac{2}{\sqrt{x}}$ eine Stammfunktion von f ist. 2

   b) Der Graph von f schließt mit der x-Achse sowie den Geraden mit den Gleichungen $x = 1$ und $x = b$ mit $b > 1$ ein Flächenstück ein. Bestimmen Sie denjenigen Wert von b, für den dieses Flächenstück den Inhalt 1 hat. 3

4. Gegeben sind die in $\mathbb{R}$ definierte Funktion f mit $f(x) = \frac{1}{8}x^3$ sowie die Punkte $Q_a(a \mid f(a))$ für $a \in \mathbb{R}$. Die Abbildung zeigt den Graphen von f sowie die Punkte $P(0 \mid 2)$ und Q_2.

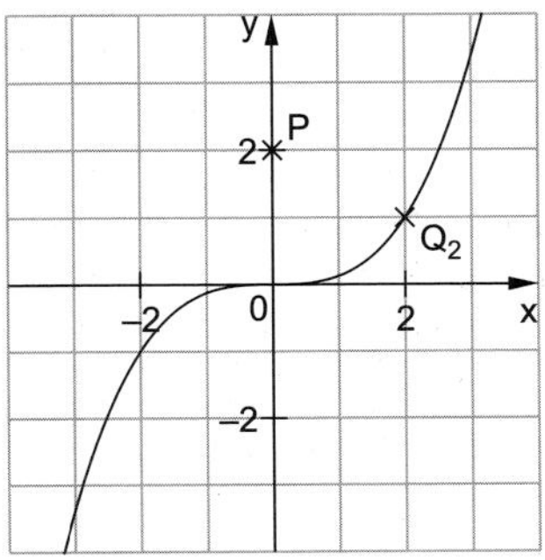

   a) Berechnen Sie für $a \neq 0$ die Steigung m_a der Geraden durch die Punkte P und Q_a in Abhängigkeit von a.
   [zur Kontrolle: $m_a = \frac{a^3 - 16}{8a}$] 2

   b) Die Tangente an den Graphen von f im Punkt Q_a wird mit t_a bezeichnet. Bestimmen Sie rechnerisch denjenigen Wert von $a \in \mathbb{R}$, für den t_a durch P verläuft. 3

20

Aufgabengruppe 2

BE

1. Gegeben ist die Funktion f mit $f(x)=\sqrt{x-2}+1$ und maximalem Definitionsbereich.

   a) Zeichnen Sie den Graphen von f im Bereich $2 \leq x \leq 11$ in ein Koordinatensystem. 3

   b) Berechnen Sie den Wert des Integrals $\int_2^3 f(x)\,dx$. 3

2. Geben Sie jeweils den Term einer in $\mathbb{R}$ definierten Funktion an, die die angegebene Wertemenge W hat.

   a) $W =]-\infty; 1]$ 2

   b) $W =]3; +\infty[$ 2

3. a) Betrachtet werden eine in $\mathbb{R}$ definierte ganzrationale Funktion p und der Punkt $Q(2\,|\,p(2))$.
   Beschreiben Sie, wie man rechnerisch die Gleichung der Tangente an den Graphen von p im Punkt Q ermitteln kann. 2

   b) Gegeben ist eine in $\mathbb{R}$ definierte Funktion $h: x \mapsto ax^2 + c$ mit $a, c \in \mathbb{R}$, deren Graph im Punkt $N(1\,|\,0)$ die Tangente mit der Gleichung $y = -x + 1$ besitzt. Bestimmen Sie a und c. 3

4. Die Abbildung zeigt den Graphen G_f einer in $\mathbb{R}$ definierten Funktion f. G_f ist streng monoton fallend und schneidet die x-Achse im Punkt $(1\,|\,0)$. Betrachtet wird ferner die Funktion g mit $g(x) = \frac{1}{f(x)}$ und maximalem Definitionsbereich D_g.

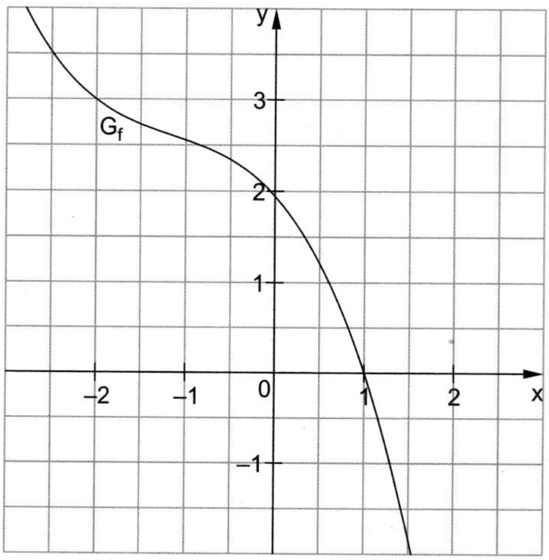

   a) Begründen Sie, dass $x = 1$ nicht in D_g enthalten ist, und geben Sie den Funktionswert $g(-2)$ an. 2

   b) Ermitteln Sie mithilfe der Abbildung die x-Koordinaten der Schnittpunkte der Graphen von f und g. 3

20

Tipps und Hinweise

Aufgabengruppe 1

Aufgabe 1

- *Umkehrbarkeit*

Eine Funktion ist nur dann in $\mathbb{R}$ umkehrbar, wenn sie in $\mathbb{R}$ streng monoton ist.

Das Vorzeichen der 1. Ableitung entscheidet über die Art der Monotonie.

Bilden Sie die 1. Ableitung.

Beachten Sie die Kettenregel (nachdifferenzieren).

Ist $f'(x) > 0$, so ist f streng monoton steigend; ist $f'(x) < 0$, so ist f streng monoton fallend.

Die e-Funktion hat für beliebige Exponenten aus $\mathbb{R}$ nur positive Funktionswerte.

- *Term der Umkehrfunktion*

Vertauschen Sie x und y.

Lösen Sie nach y auf.

Bilden Sie den ln auf beiden Seiten der Gleichung.

Aufgabe 2 a

- *Definitionsmenge*

Die Funktion ist ein Produkt zweier Teilfunktionen.

Der erste Faktor ist eine ganzrationale Funktion.

Welche Definitionsmenge hat eine ganzrationale Funktion?

Der zweite Faktor ist eine Wurzelfunktion.

Welche Einschränkungen gibt es bei einer Wurzelfunktion?

Der Term unter der Wurzel darf nicht negativ sein.

- *Nullstellen*

Ein Produkt ist null, wenn einer der Faktoren null ist.

Der erste Faktor lässt sich durch Ausklammern vereinfachen.

Eine Wurzel hat den Wert null, wenn der Term unter der Wurzel null ist.

Beachten Sie die Definitionsmenge.

Aufgabe 2 b

Welche Wertemenge hat der Term im Nenner?

Welche Wertemenge hat der Bruch?

Ein Bruch mit dem Zähler 1, dessen Nenner beliebig groß wird, strebt gegen null.

Welche Wertemenge hat die Funktion h, wenn das Argument des ln Werte des Intervalls]0; 1] annimmt?

Es gilt: $\lim\limits_{x \to 0^+} \ln x = -\infty$ und $\ln(1) = 0$

Aufgabe 3 a

Für jede Stammfunktion F von f muss gelten: $F' = f$

Bilden Sie die Ableitung von F und vergleichen Sie mit f.

Die Ableitungsregel für Potenzen kennen Sie. Wie lässt sich der Funktionsterm von F so umformen, dass anstelle der Wurzel eine Potenz steht?

Es gilt: $\sqrt{x} = x^{\frac{1}{2}}$ und $\frac{1}{\sqrt{x}} = x^{-\frac{1}{2}}$

Aufgabe 3 b

Das Flächenstück berechnet sich mit dem bestimmten Integral über f mit der unteren Grenze 1 und der oberen Grenze b.

In Teilaufgabe 3 a ist eine Stammfunktion von f gegeben.

Die Fläche soll die Größe 1 haben.

Lösen Sie die Gleichung nach b auf.

Aufgabe 4 a

Die Steigung einer Geraden wird durch das Steigungsdreieck veranschaulicht.

Die Steigung ist gleich dem Quotienten aus der Differenz der y-Werte und der Differenz der der x-Werte.

$m = \frac{y_{Q_a} - y_P}{x_{Q_a} - x_P} = \frac{f(a) - 2}{a - 0}$

Formen Sie den Bruch so um, dass das Kontrollergebnis entsteht.

Aufgabe 4 b

Die Gerade durch Q_a und P soll nun gleichzeitig Tangente an den Graphen von f im Punkt Q_a sein.

Welche Steigung hat die Tangente an den Graphen von f im Punkt Q_a?

- Die Tangentensteigung wird durch die 1. Ableitung angegeben.
- Berechnen Sie f'(a).
- Die Tangente t_a im Punkt Q_a verläuft dann durch P, wenn die Tangentensteigung f'(a) mit der Steigung der Geraden durch Q_a und P (aus Teilaufgabe 4 a) übereinstimmt.
- Lösen Sie die Gleichung nach a auf.

Aufgabengruppe 2

Aufgabe 1 a

- Skizzieren Sie den Graphen der Funktion $g(x)=\sqrt{x}$.
- Wie entwickelt sich die Funktion f aus der Funktion g?
- Sowohl der Term –2 unter der Wurzel als auch der Term +1 hinter der Wurzel bewirken Verschiebungen des Graphen.
- Wohin wird der Punkt $(0|0)$ des Graphen von $g(x)=\sqrt{x}$ verschoben?

Aufgabe 1 b

- Um das bestimmte Integral berechnen zu können, braucht man eine Stammfunktion von f.
- Formen Sie die Wurzel in eine Potenz um.
- Es gilt: $\sqrt{x}=x^{\frac{1}{2}}$
- Die Formel für die Integration von Potenzen ist Ihnen bekannt.

Aufgabe 2 a

- Die Wertemenge ist ein halboffenes Intervall.
- Geradzahlige Potenzen von x (also x^2, x^4 usw.) und $\sqrt{x}$ haben Werte im halboffenen Intervall $[0; +\infty[$.
- Durch welche Spiegelung wird aus der Wertemenge $[0; +\infty[$ die Wertemenge $]-\infty; 0]$?
- Welche Veränderung bewirkt die Spiegelung an der x-Achse am Funktionsterm?
- Eine Verschiebung um 1 in positive y-Richtung ergibt die Wertemenge $]-\infty; 1]$.
- Diese Verschiebung bewirkt ebenfalls eine Veränderung des Funktionsterms.

Aufgabe 2 b

Die Wertemenge ist ein offenes Intervall.

Die e-Funktion hat das offene Intervall $]0; +\infty[$ als Wertemenge.

Welche Verschiebung ergibt die Wertemenge $]3; +\infty[$?

Welche Veränderung bewirkt diese Verschiebung am Funktionsterm?

Aufgabe 3 a

Listen Sie die einzelnen Schritte beim Aufstellen einer Tangentengleichung auf.

Schreiben Sie die allgemeine Geradengleichung auf und erläutern Sie, wie Sie die Parameter m und t bestimmen, wenn Ihnen die ganzrationale Funktion p und der Punkt $Q(2\,|\,p(2))$ gegeben sind.

Die Tangentensteigung entspricht der 1. Ableitung an der Stelle 2.

Einsetzen von $p'(2)$ und den Koordinaten von Q liefert eine Gleichung für t.

Aufgabe 3 b

Aus der gegebenen Tangentengleichung lassen sich m und t ablesen.

Aus h lässt sich h' bilden.

Die Tangente soll den Graphen von h in N berühren.

Aufgabe 4 a

- *Definitionsbereich*

g ist eine gebrochen-rationale Funktion.

Wie lässt sich der Definitionsbereich einer gebrochen-rationalen Funktion bestimmen?

- *Funktionswert*

$g(-2) = \frac{1}{f(-2)}$

Lesen Sie $f(-2)$ in der Abbildung ab.

Aufgabe 4 b

Die Schnittpunkte zweier Graphen erhält man durch Gleichsetzen der beiden Funktionsterme.

Die beiden Funktionen schneiden sich, wenn $f(x) = \pm 1$ gilt.

Zeichnen Sie die Parallelen zur x-Achse mit den Gleichungen $y = \pm 1$ in die Abbildung ein.

Lesen Sie die x-Koordinaten der Schnittstellen von $y = \pm 1$ mit dem Graphen von f ab.

Lösungen

Aufgabengruppe 1

1. $f(x) = e^{2x+1}$
   $f'(x) = e^{2x+1} \cdot 2 > 0$, da $e^x > 0$ für $x \in \mathbb{R}$
   Der Graph von f(x) ist in $\mathbb{R}$ streng monoton steigend, also ist f umkehrbar.

$$\begin{aligned} y &= e^{2x+1} \\ x &= e^{2y+1} \\ \ln(x) &= 2y+1 \\ 2y &= \ln(x) - 1 \\ y &= \frac{1}{2}\ln(x) - \frac{1}{2} \\ f^{-1}(x) &= \frac{1}{2}\ln(x) - \frac{1}{2} \end{aligned}$$

2. a) $g(x) = (x^2 - 9x) \cdot \sqrt{2-x}$

$$\begin{aligned} 2 - x &\geq 0 \\ x &\leq 2 \end{aligned}$$

$\mathbb{D}_g =]-\infty; 2]$

$$(x^2 - 9x) \cdot \sqrt{2-x} = 0$$

$$\begin{aligned} x^2 - 9x &= 0 & \qquad \sqrt{2-x} &= 0 \\ x(x-9) &= 0 & 2 - x &= 0 \\ x_1 &= 0 & x_3 &= 2 \\ x_2 &= 9 \notin \mathbb{D} \end{aligned}$$

g hat die Nullstellen $x_1 = 0$ und $x_3 = 2$.

b) $h(x) = \ln\left(\frac{1}{x^2+1}\right)$

Für $x \in \mathbb{R}$ gilt:

$$\begin{aligned} x^2 + 1 &\in [1; +\infty[\\ \frac{1}{x^2+1} &\in \text{„}[1; 0[\text{“} =]0; 1] \\ \ln\left(\frac{1}{x^2+1}\right) &\in]-\infty; 0] \end{aligned}$$

Somit: $\mathbb{W}_h =]-\infty; 0]$

3. a) $F(x) = -\frac{2}{\sqrt{x}} = -2x^{-\frac{1}{2}}$

$F'(x) = -2 \cdot \left(-\frac{1}{2}\right)x^{-\frac{1}{2}-1} = x^{-\frac{3}{2}} = \frac{1}{x^{\frac{3}{2}}} = \frac{1}{\sqrt{x^3}} = f(x)$

b) $\int_1^b f(x)\,dx = 1$

$[F(x)]_1^b = 1$

$\left[-\frac{2}{\sqrt{x}}\right]_1^b = 1$

$-\frac{2}{\sqrt{b}} + \frac{2}{\sqrt{1}} = 1$

$-\frac{2}{\sqrt{b}} + 2 = 1$

$-\frac{2}{\sqrt{b}} = -1$

$\sqrt{b} = 2$

$b = 4$

4. a) $m = \frac{f(a)-2}{a-0} = \frac{\frac{1}{8}a^3 - 2}{a} = \frac{\frac{1}{8}(a^3-16)}{a} = \frac{a^3-16}{8a}$

b) Die Tangente t_a im Punkt Q_a verläuft dann durch P, wenn die Tangentensteigung f'(a) mit der Steigung der Geraden durch Q_a und P übereinstimmt.

$f(x) = \frac{1}{8}x^3$

$f'(x) = \frac{3}{8}x^2$

$f'(a) = \frac{3}{8}a^2$

$\frac{3}{8}a^2 = \frac{a^3-16}{8a}$

$3a^3 = a^3 - 16$

$2a^3 = -16$

$a^3 = -8$

$a = -2$

Aufgabengruppe 2

1. a) $f(x) = \sqrt{x-2} + 1$ Wegen $x - 2 \geq 0$ gilt: $\mathbb{D} = [2; +\infty[$

Der Graph von f entsteht aus dem Graphen der Funktion $g(x) = \sqrt{x}$ durch Verschiebung um 2 in positive x-Richtung und Verschiebung um 1 in positive y-Richtung.

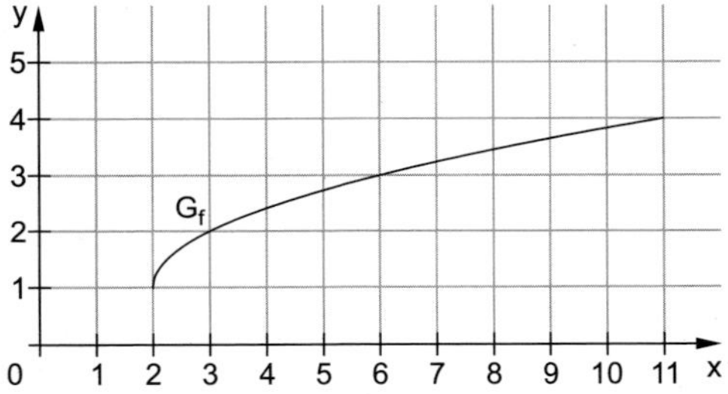

b) $$\int_2^3 f(x)\,dx = \int_2^3 (\sqrt{x-2}+1)\,dx = \int_2^3 \left((x-2)^{\frac{1}{2}}+1\right)dx = \left[\frac{1}{\frac{3}{2}}(x-2)^{\frac{3}{2}} + x\right]_2^3$$

$$= \left[\frac{2}{3}(x-2)^{\frac{3}{2}} + x\right]_2^3 = \left(\frac{2}{3}(3-2)^{\frac{3}{2}} + 3\right) - \left(\frac{2}{3}(2-2)^{\frac{3}{2}} + 2\right)$$

$$= \left(\frac{2}{3}\cdot 1^{\frac{3}{2}} + 3\right) - \left(\frac{2}{3}\cdot 0^{\frac{3}{2}} + 2\right) = \frac{2}{3} + 3 - 2 = 1\frac{2}{3}$$

2. a) $f(x) = -x^2 + 1$ oder $g(x) = -\sqrt{x} + 1$

b) $f(x) = e^x + 3$

3. a) Die Tangente hat die Gleichung $y = mx + t$.

Die Steigung m ergibt sich aus der 1. Ableitung an der Stelle 2:

$m = p'(2)$

Der Achsenabschnitt t ergibt sich durch Einsetzen von m und der Koordinaten von Q in die Tangentengleichung:

$p(2) = p'(2) \cdot 2 + t \;\Rightarrow\; t = p(2) - 2 \cdot p'(2)$

b) Tangentengleichung: $y = -x + 1$, also $m = -1$ und $t = 1$

$m = h'(1) = -1$

$h(x) = ax^2 + c$

$h'(x) = 2ax$

$h'(1) = 2a$

$2a = -1$

$a = -\frac{1}{2}$

Tangente durch N(1 | 0)

$$h(1) = 0$$

$$-\frac{1}{2} \cdot 1^2 + c = 0$$

$$c = \frac{1}{2}$$

oder:

Mithilfe von Teilaufgabe 3 a (aufwendiger):

$t = h(1) - 1 \cdot h'(1)$

$t = h(1) - 1 \cdot 2a$

$t = a \cdot 1^2 + c - 2a$

$t = -a + c$

Es soll gelten: $m = -1$ (also $a = -\frac{1}{2}$) und $t = 1$

$1 = \frac{1}{2} + c$

$c = \frac{1}{2}$

4. a) Die Division durch null ist nicht definiert. Somit hat g(x) dort Definitionslücken, wo f(x) Nullstellen hat. Da $f(1) = 0$, gehört $x = 1$ nicht zum Definitionsbereich von g.

$$g(-2) = \frac{1}{f(-2)} \approx \frac{1}{3}$$

b) Schnittpunkte der Graphen von f und g:

$$f(x) = g(x)$$

$$f(x) = \frac{1}{f(x)}$$

$$(f(x))^2 = 1$$

$$f(x) = \pm 1$$

$$x_1 \approx 0{,}6 \qquad x_2 \approx 1{,}3$$

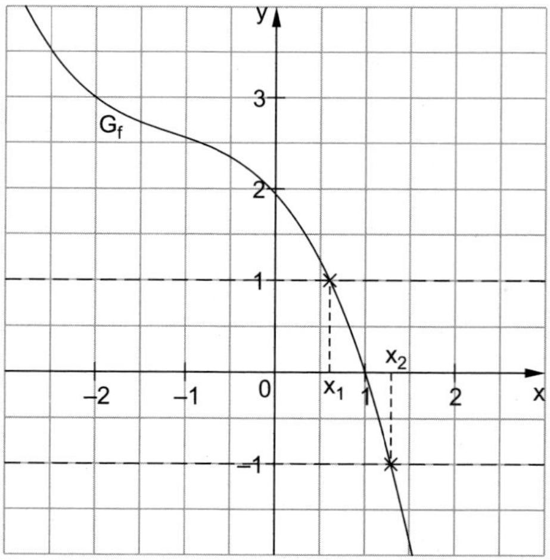

Abitur Mathematik (Bayern): Abiturprüfung 2021
Prüfungsteil A – Stochastik

Aufgabengruppe 1 und Aufgabengruppe 2

BE

Gegeben ist die Zufallsgröße X mit der Wertemenge $\{0; 1; 2; 3; 4; 5\}$. Die Wahrscheinlichkeitsverteilung von X ist symmetrisch, d. h., es gilt $P(X=0)=P(X=5)$, $P(X=1)=P(X=4)$ und $P(X=2)=P(X=3)$.
Die Tabelle zeigt die Wahrscheinlichkeitswerte $P(X \leq k)$ für $k \in \{0; 1; 2\}$.

k	0	1	2	3	4	5
$P(X \leq k)$	0,05	0,20	0,50			

a) Tragen Sie die fehlenden Werte in die Tabelle ein. 2

b) Begründen Sie, dass X nicht binomialverteilt ist. 3

5

Tipps und Hinweise

Aufgabengruppe 1 und Aufgabengruppe 2

Aufgabe a

- Achten Sie darauf, dass die Tabelle $P(X \leq k)$ zeigt.
- Bei $P(X \leq k)$ handelt es sich um kumulative Werte.
- k kann die Werte 0; 1; 2; 3; 4; 5 annehmen.
- Fertigen Sie eine Tabelle mit den exakten Werten $P(X = k)$ an.
- Für $k = 0$ gilt: $P(X \leq 0) = P(X = 0)$
- Welche kumulativen Werte liefern für $k > 0$ den exakten Wert $P(X = k)$?
- Es gilt: $P(X = k) = P(X \leq k) - P(X \leq k - 1)$
- Bestimmen Sie $P(X = 1)$ und $P(X = 2)$.
- $P(X = 3)$, $P(X = 4)$ und $P(X = 5)$ ergeben sich durch die Symmetrie.
- Vervollständigen Sie die gegebene kumulative Tabelle durch entsprechende Summation.
- Zur Kontrolle: Es muss $P(X \leq 5) = 1$ gelten.

Aufgabe b

- Wie groß muss n sein, falls X binomialverteilt ist?
- Beachten Sie die gegebene Wertemenge.
- Die Wahrscheinlichkeitsverteilung von X ist symmetrisch. Wo befindet sich daher E(X)?
- Der Erwartungswert einer symmetrischen Zufallsgröße befindet sich in der Mitte der (geordneten) Wertemenge.
- Wie berechnet sich der Erwartungswert, falls X binomialverteilt ist?
- Bestimmen Sie aus dem Erwartungswert und der Länge n die Trefferwahrscheinlichkeit p.
- Unter der Annahme, dass X binomialverteilt ist, lassen sich die Wahrscheinlichkeiten $B(n; p; X \leq k)$ für jedes k bestimmen.
- Wählen Sie ein beliebiges k (z. B. $k = 0$) und bestimmen Sie $B(5; 0{,}5; X \leq k)$.
- Vergleichen Sie diesen Wert mit dem in der Tabelle aus Teilaufgabe a angegebenen Wert.
- Die beiden Werte stimmen (außer für $k = 2$) nicht überein. Also ist X nicht binomialverteilt.

Lösungen

Aufgabengruppe 1 und Aufgabengruppe 2

a) In der Tabelle sind kumulative Wahrscheinlichkeiten aufgeführt.
Man kann ablesen:
$P(0) = P(X \leq 0) = 0{,}05$
$P(1) = P(X \leq 1) - P(X \leq 0) = 0{,}20 - 0{,}05 = 0{,}15$
$P(2) = P(X \leq 2) - P(X \leq 1) = 0{,}50 - 0{,}20 = 0{,}3$

Somit ergibt sich für die exakte Tabelle

k	0	1	2	3	4	5
P(X=k)	0,05	0,15	0,3	0,3	0,15	0,05

und damit für die kumulative Tabelle:

k	0	1	2	3	4	5
P(X≤k)	0,05	0,20	0,50	0,80	0,95	1,00

b) Aufgrund der Wertemenge von X gilt:
$n = 5$
Wegen der Symmetrie muss der Erwartungswert in der Mitte liegen, also:
$E(X) = 2{,}5$
Nimmt man an, X sei binomialverteilt, so gilt $E(X) = n \cdot p$, also muss gelten:
$2{,}5 = 5 \cdot p \quad \Rightarrow \quad p = 0{,}5$
Damit ergibt sich z. B. für $k = 0$:

$$B(5;0{,}5;0) = B\left(5;\frac{1}{2};0\right) = \left(\frac{1}{2}\right)^5 = \frac{1}{2^5} = \frac{1}{32}$$

Ein Vergleich mit der Tabelle zeigt:

$$P(X=0) = 0{,}05 = \frac{5}{100} = \frac{1}{20} \neq \frac{1}{32}$$

Somit kann X nicht binomialverteilt sein.

Abitur Mathematik (Bayern): Abiturprüfung 2021
Prüfungsteil A – Geometrie

Aufgabengruppe 1

BE

Gegeben ist die Gerade g: $\vec{X} = \begin{pmatrix} 1 \\ 7 \\ 2 \end{pmatrix} + \lambda \cdot \begin{pmatrix} 3 \\ 4 \\ 0 \end{pmatrix}$, $\lambda \in \mathbb{R}$, sowie eine weitere Gerade h, welche parallel zu g ist und durch den Punkt $A(2|0|0)$ verläuft. Der Punkt B liegt auf g so, dass die Geraden AB und h senkrecht zueinander sind.

a) Bestimmen Sie die Koordinaten von B.
[zur Kontrolle: $B(-2|3|2)$] 4

b) Berechnen Sie den Abstand von g und h. 1

5

Aufgabengruppe 2

BE

Mit einem Lasermessgerät soll ein Verkehrsschild angepeilt werden. Diese Situation wird modellhaft in einem Koordinatensystem dargestellt. Der Ausgangspunkt des Laserstrahls wird durch den Punkt $P(104|-42|10)$ beschrieben, seine Richtung durch den Vektor $\begin{pmatrix} -13 \\ 5 \\ 1 \end{pmatrix}$. Das Verkehrsschild wird durch eine Kreisscheibe repräsentiert, die in der x_2x_3-Ebene liegt und den Mittelpunkt $M(0|0|20)$ sowie den Radius 3 hat.
Untersuchen Sie, ob der Laserstrahl auf das Verkehrsschild trifft. 5

5

Tipps und Hinweise

Aufgabengruppe 1

Aufgabe a

- Stellen Sie die Geradengleichung von h auf.
- Der Aufpunkt A von h ist gegeben; wegen $h \parallel g$ kann der Richtungsvektor von g auch für h verwendet werden.
- Stellen Sie die Geradengleichung von AB auf. Da die Koordinaten von B gesucht sind, heißen sie zunächst b_1, b_2 und b_3 und kommen so auch in der Geradengleichung AB vor.
- Es soll gelten: $AB \perp h$
- Zwei Geraden stehen aufeinander senkrecht, wenn ihre Richtungsvektoren aufeinander senkrecht stehen.
- Das Skalarprodukt zweier senkrechter Vektoren ist null.
- $\vec{a} \perp \vec{b} \quad \Leftrightarrow \quad \vec{a} \circ \vec{b} = 0$
- B soll auf g liegen, erfüllt also die Geradengleichung.
- Setzen Sie statt b_1, b_2 und b_3 die entsprechenden Zeilen (jeweils mit dem Parameter λ) der Geradengleichung von g ein.
- Das Skalarprodukt liefert eine Gleichung für den Parameter λ.
- $\vec{a} \circ \vec{b} = \begin{pmatrix} a_1 \\ a_2 \\ a_3 \end{pmatrix} \circ \begin{pmatrix} b_1 \\ b_2 \\ b_3 \end{pmatrix} = a_1 \cdot b_1 + a_2 \cdot b_2 + a_3 \cdot b_3$
- Berechnen Sie λ.
- Einsetzen von λ in g liefert die Koordinaten von B.

Aufgabe b

- Der Abstand zweier paralleler Geraden ist die kürzeste Verbindung zwischen beiden Geraden.
- Die kürzeste Verbindung steht auf beiden Geraden senkrecht.
- Da $AB \perp h$ und $h \parallel g$, gilt $AB \perp g$.
- Die Länge der Strecke [AB] ist gleich dem Abstand der parallelen Geraden g und h.
- Die Länge der Strecke [AB] ist die Länge des Vektors $\overrightarrow{AB}$.

Die Länge des Vektors $\vec{a}$ ergibt sich aus:

$$|\vec{a}| = \left| \begin{pmatrix} a_1 \\ a_2 \\ a_3 \end{pmatrix} \right| = \sqrt{a_1^2 + a_2^2 + a_3^2}$$

Aufgabengruppe 2

Der Laserstrahl kann durch die Gerade durch P mit dem gegebenen Richtungsvektor modelliert werden.

Das Verkehrsschild liegt in der x_2x_3-Ebene.

Welche Gleichung hat die x_2x_3-Ebene?

Bestimmen Sie den Schnittpunkt S des Laserstrahls mit der x_2x_3-Ebene.

Der Schnitt der Geraden mit der x_2x_3-Ebene erfolgt durch Einsetzen der Koordinaten von g (hier genügt die erste Koordinate) in die Normalenform der Ebene (hier $x_1 = 0$).

Es ergibt sich eine Gleichung für λ.

Berechnen Sie λ.

Einsetzen von λ in die Geradengleichung liefert die Koordinaten von S.

Welche Eigenschaft muss S haben, damit S auf dem Verkehrsschild liegt?

Berechnen Sie die Entfernung, die S vom Kreismittelpunkt M hat.

Vergleichen Sie diese Entfernung mit dem Radius des Verkehrsschilds.

Nur wenn die Entfernung von S zu M nicht größer ist als der Radius, liegt S auf dem Verkehrsschild.

Die Entfernung von S zu M ist die Länge des Vektors $\overrightarrow{SM}$.

Die Länge des Vektors $\vec{a}$ ergibt sich aus:

$$|\vec{a}| = \left| \begin{pmatrix} a_1 \\ a_2 \\ a_3 \end{pmatrix} \right| = \sqrt{a_1^2 + a_2^2 + a_3^2}$$

Bestimmen Sie die Entfernung von S zu M und vergleichen Sie mit dem Radius.

Lösungen

Aufgabengruppe 1

a) g: $\vec{X} = \begin{pmatrix}1\\7\\2\end{pmatrix} + \lambda \cdot \begin{pmatrix}3\\4\\0\end{pmatrix}$ h: $\vec{X} = \begin{pmatrix}2\\0\\0\end{pmatrix} + \mu \cdot \begin{pmatrix}3\\4\\0\end{pmatrix}$ $\lambda, \mu \in \mathbb{R}$

AB: $\vec{X} = \begin{pmatrix}2\\0\\0\end{pmatrix} + \nu \cdot \left[\begin{pmatrix}b_1\\b_2\\b_3\end{pmatrix} - \begin{pmatrix}2\\0\\0\end{pmatrix}\right]$ $\nu \in \mathbb{R}$

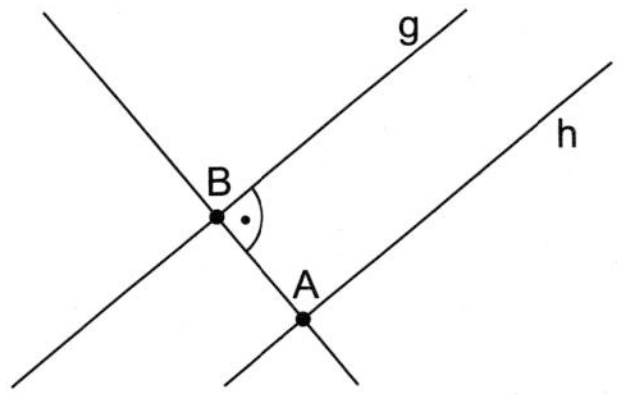

(1) AB ⊥ h $\Rightarrow$ $\left[\begin{pmatrix}b_1\\b_2\\b_3\end{pmatrix} - \begin{pmatrix}2\\0\\0\end{pmatrix}\right] \circ \begin{pmatrix}3\\4\\0\end{pmatrix} = 0$

(2) B ∈ g $\Rightarrow$ $\begin{pmatrix}b_1\\b_2\\b_3\end{pmatrix} = \begin{pmatrix}1\\7\\2\end{pmatrix} + \lambda \cdot \begin{pmatrix}3\\4\\0\end{pmatrix}$

(2) in (1) $\left[\begin{pmatrix}1\\7\\2\end{pmatrix} + \lambda \cdot \begin{pmatrix}3\\4\\0\end{pmatrix} - \begin{pmatrix}2\\0\\0\end{pmatrix}\right] \circ \begin{pmatrix}3\\4\\0\end{pmatrix} = 0$

$$\begin{pmatrix}-1+3\lambda\\7+4\lambda\\2\end{pmatrix} \circ \begin{pmatrix}3\\4\\0\end{pmatrix} = 0$$

$$(-1+3\lambda)\cdot 3 + (7+4\lambda)\cdot 4 + 2\cdot 0 = 0$$
$$-3+9\lambda+28+16\lambda = 0$$
$$25\lambda + 25 = 0$$
$$\lambda = -1$$

$$\begin{pmatrix}b_1\\b_2\\b_3\end{pmatrix} = \begin{pmatrix}1\\7\\2\end{pmatrix} - 1 \cdot \begin{pmatrix}3\\4\\0\end{pmatrix} = \begin{pmatrix}-2\\3\\2\end{pmatrix} \Rightarrow B(-2\,|\,3\,|\,2)$$

b) $d(g; h) = |\overrightarrow{AB}| = \left|\begin{pmatrix}-2\\3\\2\end{pmatrix} - \begin{pmatrix}2\\0\\0\end{pmatrix}\right| = \left|\begin{pmatrix}-4\\3\\2\end{pmatrix}\right| = \sqrt{(-4)^2 + 3^2 + 2^2} = \sqrt{29}$

Aufgabengruppe 2

Der Laserstrahl verläuft entlang der Geraden mit der Gleichung:

$$\vec{X} = \begin{pmatrix} 104 \\ -42 \\ 10 \end{pmatrix} + \lambda \cdot \begin{pmatrix} -13 \\ 5 \\ 1 \end{pmatrix}$$

Schnitt der Geraden und der x_2x_3-Ebene mit der Gleichung $x_1 = 0$:

$0 = 104 - 13\lambda$

$\lambda = 8$

Schnittpunkt: $\vec{S} = \begin{pmatrix} 104 \\ -42 \\ 10 \end{pmatrix} + 8 \cdot \begin{pmatrix} -13 \\ 5 \\ 1 \end{pmatrix} = \begin{pmatrix} 0 \\ -2 \\ 18 \end{pmatrix} \Rightarrow S(0|-2|18)$

Ist die Entfernung von S und dem Mittelpunkt des Verkehrsschildes höchstens der Radius, so trifft der Laserstrahl das Verkehrsschild.

$$\overline{SM} = |\overrightarrow{SM}| = \left| \begin{pmatrix} 0 \\ 0 \\ 20 \end{pmatrix} - \begin{pmatrix} 0 \\ -2 \\ 18 \end{pmatrix} \right| = \left| \begin{pmatrix} 0 \\ 2 \\ 2 \end{pmatrix} \right| = \sqrt{0^2 + 2^2 + 2^2} = \sqrt{8} \approx 2{,}83 < 3$$

Also trifft der Laserstrahl das Verkehrsschild.

Abitur Mathematik (Bayern): Abiturprüfung 2021
Prüfungsteil B – Analysis Aufgabengruppe 1

BE

1. Gegeben ist die in $\mathbb{R}\setminus\{-2; 2\}$ definierte Funktion $f\colon x \mapsto \frac{6x}{x^2-4}$. Der Graph von f wird mit G_f bezeichnet und ist symmetrisch bezüglich des Koordinatenursprungs.

   a) Geben Sie die Gleichungen aller senkrechten Asymptoten von G_f an. Begründen Sie, dass G_f die x-Achse als waagrechte Asymptote besitzt. 3

   b) Bestimmen Sie das jeweilige Monotonieverhalten von f in den drei Teilintervallen $]-\infty; -2[$, $]-2; 2[$ und $]2; +\infty[$ der Definitionsmenge. Berechnen Sie zudem die Steigung der Tangente an G_f im Punkt $(0\,|\,f(0))$.
   [zur Kontrolle: $f'(x) = -\frac{6\cdot(x^2+4)}{(x^2-4)^2}$] 5

   Die Punkte $A(3\,|\,3{,}6)$ und $B(8\,|\,0{,}8)$ liegen auf G_f; zwischen diesen beiden Punkten verläuft G_f unterhalb der Strecke [AB].

   c) Skizzieren Sie G_f im Bereich $-10 \le x \le 10$ unter Verwendung der bisherigen Informationen in einem Koordinatensystem. 4

   d) Berechnen Sie den Inhalt der Fläche, die von G_f und der Strecke [AB] eingeschlossen wird. 5

2. Betrachtet wird die Schar der Funktionen $f_{a,\,b,\,c}\colon x \mapsto \frac{ax+b}{x^2+c}$ mit $a, b, c \in \mathbb{R}$ und maximaler Definitionsmenge $D_{a,\,b,\,c}$.

   a) Die Funktion f aus Aufgabe 1 ist eine Funktion dieser Schar. Geben Sie die zugehörigen Werte von a, b und c an. 1

   b) Begründen Sie: Wenn $a = 0$ und $b \neq 0$ gilt, dann ist der Graph von $f_{a,\,b,\,c}$ symmetrisch bezüglich der y-Achse und schneidet die x-Achse nicht. 2

   c) Geben Sie für a, b und c alle Werte an, sodass sowohl $D_{a,\,b,\,c} = \mathbb{R}$ gilt als auch, dass der Graph von $f_{a,\,b,\,c}$ symmetrisch bezüglich des Koordinatenursprungs, aber nicht identisch mit der x-Achse ist. 3

   d) Für die erste Ableitung von $f_{a,\,b,\,c}$ gilt: $f'_{a,\,b,\,c}(x) = -\frac{ax^2+2bx-ac}{(x^2+c)^2}$.
   Zeigen Sie: Wenn $a \neq 0$ und $c > 0$ gilt, dann besitzt der Graph von $f_{a,\,b,\,c}$ genau zwei Extrempunkte. 4

3. Betrachtet wird die in $\mathbb{R}$ definierte Funktion $p\colon x \mapsto \frac{40}{(x-12)^2+4}$;
die Abbildung zeigt den Graphen G_p von p.

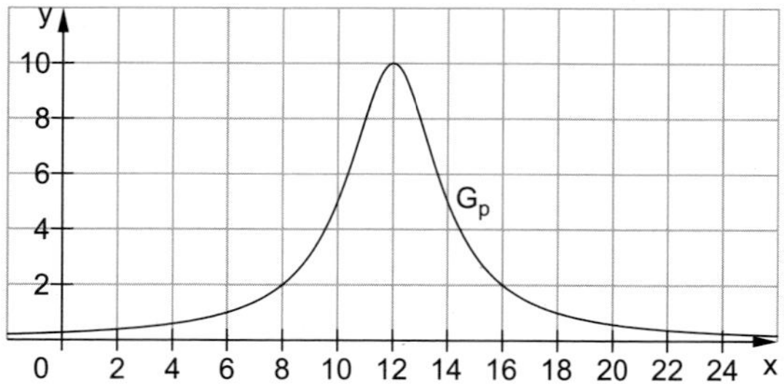

a) Beschreiben Sie, wie G_p aus dem Graphen der in $\mathbb{R}$ definierten Funktion $h\colon x \mapsto \frac{5}{x^2+4}$ schrittweise hervorgeht, und begründen Sie damit, dass G_p bezüglich der Gerade mit der Gleichung $x = 12$ symmetrisch ist. 4

Eine auf einem Hausdach installierte Photovoltaikanlage wandelt Lichtenergie in elektrische Energie um. Für $4 \leq x \leq 20$ beschreibt die Funktion p modellhaft die zeitliche Entwicklung der Leistung der Anlage an einem bestimmten Tag. Dabei ist x die seit Mitternacht vergangene Zeit in Stunden und p(x) die Leistung in kW (Kilowatt).

b) Bestimmen Sie rechnerisch die Uhrzeit am Nachmittag auf Minuten genau, ab der die Leistung der Anlage weniger als 40 % ihres Tageshöchstwerts von 10 kW beträgt. 4

c) Die Funktion p besitzt im Intervall [4; 12] eine Wendestelle. Geben Sie die Bedeutung dieser Wendestelle im Sachzusammenhang an. 2

d) Die von der Anlage produzierte elektrische Energie wird vollständig in das Stromnetz eingespeist. Der Hauseigentümer erhält für die eingespeiste elektrische Energie eine Vergütung von 10 Cent pro Kilowattstunde (kWh). Die in [4; 20] definierte Funktion $x \mapsto E(x)$ gibt die elektrische Energie in kWh an, die die Anlage am betrachteten Tag von 4:00 Uhr bis x Stunden nach Mitternacht in das Stromnetz einspeist.
Es gilt $E'(x) = p(x)$ für $x \in [4; 20]$.
Bestimmen Sie mithilfe der Abbildung einen Näherungswert für die Vergütung, die der Hauseigentümer für die von 10:00 Uhr bis 14:00 Uhr in das Stromnetz eingespeiste elektrische Energie erhält. 3

40

Tipps und Hinweise

Aufgabe 1 a

- f(x) ist eine gebrochen-rationale Funktion.
- Senkrechte Asymptoten ergeben sich an den Definitionslücken (wenn diese keine Nullstellen des Zählers sind).
- Gebrochen-rationale Funktionen haben nur dann eine waagrechte Asymptote, wenn Grad Zähler $\leq$ Grad Nenner gilt.
- Die x-Achse ist waagrechte Asymptote, wenn Grad Zähler $<$ Grad Nenner gilt.

Aufgabe 1 b

- *Monotonie*

- Das Monotonieverhalten ergibt sich durch das Vorzeichen der 1. Ableitung.
- Beachten Sie die Quotientenregel (siehe Merkhilfe).
- Auf der Merkhilfe ist auch vermerkt, welche Monotonie von f sich durch das Vorzeichen von f' ergibt.
- Da im Nenner von f' mit dem Quadrat stets ein positiver Wert steht, entscheidet das Vorzeichen des Zählers über das Vorzeichen von f'.
- Wenn f' stets negativ ist, so gilt dies auch in den drei Teilintervallen.

- *Tangentensteigung*

- Die Steigung der Tangente ergibt sich aus f'(0).

Aufgabe 1 c

- „Verwendung der bisherigen Informationen“ bedeutet, dass Sie alles, was Sie bisher über die Funktion in Erfahrung gebracht haben, verwenden müssen.
- Sie kennen aus Teilaufgabe 1 a die Asymptoten.
- Zeichnen Sie die Strecke [AB] ein.
- Sie wissen aus der Angabe, dass der Graph von f durch A und B verläuft und unterhalb der Strecke [AB] liegt.
- In der Angabe ganz oben steht, dass der Graph von f punktsymmetrisch zum Ursprung ist, also durch den Ursprung verläuft.
- Sie kennen aus Teilaufgabe 1 b die Tangentensteigung im Ursprung.
- Zeichnen Sie die Tangente ein.

- Sie haben in Teilaufgabe 1 b gezeigt, dass f(x) in allen drei Teilintervallen von $\mathbb{D}$ jeweils streng monoton fallend ist.
- Der Graph im Teilintervall $]-\infty; -2[$ ergibt sich durch Punktspiegelung am Ursprung aus dem Graphen im Teilintervall $]2; \infty[$. Wenn Sie möchten, können Sie auch A und B spiegeln.

Aufgabe 1 d

- Markieren Sie sich die Fläche in der Skizze von Teilaufgabe 1 c.
- Die Fläche ergibt sich durch die Differenz einer Trapezfläche und der Fläche unter dem Graphen von f.
- Das Trapez hat die beiden Parallelen bei $x = 3$ und $x = 8$.
- Welche Längen besitzen diese parallelen Trapezseiten?
- Die Länge der beiden Parallelen ergibt sich aus den y-Werten von A und B.
- Die Höhe des Trapezes entspricht der Länge des Intervalls zwischen den beiden Parallelen, also der Differenz der x-Koordinaten von A und B.
- Die Fläche unterhalb des Funktionsgraphen ergibt sich durch das bestimmte Integral von 3 bis 8 über die Funktion f.
- Der Funktionsterm von f lässt sich so umformen, dass ein Term der Form $a \cdot \frac{g'(x)}{g(x)}$ entsteht.
- Auf der Merkhilfe findet sich eine Stammfunktion für $\frac{g'(x)}{g(x)}$. Der konstante Faktor a wird vor das Integral geschrieben.

oder:

- Sie berechnen die gesuchte Fläche als Fläche zwischen den beiden Funktionen g und f, wobei g die Gerade durch A und B ist.
- Stellen Sie dazu die Geradengleichung von AB auf.
- Für die Integration von f gilt Obiges.

Aufgabe 2 a

- Vergleichen Sie die beiden Terme von $f_{a,\,b,\,c}$ und f (Koeffizientenvergleich).
- Beachten Sie das Vorzeichen von c.

Aufgabe 2 b

- Schreiben Sie $f_{0,\,b,\,c}$ hin.
- Eine Funktion verläuft symmetrisch zur y-Achse, wenn $f(-x) = f(x)$ gilt.
- Bilden Sie $f_{0,\,b,\,c}(-x)$ und vergleichen Sie mit $f_{0,\,b,\,c}(x)$.

- Schnittpunkte mit der x-Achse sind die Punkte, für die $f(x)=0$ gilt.
- Zeigen Sie, dass $f_{0,\,b,\,c}(x)$ für $b \neq 0$ nicht null werden kann.

Aufgabe 2 c

- Wenn $\mathbb{D}_{a,\,b,\,c} = \mathbb{R}$ sein soll, darf die Funktion keine Definitionslücken haben, der Nenner darf also für kein x den Wert null annehmen.
- Welche x erfüllen die Bedingung $x^2 + c \neq 0$?
- Eine Funktion verläuft punktsymmetrisch zum Ursprung, wenn $f(-x) = -f(x)$ gilt. Der Graph verläuft dann durch den Ursprung (wenn $0 \in \mathbb{D}$).
- Die Funktion f aus Teilaufgabe 1 ist symmetrisch bezüglich des Ursprungs.
- Welchen Wert muss der Zähler haben, damit der Funktionsgraph mit der x-Achse übereinstimmt?
- Was muss dann für a und b gelten?

Aufgabe 2 d

- Die Bedingungen $a \neq 0$ und $c > 0$ besagen, dass der Zähler von $f'_{a,\,b,\,c}$ ein quadratischer Term ist und $f_{a,\,b,\,c}$ die Definitionsmenge $\mathbb{R}$ hat (siehe Teilaufgabe 2 c).
- Extrempunkte haben waagrechte Tangenten. Es muss also $f'_{a,\,b,\,c}(x) = 0$ gelten.
- Ein Bruch hat den Wert null, wenn der Zähler den Wert null hat (und der Nenner nicht).
- Die Lösungsformel für quadratische Gleichungen findet sich auf der Merkhilfe.
- Über die Anzahl der Lösungen einer quadratischen Gleichung entscheidet das Vorzeichen der Diskriminante D (Term unter der Wurzel).
- Für $D < 0$ ergibt sich keine Lösung, für $D = 0$ erhält man eine Lösung, für $D > 0$ ergeben sich zwei Lösungen.
- Bilden Sie die Diskriminante für $ax^2 + 2bx - ac = 0$.
- Welches Vorzeichen hat diese Diskriminante?
- Ein Quadrat kann nicht negativ sein.
- Beachten Sie die Vorgaben für a und c.

Aufgabe 3 a

- h ist eine Funktion vom Typ $f_{a,\,b,\,c}$ mit $a = 0$ und $c > 0$.
- Welche Symmetrie besitzt der Graph von h?
- Beachten Sie Teilaufgabe 2 b.

- Wie verändert sich der Zähler beim Übergang von h auf p?
- Was bewirkt diese Änderung des Funktionsterms beim Graphen?
- Mögliche Veränderungen sind:

$g(x)+a$	Verschiebung um a in y-Richtung
$g(x+a)$	Verschiebung um $-a$ in x-Richtung
$a \cdot g(x)$	Dehnung/Stauchung in y-Richtung
$g(a \cdot x)$	Dehnung/Stauchung in x-Richtung
$-g(x)$	Spiegelung an der x-Achse
$g(-x)$	Spiegelung an der y-Achse

- Wie ändert sich die Symmetrie bei einer Dehnung in y-Richtung?
- Wie verändert sich der Nenner beim Übergang von h auf p?
- Was bewirkt diese Änderung des Funktionsterms beim Graphen?
- Wie ändert sich die Symmetrie bei einer Verschiebung in x-Richtung?

Aufgabe 3 b

- Lesen Sie den Tageshöchstwert in der Abbildung ab.
- Berechnen Sie 40 % des Tageshöchstwerts.
- Für welche $x > 12$ (gesucht ist ein Wert am Nachmittag) ist der Funktionswert von p kleiner als 4?
- Berechnen Sie einen Näherungswert für x.
- Beachten Sie den Maßstab von x.
- x wird in Stunden nach Mitternacht angegeben.
- Die Dezimalstellen von x müssen in Minuten umgerechnet werden.

Aufgabe 3 c

- Für die Wendestelle x_0 gilt: $p''(x_0) = 0$
- Wegen $p'' = (p')'$ hat p' an der Stelle x_0 einen Extremwert.
- p' gibt als 1. Ableitung die Tangentensteigung (momentane Änderungsrate) an.
- p besitzt somit an der Stelle x_0 die größte oder kleinste momentane Änderungsrate.
- x_0 soll im Intervall [4; 12] liegen. Welche Monotonie weist laut Abbildung p in diesem Intervall auf?
- Da p in [4; 12] steigt, hat p in x_0 die größte momentane Änderungsrate.
- Sachzusammenhang: x_0 gibt den Zeitpunkt an, in dem die Leistung der Anlage (y-Wert) am meisten zunimmt.

Aufgabe 3 d

- Wegen $E'(x) = p(x)$ ist E eine Stammfunktion von p.
- Die Werte von E lassen sich daher als Größen von Flächen, die der Graph von p mit der x-Achse einschließt, ablesen.
- Es soll die im Intervall [10; 14] eingeschlossene Fläche näherungsweise bestimmt werden.
- Aufgrund der Symmetrie genügt es, die im Intervall [12; 14] eingeschlossene Fläche näherungsweise zu bestimmen.
- Der Näherungswert ergibt sich durch Auszählen von Kästchen.
- Beachten Sie den Maßstab.
- In der Abbildung besitzt jedes Kästchen die Seitenlänge 2. Die Kästchenfläche umfasst somit 4 FE.
- Jede FE steht im Sachzusammenhang für 1 kWh.
- Die Vergütung beträgt 10 Cent pro kWh.

Lösungen

1. $f(x) = \frac{6x}{x^2 - 4}$ $\quad \mathbb{D} = \mathbb{R} \setminus \{-2; 2\}$

a) Senkrechte Asymptoten: $x = -2$ und $x = 2$
Grad Zähler < Grad Nenner, damit ist die x-Achse waagrechte Asymptote.

b) $f'(x) = \frac{6 \cdot (x^2 - 4) - 6x \cdot 2x}{(x^2 - 4)^2} = \frac{6x^2 - 24 - 12x^2}{(x^2 - 4)^2} = \frac{-6x^2 - 24}{(x^2 - 4)^2} = -\frac{6 \cdot (x^2 + 4)}{(x^2 - 4)^2}$

Da sowohl 6 als auch $x^2 + 4$ im Zähler positiv sind und im Nenner ein Quadrat steht, ist f'(x) für alle $x \in \mathbb{D}$ stets negativ.
f(x) ist in allen drei Teilintervallen der Definitionsmenge streng monoton fallend.

$f'(0) = -\frac{6 \cdot (0^2 + 4)}{(0^2 - 4)^2} = -\frac{6 \cdot 4}{16} = -\frac{3}{2} = -1{,}5$

c)

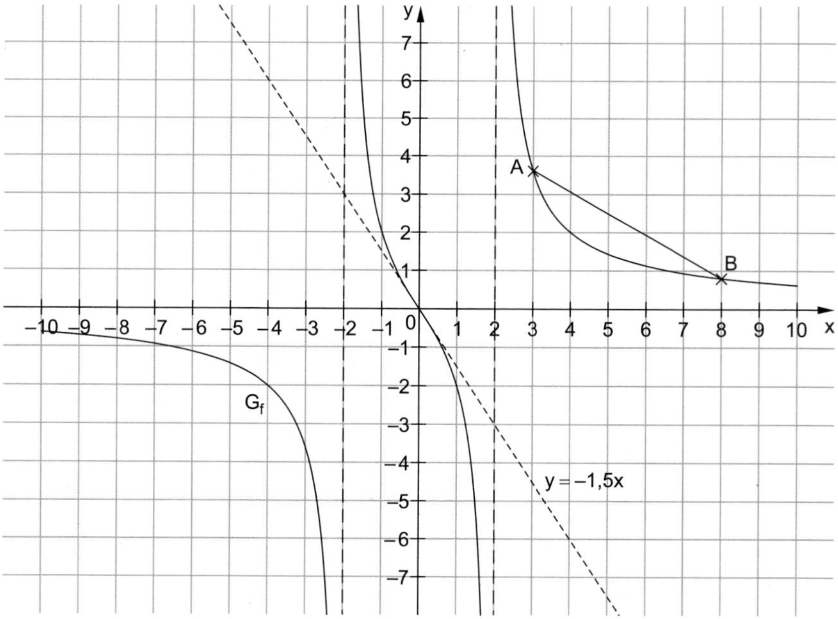

d) Die gesuchte Fläche F ist in der nebenstehenden Abbildung grau getönt.

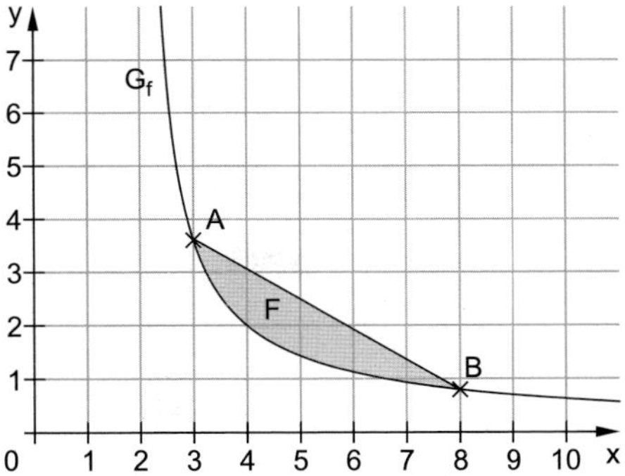

Sie ergibt sich durch die Differenz von Trapezfläche und der Fläche unter dem Graphen von f.

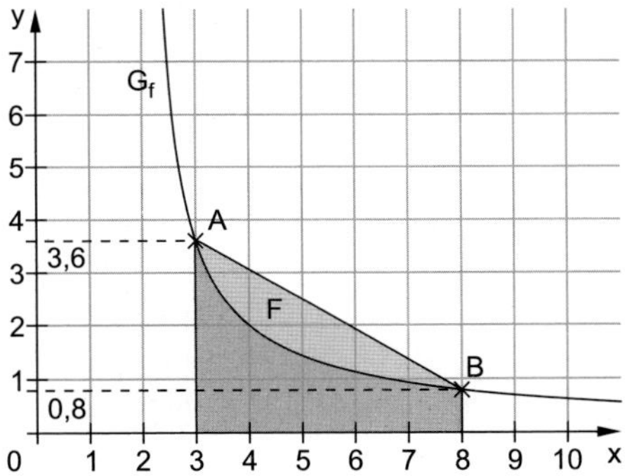

$$\text{Fläche}_{\text{Trapez}} = \frac{1}{2} \cdot (3{,}6 + 0{,}8) \cdot 5 = 11$$

$$F = 11 - \int_3^8 \frac{6x}{x^2-4}\,dx$$

$$= 11 - \int_3^8 3 \cdot \frac{2x}{x^2-4}\,dx$$

$$= 11 - 3 \cdot \left[\ln|x^2-4|\right]_3^8$$

$$= 11 - 3 \cdot \left(\ln|8^2-4| - \ln|3^2-4|\right)$$

$$= 11 - 3 \cdot (\ln(60) - \ln(5))$$

Dieses Ergebnis könnte noch zu $11 - 3\ln(12)$ umgeformt werden.

oder:

Die gesuchte Fläche F ergibt sich auch durch das Integral über die Differenz von Gerade und Funktion (aufwendiger!).

Gleichung der Geraden durch A und B:

$y = mx + t$

(1)	$3{,}6 = 3\,m + t$	(A auf g)
(2)	$0{,}8 = 8\,m + t$	(B auf g)
(1)–(2)	$2{,}8 = -5\,m$	
	$m = -0{,}56$	
m in (1)	$3{,}6 = -1{,}68 + t$	
	$t = 5{,}28$	

$y = -0{,}56x + 5{,}28$

$$F=\int_3^8\left[(-0{,}56x+5{,}28)-\frac{6x}{x^2-4}\right]dx=\int_3^8\left[(-0{,}56x+5{,}28)-3\cdot\frac{2x}{x^2-4}\right]dx$$

$$=\left[-0{,}28x^2+5{,}28x-3\cdot\ln|x^2-4|\right]_3^8$$

$$=-0{,}28\cdot 8^2+5{,}28\cdot 8-3\cdot\ln|8^2-4|-\left(-0{,}28\cdot 3^2+5{,}28\cdot 3-3\cdot\ln|3^2-4|\right)$$

$$=-17{,}92+42{,}24-3\cdot\ln(60)-(-2{,}52+15{,}84-3\cdot\ln(5))$$

$$=24{,}32-3\cdot\ln(60)-13{,}32+3\cdot\ln(5)=11-3\cdot\left(\ln(60)-\ln(5)\right)$$

Dieses Ergebnis könnte noch zu $11-3\ln(12)$ umgeformt werden.

2. $f_{a,\,b,\,c}(x)=\dfrac{ax+b}{x^2+c}$

a) $a=6 \quad b=0 \quad c=-4$

b) $f_{0,\,b,\,c}(x)=\dfrac{0\cdot x+b}{x^2+c}=\dfrac{b}{x^2+c}$

$$f_{0,\,b,\,c}(-x)=\frac{b}{(-x)^2+c}=\frac{b}{x^2+c}=f_{0,\,b,\,c}(x)$$

Somit ist der Graph von $f_{0,\,b,\,c}(x)$ symmetrisch zur y-Achse.

Schnittpunkt mit der x-Achse:

$$f_{0,\,b,\,c}(x)=\frac{b}{x^2+c}=0 \;\Rightarrow\; b=0 \quad \text{Widerspruch zur Forderung } b\neq 0$$

Also schneidet der Graph von $f_{0,\,b,\,c}(x)$ die x-Achse nicht. (Er berührt sie auch nicht.)

c)
- $\mathbb{D}_{a,\,b,\,c}=\mathbb{R}$, wenn der Nenner keine Nullstellen hat, also $c>0$
- symmetrisch bezüglich des Koordinatenursprungs, wenn $f_{a,\,b,\,c}(0)=0$, also $\dfrac{a\cdot 0+b}{0^2+c}=0$, also $b=0$
- identisch mit der x-Achse, wenn der Zähler für alle $x\in\mathbb{D}$ den Wert null hat, also $a=0$ und $b=0$

Der Graph von $f_{a,\,b,\,c}$ ist also in $\mathbb{R}$ definiert, punktsymmetrisch zum Ursprung und nicht identisch mit der x-Achse, wenn $a\neq 0$, $b=0$ und $c>0$ gilt.

d) Wegen $c>0$ handelt es sich bei $f_{a,\,b,\,c}$ um eine Funktion mit $\mathbb{D}=\mathbb{R}$.
Ihr Graph besitzt nur dann genau zwei Extrempunkte, wenn die Gleichung $f'_{a,\,b,\,c}(x)=0$ genau zwei Lösungen besitzt und die Funktion $f'_{a,\,b,\,c}$ dort ihr Vorzeichen wechselt.

$$f'_{a,\,b,\,c}(x)=0 \;\Rightarrow\; ax^2+2bx-ac=0$$

Über die Anzahl der Lösungen einer quadratischen Gleichung entscheidet das Vorzeichen der Diskriminante (Term unter der Wurzel) in der Lösungsformel für quadratische Gleichungen.

Diskriminante in der Formel: $b^2 - 4ac$
Hier: $(2b)^2 - 4a \cdot (-ac) = 4b^2 + 4a^2c$

Der erste Summand ist aufgrund des Quadrats nicht negativ. Wegen den Forderungen $a \neq 0$ und $c > 0$ ist der zweite Summand positiv. Damit ist die Diskriminante positiv, es existieren also zwei Lösungen für die Gleichung $f'_{a,b,c}(x) = 0$ und (aufgrund der Vorzeichenwechsel) damit zwei Extremwerte.

3. $p(x) = \dfrac{40}{(x-12)^2 + 4}$

a) $h(x) = \dfrac{5}{x^2 + 4}$

Die Funktion h ist eine Funktion vom Typ $f_{a,b,c}$ mit $a = 0$ und $c > 0$. Gemäß Teilaufgabe 2 b ist h somit symmetrisch zur y-Achse und gemäß Teilaufgabe 2 c in ganz $\mathbb{R}$ definiert.

Der Graph der Funktion $k(x) = \dfrac{40}{x^2 + 4} = 8 \cdot h(x)$ entsteht aus dem Graphen von h durch Dehnung/Streckung mit dem Faktor 8 in y-Richtung. Diese Streckung in y-Richtung erhält die Symmetrie zur y-Achse.

Der Graph der Funktion $p(x) = \dfrac{40}{(x-12)^2 + 4} = k(x-12)$ entsteht aus dem Graphen von k durch Verschiebung um 12 in positive x-Richtung. Diese Verschiebung verschiebt auch die Symmetrieachse, sodass der Graph von p symmetrisch zu $x = 12$ ist.

b) 40 % von 10 kW = 0,4 · 10 kW = 4 kW

$p(x) < 4$ mit $x > 12$ (also $x - 12 > 0$)

$$\begin{aligned}
\frac{40}{(x-12)^2+4} &< 4 \\
40 &< 4 \cdot [(x-12)^2 + 4] \\
10 &< (x-12)^2 + 4 \\
6 &< (x-12)^2 \\
x - 12 &> \sqrt{6} \\
x &> 12 + \sqrt{6} \approx 14{,}4495
\end{aligned}$$

Die ungefähre Uhrzeit beträgt also 14:30 Uhr.

Auf Minuten genaue Uhrzeit:
0,4495 von 1 h = 0,4495 von 60 min = 26,97 min ≈ 27 min
Ab 14:27 Uhr beträgt die Leistung weniger als 40 % des Tageshöchstwerts.

c) Die Wendestelle soll im Intervall [4; 12] liegen. In diesem Intervall steigt laut Abbildung der Graph von p(x). Die Wendestelle gibt den x-Wert der maximalen Steigung von p(x) an.

Die Wendestelle gibt den Zeitpunkt an, in dem die Leistung am meisten zunimmt.

oder:

Die Wendestelle gibt den Zeitpunkt an, in dem die Zunahme der Leistung am größten ist.

d) Da $E'(x) = p(x)$ gilt, ist in der Abbildung der Graph der 1. Ableitung von E zu sehen.

Werte von E ergeben sich durch die mit dem Graphen von p(x) eingeschlossene Fläche, die näherungsweise (= Auszählen von Kästchen) bestimmt werden soll.

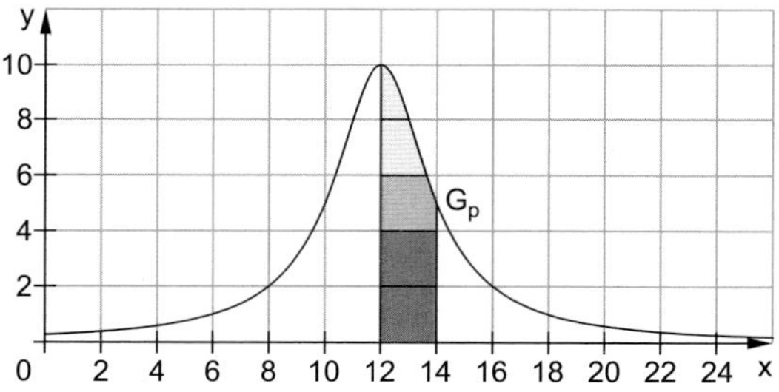

Aufgrund der Symmetrie zu x = 12 (siehe Teilaufgabe 3 a) genügt es, eine Näherung für das Intervall [12; 14] zu machen.

Diese Hälfte der näherungsweise zu bestimmenden Fläche besteht aus zwei kompletten Kästchen (dunkel getönt), den beiden oberen Teilflächen (hell getönt), die gemeinsam ungefähr ein Kästchen ausmachen, sowie der mittleren Teilfläche (grau getönt), die ungefähr 90 % eines Kästchens beträgt.

Insgesamt erhält man als Näherungswert also 3,9 Kästchen.

Aufgrund des Maßstabs (ein Kästchen umfasst jeweils 4 Flächeneinheiten) ergeben sich somit für die halbe Fläche ca. $3{,}9 \cdot 4$ FE = 15,6 FE und daher für die gesuchte Fläche ca. 31,2 FE.

Der Hauseigentümer erhält für die von 10:00 Uhr bis 14:00 Uhr eingespeiste Energie von ungefähr 31,2 kWh eine Vergütung von
ca. $31{,}2 \cdot 10$ Cent = 312 Cent = 3,12 €.

Abitur Mathematik (Bayern): Abiturprüfung 2021
Prüfungsteil B – Analysis Aufgabengruppe 2

BE

1. Gegeben ist die in $\mathbb{R}$ definierte Funktion $f\colon x \mapsto (1-x^2) \cdot e^{-x}$. Die Abbildung zeigt den Graphen G_f von f.

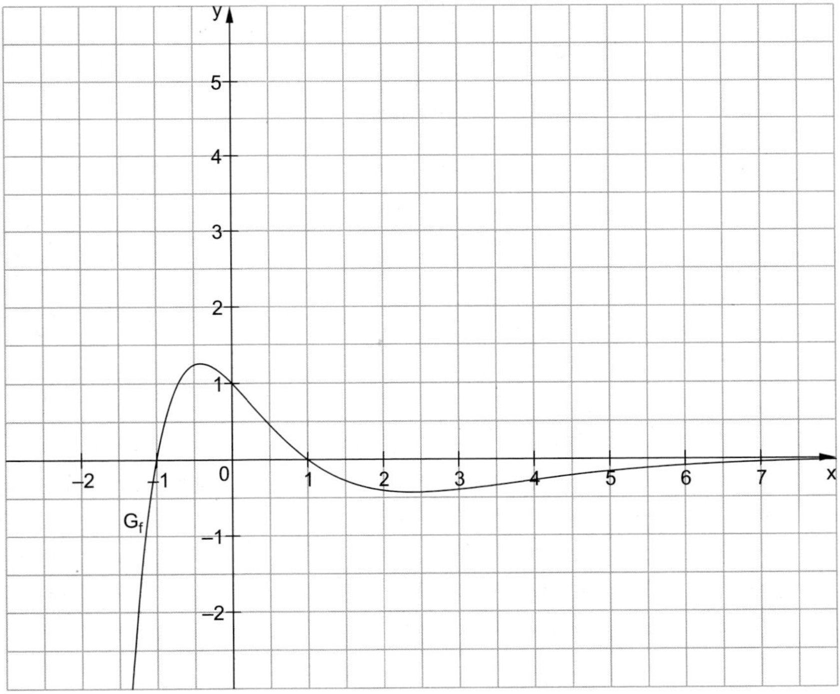

a) Zeigen Sie, dass f genau zwei Nullstellen besitzt. 2

b) Bestimmen Sie rechnerisch die x-Koordinaten der beiden Extrempunkte von G_f.
[zur Kontrolle: $f'(x) = (x^2 - 2x - 1) \cdot e^{-x}$] 4

c) Ermitteln Sie anhand der Abbildung einen Näherungswert für das Integral $\int_{-1}^{4} f(x)\,dx$. 4

Die in $\mathbb{R}$ definierte Funktion F ist diejenige Stammfunktion von f, deren Graph durch den Punkt $T(-1\,|\,2)$ verläuft.

d) Begründen Sie mithilfe der Abbildung, dass der Graph von F im Punkt T einen Tiefpunkt besitzt. 2

e) Skizzieren Sie in der Abbildung den Graphen von F. Berücksichtigen Sie dabei insbesondere, dass $F(1) \approx 3{,}5$ und $\lim\limits_{x \to +\infty} F(x) = 2$ gilt. 3

f) Deuten Sie die Aussage $F(2{,}5) - F(0) \approx 0$ in Bezug auf G_f geometrisch. 2

Betrachtet wird nun die Schar der in $\mathbb{R}$ definierten Funktionen $h_k\colon x \mapsto (1 - kx^2) \cdot e^{-x}$ mit $k \in \mathbb{R}$. Der Graph von h_k wird mit G_k bezeichnet. Für $k = 1$ ergibt sich die bisher betrachtete Funktion f.

g) Geben Sie in Abhängigkeit von k die Anzahl der Nullstellen von h_k an. 2

h) Für einen bestimmten Wert von k besitzt G_k zwei Schnittpunkte mit der x-Achse, die voneinander den Abstand 4 haben. Berechnen Sie diesen Wert. 3

i) Beurteilen Sie, ob es einen Wert von k gibt, sodass G_k und G_f bezüglich der x-Achse symmetrisch zueinander liegen. 2

2. Betrachtet wird die in $\mathbb{R}$ definierte Funktion $g\colon x \mapsto \frac{e^x}{e^x + 1}$. Ihr Graph wird mit G_g bezeichnet.

a) Zeigen Sie, dass g streng monoton zunehmend ist und die Wertemenge $]0;\,1[$ besitzt.
[zur Kontrolle: $g'(x) = \frac{e^x}{(e^x + 1)^2}$] 5

b) Geben Sie $g'(0)$ an und zeichnen Sie G_g im Bereich $-4 \le x \le 4$ unter Berücksichtigung der bisherigen Ergebnisse und der Tatsache, dass G_g in $W(0\,|\,g(0))$ seinen einzigen Wendepunkt hat, in ein Koordinatensystem ein. 3

c) Der Graph der Funktion g^* geht aus G_g durch Strecken und Verschieben hervor. Die Wertemenge von g^* ist $]-1;\,1[$. Geben Sie einen möglichen Funktionsterm für g^* an. 2

d) Es wird das Flächenstück zwischen G_g und der x-Achse im Bereich $-\ln 3 \le x \le b$ mit $b \in \mathbb{R}^+$ betrachtet. Bestimmen Sie den Wert von b so, dass die y-Achse dieses Flächenstück halbiert. 6

40

Tipps und Hinweise

Aufgabe 1 a

- Ein Produkt ist null, wenn einer der Faktoren null ist.
- Es gilt: $e^x > 0$ für alle $x \in \mathbb{R}$

Aufgabe 1 b

- Extrempunkte haben waagrechte Tangenten.
- An Extremstellen gilt $f'(x) = 0$.
- Bestimmen Sie die 1. Ableitung von f.
- Beachten Sie beim Ableiten Produkt- und Kettenregel (nachdifferenzieren). Sie finden die Formeln auf der Merkhilfe.
- Klammern Sie e^{-x} aus.
- Es ist nur nach den x-Koordinaten der Extrempunkte gefragt.

Aufgabe 1 c

- Die Anweisung „anhand der Abbildung einen Näherungswert" bedeutet, dass Sie in der Abbildung Kästchen zählen sollen.
- Im Integrationsintervall $[-1; 4]$ verläuft der Funktionsgraph sowohl oberhalb als auch unterhalb der x-Achse.
- Das bestimmte Integral liefert eine Flächenbilanz, in die Flächen oberhalb der x-Achse positiv und Flächen unterhalb der x-Achse negativ eingehen.
- Zerlegen Sie das Integrationsintervall so, dass Sie Flächen oberhalb und unterhalb der x-Achse getrennt abschätzen können.
- Zählen Sie näherungsweise die Kästchen, die im Intervall $[-1; 1]$ eingeschlossen werden, und anschließend die Kästchen, die im Intervall $[1; 4]$ eingeschlossen werden.
- Beachten Sie den Maßstab.
- In der Abbildung besitzt jedes Kästchen die Seitenlänge 0,5. Jeweils 4 Kästchen besitzen somit eine Fläche von 1 FE.

Aufgabe 1 d

- Wegen $F' = f$ zeigt die Abbildung den Graphen der 1. Ableitung von F.
- Für $x = -1$ besitzt $f = F'$ eine Nullstelle mit Vorzeichenwechsel von – auf +.
- Wegen $F'(-1) = f(-1) = 0$ hat F für $x = -1$ eine waagrechte Tangente.
- Welchen Wechsel der Monotonie hat F für $x = -1$?
- Beim Wechsel von – auf + wechselt der Graph von fallend auf steigend.

Aufgabe 1 e

- Zeichnen Sie den Tiefpunkt $T(-1\,|\,2)$, den Punkt $(1\,|\approx 3{,}5)$ und die waagrechte Asymptote $y=2$ ein.
- Da der Graph von f im Intervall $]-\infty; -1[$ unter der x-Achse verläuft, muss der Graph G_F dort fallen.
- Da der Graph von f im Intervall $]-1; 1[$ über der x-Achse verläuft, muss der Graph G_F dort steigen.
- Da der Graph von f im Intervall $]1; +\infty[$ unter der x-Achse verläuft, muss der Graph G_F dort fallen.
- Der Punkt $(1\,|\approx 3{,}5)$ ist also Hochpunkt von G_F.

Aufgabe 1 f

- Die Differenz $F(2{,}5)-F(0)$ erscheint bei der Berechnung eines bestimmten Integrals.
- Geben Sie das Integral an.
- 2,5 ist obere Grenze, 0 ist untere Grenze und f ist die Integrandenfunktion.
- Das Ergebnis eines bestimmten Integrals ist die Flächenbilanz.
- Unter welcher Voraussetzung kann die Flächenbilanz den Wert null annehmen?

Aufgabe 1 g

- Setzen Sie den Funktionsterm gleich null und lösen Sie nach x auf.
- Beachten Sie, dass nicht durch null dividiert werden darf. Schränken Sie k entsprechend ein.
- Unter der Wurzel dürfen keine negativen Werte stehen. Schränken Sie k entsprechend ein.
- Geben Sie die Anzahl der Nullstellen in Abhängigkeit von k an.

Aufgabe 1 h

- Die in Teilaufgabe 1 g berechneten Nullstellen sind die x-Koordinaten der beiden Schnittpunkte mit der x-Achse.
- Die beiden Nullstellen liegen symmetrisch zum Ursprung.
- Welche Entfernung zum Ursprung hat jede Nullstelle, wenn beide den Abstand 4 voneinander haben?
- Die beiden Nullstellen müssen bei $x=-2$ und $x=2$ liegen.
- Lösen Sie die Gleichung $\pm\sqrt{\frac{1}{k}}=\pm 2$ nach k auf.

Aufgabe 1 i

Zwei Graphen sind symmetrisch bezüglich der x-Achse, wenn der eine Graph durch Spiegelung an der x-Achse aus dem anderen Graphen hervorgeht.

Die Spiegelung an der x-Achse entspricht dem Übergang von g(x) zu −g(x).

Es muss gelten: $h_k(x) = -f(x)$ für alle $x \in \mathbb{R}$

Auch für $x = 0$ muss gelten: $h_k(0) = -f(0)$

Bestimmen Sie $h_k(0)$ und $-f(0)$ und vergleichen Sie.

Aufgabe 2 a

- *Monotonie*

Das Monotonieverhalten ergibt sich durch das Vorzeichen der 1. Ableitung.

Beachten Sie die Quotientenregel (siehe Merkhilfe).

Auf der Merkhilfe ist auch vermerkt, welche Monotonie von g sich durch das Vorzeichen von g' ergibt.

Da im Nenner von g' mit dem Quadrat stets ein positiver Wert steht, entscheidet das Vorzeichen des Zählers über das Vorzeichen von g'.

- *Wertemenge*

Aufgrund der Monotonie kann g(x) keine Extremwerte besitzen.

Die Wertemenge lässt sich somit an den Limeswerten für $x \to \pm\infty$ ablesen.

Bilden Sie $\lim\limits_{x \to -\infty} g(x)$ und beachten Sie, dass $\lim\limits_{x \to -\infty} e^x = 0$ gilt.

Bei der Bestimmung von $\lim\limits_{x \to +\infty} g(x)$ ist es notwendig, den Funktionsterm zuerst mit e^x zu kürzen.

Beachten Sie, dass $\lim\limits_{x \to +\infty} e^x = +\infty$ gilt und der Wert eines Bruches mit festem Zähler immer kleiner wird, je größer der Nenner wird.

Mithilfe der beiden Limeswerte ergibt sich das offene Intervall für die Wertemenge.

Aufgabe 2 b

„Berücksichtigung der bisherigen Ergebnisse" bedeutet, dass Sie alles, was Sie bisher über die Funktion in Erfahrung gebracht haben, verwenden müssen.

Sie kennen aus Teilaufgabe 2 a die Limeswerte und damit die waagrechten Asymptoten.

Sie wissen aus der Angabe, dass $W(0 \mid g(0))$ der einzige Wendepunkt ist. Bestimmen Sie g(0) und zeichnen Sie W ein.

- Sie haben g'(0) berechnet und können somit die Wendetangente einzeichnen.
- Sie wissen aus Teilaufgabe 2 a, dass der Graph von g streng monoton steigend ist.

Aufgabe 2 c

- Für „Strecken und Verschieben“ gibt es die Möglichkeiten:

$a \cdot g(x)$	Dehnung/Stauchung in y-Richtung
$g(a \cdot x)$	Dehnung/Stauchung in x-Richtung
$g(x)+a$	Verschiebung um a in y-Richtung
$g(x+a)$	Verschiebung um −a in x-Richtung

- Die Funktion g hat mit $]0; 1[$ eine Wertemenge mit der Höhe 1.
- Die Wertemenge $]-1; 1[$ von g* hat die Höhe 2.
- Welche Veränderung am Funktionsterm von g verwandelt g in eine Funktion k, deren Wertemenge ein Intervall mit der Höhe 2 ist?
- Wie lautet die Wertemenge jetzt?
- Welche Veränderung am Funktionsterm von k verwandelt k in die Funktion g*, deren Wertemenge das Intervall $]-1; 1[$ ist?

Aufgabe 2 d

- Wenn ein Flächenstück von der y-Achse halbiert werden soll, muss gleich viel Fläche links und rechts der y-Achse eingeschlossen sein.
- Das im Intervall $[-\ln 3; 0]$ eingeschlossene Flächenstück muss genauso groß sein wie das im Intervall $[0; b]$ eingeschlossene.
- Zu lösen ist die Gleichung $\int_{-\ln 3}^{0} g(x)\,dx = \int_{0}^{b} g(x)\,dx$
- Sie benötigen eine Stammfunktion von g.
- In welchem Zusammenhang stehen Zähler und Nenner?
- Der Zähler ist die Ableitung des Nenners.
- Die Merkhilfe liefert eine Stammfunktion für eine Funktion vom Typ $g(x) = \frac{f'(x)}{f(x)}$.
- Es gilt: $\int g(x)\,dx = \ln|e^x + 1| + C$
- Aus $\int_{-\ln 3}^{0} g(x)\,dx = \int_{0}^{b} g(x)\,dx$ folgt: $\left[\ln|e^x + 1|\right]_{-\ln 3}^{0} = \left[\ln|e^x + 1|\right]_{0}^{b}$
- Lösen Sie die Gleichung nach b auf.
- Beachten Sie die Rechenregeln für Logarithmen (siehe Merkhilfe).

Lösungen

1. $f(x)=(1-x^2)\cdot e^{-x}$ mit $\mathbb{D}=\mathbb{R}$

a)
$$\begin{aligned} f(x)&=0 \\ (1-x^2)\cdot e^{-x}&=0 \qquad e^x=0 \text{ Widerspruch, da } e^x>0 \text{ für } x\in\mathbb{R} \\ 1-x^2&=0 \\ x^2&=1 \\ x&=\pm 1 \end{aligned}$$

Die beiden Nullstellen lauten $x=1$ und $x=-1$.

b) $f'(x)=(-2x)\cdot e^{-x}+(1-x^2)\cdot e^{-x}\cdot(-1)=e^{-x}\cdot(-2x-1+x^2)=(x^2-2x-1)\cdot e^{-x}$

$f'(x)=0$

$x^2-2x-1=0$

$$x_{1/2}=\frac{2\pm\sqrt{4-4\cdot 1\cdot(-1)}}{2\cdot 1}=\frac{2\pm\sqrt{8}}{2}=\frac{2\pm 2\sqrt{2}}{2}=1\pm\sqrt{2}$$

c) Die Abbildung zeigt, dass die Funktion in [–1; 1] oberhalb und in [1; 4] unterhalb der x-Achse liegt.

Es gilt:

$$\int_{-1}^{4} f(x)\,dx=\int_{-1}^{1} f(x)\,dx+\int_{1}^{4} f(x)\,dx$$

Die im Intervall [–1; 1] oberhalb der x-Achse eingeschlossene Fläche umfasst ca. 6 Kästchen (drei grau getönte und in der Summe zwei hell getönte Kästchen sowie in der Summe ein dunkel getöntes Kästchen).

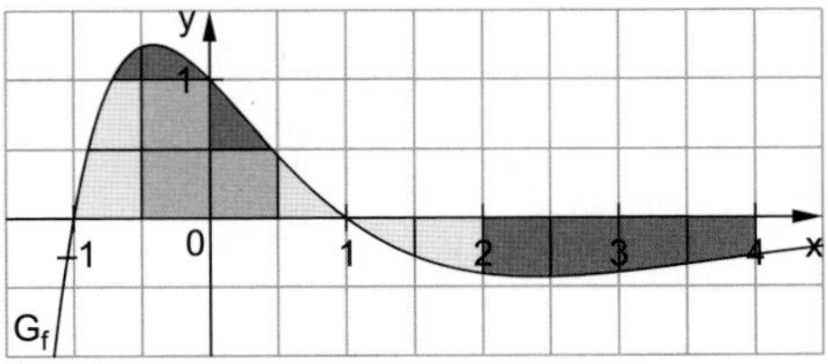

Aufgrund des Maßstabs (4 Kästchen entsprechen 1 FE) ergibt sich eine Fläche von ca. 1,5 FE.

Im Intervall [1; 4] werden unterhalb der x-Achse ca. 4 Kästchen eingeschlossen (in der Summe ca. ein hell getöntes Kästchen im Intervall [1; 2] und ca. drei dunkel getönte Kästchen im Intervall [2; 4]).

Aufgrund des Maßstabs (4 Kästchen entsprechen 1 FE) ergibt sich eine Fläche von ca. 1 FE.

Der Wert des Integrals berechnet sich somit zu:

$$\int_{-1}^{4} f(x)\,dx=\int_{-1}^{1} f(x)\,dx-\left|\int_{1}^{4} f(x)\,dx\right|\approx 1{,}5-1=0{,}5$$

d) Der Graph von f besitzt für x = –1 eine Nullstelle (siehe Abbildung und Teilaufgabe 1 a) mit VZW von – auf +. Somit besitzt wegen $F'(x) = f(x)$ jede Stammfunktion F von f für x = –1 eine waagrechte Tangente. Aufgrund des VZW wechselt F bei x = –1 von fallend auf steigend. Also muss F für x = –1 einen Tiefpunkt besitzen.

e)

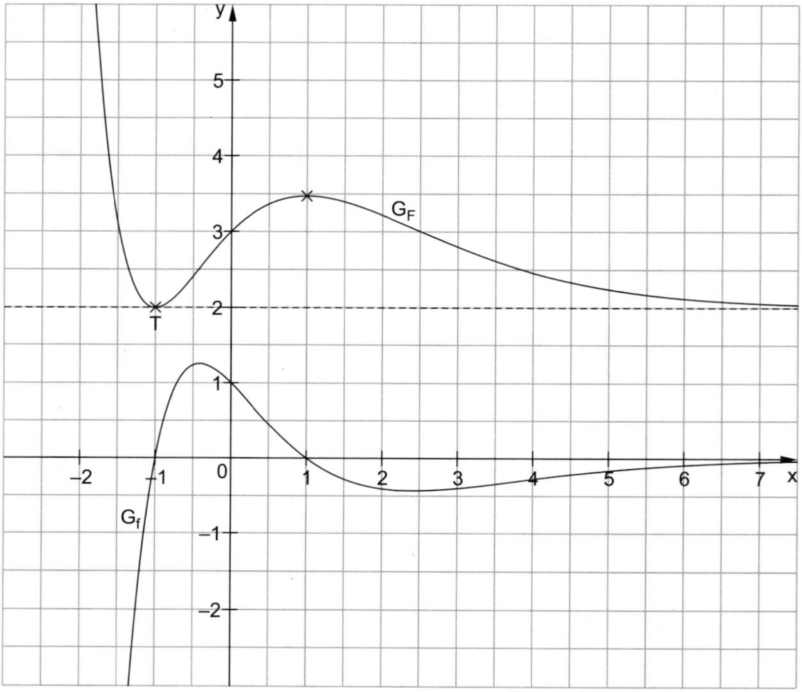

f) $F(2{,}5) - F(0) \approx 0$ bedeutet: $\int_0^{2{,}5} f(x)\,dx \approx 0$

Das bestimmte Integral und damit die Flächenbilanz im Intervall [0; 2,5] ergibt ungefähr null. Der Graph von f schließt also im Intervall [0; 2,5] mit der x-Achse ungefähr die gleiche Fläche oberhalb wie unterhalb der x-Achse ein.

Veranschaulichung (nicht verlangt):

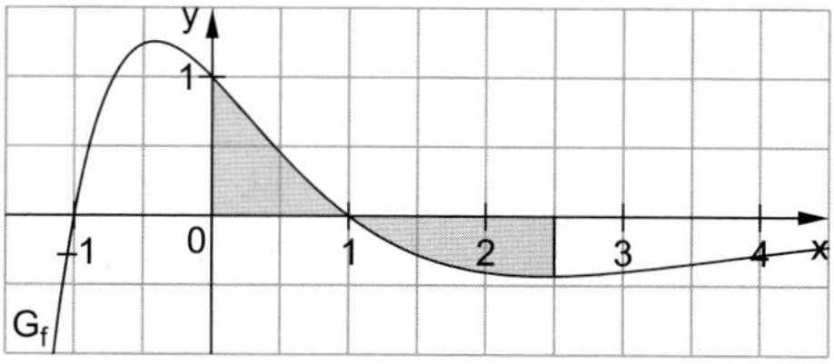

g) $h_k(x) = (1 - kx^2) \cdot e^{-x}$

$$h_k(x) = 0$$
$$(1 - kx^2) \cdot e^{-x} = 0$$
$$1 - kx^2 = 0$$
$$kx^2 = 1$$
$$x^2 = \frac{1}{k} \qquad \text{falls } k \neq 0$$
$$x_{1/2} = \pm\sqrt{\frac{1}{k}} \qquad \text{falls } k > 0$$

h_k hat für $k \leq 0$ keine Nullstellen und für $k > 0$ zwei Nullstellen.

h) Die beiden Nullstellen müssen wegen der Symmetrie der x-Werte bei –2 und 2 liegen.

$$\pm\sqrt{\frac{1}{k}} = \pm 2 \;\Rightarrow\; \frac{1}{k} = 4 \;\Rightarrow\; k = \frac{1}{4}$$

i) Sind die beiden Graphen symmetrisch bezüglich der x-Achse, so muss gelten:
$h_k(x) = -f(x)$ für alle $x \in \mathbb{R}$ (also auch für z. B. $x = 0$)

$h_k(0) = (1 - k \cdot 0^2) \cdot e^{-0} = 1 \cdot 1 = 1$

$-f(0) = -(1 - 0^2) \cdot e^{-0} = -1 \cdot 1 = -1$

Somit gibt es kein k, für das die Bedingung erfüllt ist.

2. $g(x) = \frac{e^x}{e^x + 1}$ mit $\mathbb{D} = \mathbb{R}$

a) $$g'(x) = \frac{e^x \cdot (e^x + 1) - e^x \cdot e^x}{(e^x + 1)^2} = \frac{e^x \cdot e^x + e^x - e^x \cdot e^x}{(e^x + 1)^2} = \frac{e^x}{(e^x + 1)^2}$$

Der Nenner von $g'(x)$ ist als Quadrat positiv, der Zähler ist wegen $e^x > 0$ positiv, somit gilt $g'(x) > 0$. Also ist der Graph von g streng monoton steigend.

$$\lim_{x \to -\infty} \frac{e^x}{e^x + 1} = \frac{0}{0 + 1} = 0 \qquad \lim_{x \to \infty} \frac{e^x}{e^x + 1} = \lim_{x \to \infty} \frac{1}{1 + \frac{1}{e^x}} = \frac{1}{1 + 0} = 1$$

Aus der Monotonie und den Limeswerten ergibt sich:
$\mathbb{W}_g =]0; 1[$

b) Wegen $g(0) = \frac{e^0}{e^0 + 1} = \frac{1}{2}$ befindet sich der Wendepunkt in $W(0 \mid 0{,}5)$.

Wegen $g'(0) = \frac{e^0}{(e^0 + 1)^2} = \frac{1}{4}$ besitzt die Wendetangente die Steigung $\frac{1}{4}$.

$y = 0$ und $y = 1$ sind die beiden waagrechten Asymptoten.

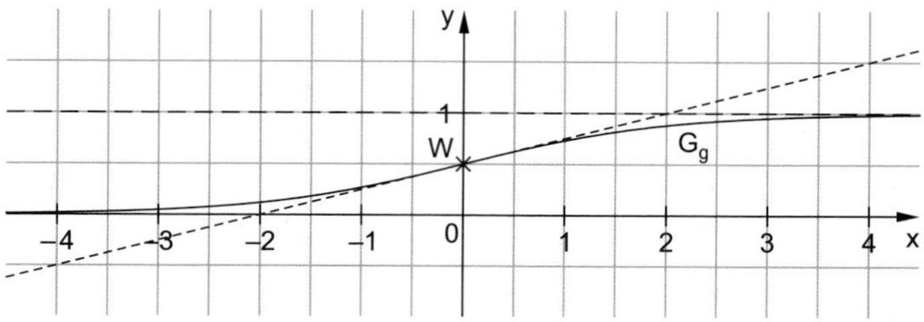

c) $g(x) = \dfrac{e^x}{e^x + 1}$ mit $\mathbb{W}_g =]0; 1[$

$k(x) = 2 \cdot \dfrac{e^x}{e^x + 1}$ mit $\mathbb{W}_k =]0; 2[$ Streckung mit Faktor 2 in y-Richtung

$g^*(x) = 2 \cdot \dfrac{e^x}{e^x + 1} - 1$ mit $\mathbb{W}_{g^*} =]-1; 1[$ Verschiebung um 1 in negative y-Richtung

d) Wenn die y-Achse das Flächenstück halbieren soll, muss die im Intervall $[-\ln 3; 0]$ eingeschlossene Fläche genauso groß sein wie die im Intervall $[0; b]$ eingeschlossene Fläche.

(1) $\displaystyle\int_{-\ln 3}^{0} g(x)\,dx = \int_{0}^{b} g(x)\,dx$

Für $g(x) = \dfrac{e^x}{e^x + 1}$ gilt: Der Zähler ist die Ableitung des Nenners. Somit ist:

(2) $\displaystyle\int g(x)\,dx = \ln|e^x + 1| + C$

(2) in (1) liefert:

$$\left[\ln|e^x + 1|\right]_{-\ln 3}^{0} = \left[\ln|e^x + 1|\right]_{0}^{b}$$

$$\ln|e^0 + 1| - \ln|e^{-\ln 3} + 1| = \ln|e^b + 1| - \ln|e^0 + 1|$$

$$\ln 2 - \ln(e^{\ln 3^{-1}} + 1) = \ln(e^b + 1) - \ln 2$$

$$2\ln 2 - \ln(e^{\ln\frac{1}{3}} + 1) = \ln(e^b + 1)$$

$$2\ln 2 - \ln\left(\frac{1}{3} + 1\right) = \ln(e^b + 1)$$

$$\ln 2^2 - \ln\frac{4}{3} = \ln(e^b + 1)$$

$$\ln\left(4 : \frac{4}{3}\right) = \ln(e^b + 1)$$

$$\ln 3 = \ln(e^b + 1)$$

$$3 = e^b + 1$$

$$e^b = 2$$

$$b = \ln 2$$

Abitur Mathematik (Bayern): Abiturprüfung 2021
Prüfungsteil B – Stochastik Aufgabengruppe 1

BE

1. An einem Samstagvormittag kommen nacheinander vier Familien zum Eingangsbereich eines Freizeitparks. Jede der vier Familien bezahlt an einer der sechs Kassen, wobei davon ausgegangen werden soll, dass jede Kasse mit der gleichen Wahrscheinlichkeit gewählt wird. Beschreiben Sie im Sachzusammenhang zwei Ereignisse A und B, deren Wahrscheinlichkeiten sich mit den folgenden Termen berechnen lassen:
$P(A)=\frac{6\cdot 5\cdot 4\cdot 3}{6^4}$; $P(B)=\frac{6}{6^4}$ 3

2. Im Eingangsbereich des Freizeitparks können Bollerwagen ausgeliehen werden. Erfahrungsgemäß nutzen 15 % der Familien dieses Angebot. Die Zufallsgröße X beschreibt die Anzahl der Bollerwagen, die von den ersten 200 Familien, die an einem Tag den Freizeitpark betreten, entliehen werden. Im Folgenden wird davon ausgegangen, dass eine Familie höchstens einen Bollerwagen ausleiht und dass die Zufallsgröße X binomialverteilt ist.

   a) Bestimmen Sie die Wahrscheinlichkeit dafür, dass mindestens 25 Bollerwagen ausgeliehen werden. 2

   b) Bestimmen Sie die Wahrscheinlichkeit dafür, dass die fünfte Familie die erste ist, die einen Bollerwagen ausleiht. 2

   c) Ermitteln Sie unter Zuhilfenahme des Tafelwerks den kleinsten symmetrisch um den Erwartungswert liegenden Bereich, in dem die Werte der Zufallsgröße X mit einer Wahrscheinlichkeit von mindestens 75 % liegen. 5

3. Der Freizeitpark veranstaltet ein Glücksspiel, bei dem Eintrittskarten für den Freizeitpark gewonnen werden können. Zu Beginn des Spiels wirft man einen Würfel, dessen Seiten mit den Zahlen 1 bis 6 durchnummeriert sind. Erzielt man dabei die Zahl 6, darf man anschließend einmal an einem Glücksrad mit drei Sektoren drehen (vgl. schematische Abbildung). Wird Sektor K erzielt, gewinnt man eine Kinderkarte im Wert von 28 Euro, bei Sektor E eine Erwachsenenkarte im Wert von 36 Euro. Bei Sektor N geht man leer aus. Der Mittelpunktswinkel des Sektors N beträgt 160°. Die Größen der Sektoren K und E sind so gewählt, dass pro Spiel der Gewinn im Mittel drei Euro beträgt. Bestimmen Sie die Größe der Mittelpunktswinkel der Sektoren K und E. 6

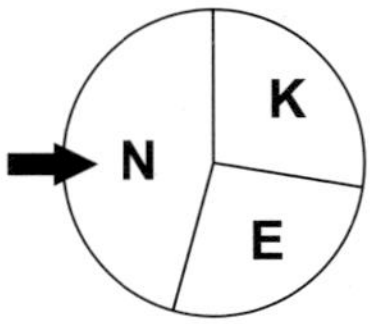

4. Am Ausgang des Freizeitparks gibt es einen Automaten, der auf Knopfdruck einen Anstecker mit einem lustigen Motiv bedruckt und anschließend ausgibt. Für den Druck wird aus n verschiedenen Motiven eines zufällig ausgewählt, wobei jedes Motiv die gleiche Wahrscheinlichkeit hat.
Ein Kind holt sich drei Anstecker aus dem Automaten.

   a) Bestimmen Sie für den Fall $n=5$ die Wahrscheinlichkeit dafür, dass nicht alle drei Anstecker dasselbe Motiv haben. 2

   b) Begründen Sie, dass die Wahrscheinlichkeit dafür, dass sich drei verschiedene Motive auf den Ansteckern befinden, den Wert $\frac{(n-1)\cdot(n-2)}{n^2}$ hat. 2

   c) Bestimmen Sie, wie groß n mindestens sein muss, damit die Wahrscheinlichkeit dafür, dass sich drei verschiedene Motive auf den Ansteckern befinden, größer als 90 % ist. 3

25

Tipps und Hinweise

Aufgabe 1

Beide Wahrscheinlichkeiten haben denselben Nenner.

Was drückt dieser Nenner aus?

Der Nenner besagt, dass viermal nacheinander eine der jeweils sechs möglichen Kassen gewählt wird.

Bei Ereignis A wird im Zähler mit jedem Mal der Faktor um 1 kleiner. Die erste Familie wählt aus 6, die zweite Familie nur noch aus 5, die dritte aus 4 und die vierte aus 3 Kassen aus.

Jede Familie sucht sich eine Kasse, die noch nicht benutzt wurde.

Bei Ereignis B lässt sich der Zähler so schreiben, dass er ebenfalls aus vier Faktoren besteht.

$6 = 6 \cdot 1 \cdot 1 \cdot 1$

Die Familien zwei, drei und vier benutzen also jeweils die eine Kasse, die schon Familie eins gewählt hatte.

Aufgabe 2

Der Text gibt sowohl die Trefferwahrscheinlichkeit p als auch die Länge n an.

X ist binomialverteilt nach B(200; 0,15; k).

Aufgabe 2 a

Formen Sie „mindestens 25“ mithilfe des Gegenereignisses um, um die Stochastiktabelle benutzen zu können.

„mindestens 25“ bedeutet „nicht 0, 1, 2, …, 24“.

Achten Sie darauf, die kumulative Tabelle zu verwenden.

Aufgabe 2 b

Die ersten vier Familien leihen sich keinen Bollerwagen aus.

Die fünfte Familie leiht sich einen Bollerwagen aus, alle weiteren Familien spielen keine Rolle.

Aufgabe 2 c

„unter Zuhilfenahme des Tafelwerks“ bedeutet, Sie müssen im Tafelwerk suchen.

Bestimmen Sie den Erwartungswert.

- Für binomialverteilte Zufallsgrößen gilt: $E(X) = n \cdot p$ (siehe Merkhilfe)
- Ein Intervall symmetrisch um den Erwartungswert hat die Form $[E(X) - a; E(X) + a]$.
- Berechnen Sie die Wahrscheinlichkeit $P(E(X) - a \leq X \leq E(X) + a)$ zunächst für ein von Ihnen gewähltes $a \in \mathbb{N}$ (z. B. $a = 4$).
- Sie müssen umformen, um die Stochastiktabelle benutzen zu können.
- $P(E(X) - a \leq X \leq E(X) + a) = P(X \leq E(X) + a) - P(X \leq E(X) - a - 1)$
- Ist diese Wahrscheinlichkeit kleiner als 0,75, so müssen Sie a um 1 vergrößern und dann wiederum die Wahrscheinlichkeit ausrechnen.
- Ist diese Wahrscheinlichkeit größer als 0,75, so müssen Sie a um 1 verkleinern und dann wiederum die Wahrscheinlichkeit ausrechnen.
- Ziel ist es, zwei benachbarte Intervalle (a unterscheidet sich nur um 1) so zu finden, dass die Wahrscheinlichkeit des einen kleiner und die des anderen größer als 0,75 ist.
- Geben Sie das Intervall an, für das die Wahrscheinlichkeit größer als 0,75 ist.

Aufgabe 3

- Wie groß ist die Wahrscheinlichkeit, eine 6 zu würfeln? Nur dann darf man anschließend das Glücksrad drehen.
- Der Mittelpunktswinkel des Sektors N ist bekannt. Bestimmen Sie die Wahrscheinlichkeit von N.
- Benennen Sie die Wahrscheinlichkeit von K mit p.
- Drücken Sie die Wahrscheinlichkeit von E mithilfe der Wahrscheinlichkeiten von N und K aus.
- Bestimmen Sie den Erwartungswert des Gewinns in Abhängigkeit von p (siehe Merkhilfe).
- Bei den Wahrscheinlichkeiten den Würfel nicht vergessen!
- Der Erwartungswert soll 3 € betragen.
- Bestimmen Sie p.
- Berechnen Sie die zu K und E gehörigen Mittelpunktswinkel.

Aufgabe 4 a

- Formen Sie „nicht alle dasselbe Motiv“ mithilfe des Gegenereignisses um.
- Es gibt fünf mögliche Motive.

Aufgabe 4 b

- Geben Sie die Wahrscheinlichkeit an, drei verschiedene Motive zu haben, wenn n Motive zur Auswahl stehen.
- Im Nenner steht die Anzahl aller Möglichkeiten, im Zähler nur die Anzahl der Möglichkeiten für drei verschiedene Motive.
- Kürzen Sie den Bruch.

Aufgabe 4 c

- Setzen Sie den Bruch aus Teilaufgabe b größer als 0,9.
- Multiplizieren Sie die Ungleichung mit n^2.
- Es entsteht eine quadratische Ungleichung.
- Lösen Sie die entsprechende quadratische Gleichung (siehe Merkhilfe).
- Die größere der beiden Lösungen ist zu wählen.
- Beachten Sie bei der Antwort, dass n eine natürliche Zahl sein muss.

Lösungen

1. P(A) ist die Wahrscheinlichkeit, dass die vier Familien an vier verschiedenen Kassen bezahlen.
   P(B) ist die Wahrscheinlichkeit, dass jede der vier Familien an derselben Kasse bezahlt.

2. a) $P(k \geq 25) = 1 - P(k \leq 24) = 1 - B(200; 0{,}15; k \leq 24)$

$$= 1 - \sum_{i=0}^{24} B(200; 0{,}15; i) = 1 - 0{,}13682 = 0{,}86318 \approx 86{,}3\,\%$$

oder:

$P(k \geq 25) = 1 - P(k \leq 24) = 1 - F_{0,15}^{200}(24) = 1 - 0{,}13682 = 0{,}86318 \approx 86{,}3\,\%$

b) $P = 0{,}85^4 \cdot 0{,}15 \approx 0{,}078 = 7{,}8\,\%$

c) $E(X) = 200 \cdot 0{,}15 = 30$

Symmetrisches Intervall: $[30 - a; 30 + a]$ mit $a \in \mathbb{N}$

$P(30 - a \leq X \leq 30 + a) = P(X \leq 30 + a) - P(X \leq 30 - a - 1)$

Versuch mit $a = 4$:

$$\begin{aligned} P(26 \leq X \leq 34) &= P(X \leq 34) - P(X \leq 25) \\ &= B(200; 0{,}15; k \leq 34) - B(200; 0{,}15; k \leq 25) \\ &= \sum_{i=0}^{34} B(200; 0{,}15; i) - \sum_{i=0}^{25} B(200; 0{,}15; i) \\ &= 0{,}81496 - 0{,}18762 = 0{,}62734 < 0{,}75 \end{aligned}$$

oder:

$$\begin{aligned} P(26 \leq X \leq 34) &= P(X \leq 34) - P(X \leq 25) \\ &= F_{0,15}^{200}(34) - F_{0,15}^{200}(25) = 0{,}81496 - 0{,}18762 = 0{,}62734 < 0{,}75 \end{aligned}$$

Somit ist das Intervall [26; 34] zu klein.

Versuch mit $a = 5$:

$$\begin{aligned} P(25 \leq X \leq 35) &= P(X \leq 35) - P(X \leq 24) \\ &= B(200; 0{,}15; k \leq 35) - B(200; 0{,}15; k \leq 24) \\ &= \sum_{i=0}^{35} B(200; 0{,}15; i) - \sum_{i=0}^{24} B(200; 0{,}15; i) \\ &= 0{,}86127 - 0{,}13682 = 0{,}72445 < 0{,}75 \end{aligned}$$

oder:

$$\begin{aligned} P(25 \leq X \leq 35) &= P(X \leq 35) - P(X \leq 24) \\ &= F_{0,15}^{200}(35) - F_{0,15}^{200}(24) = 0{,}86127 - 0{,}13682 = 0{,}72445 < 0{,}75 \end{aligned}$$

Somit ist auch das Intervall [25; 35] zu klein.

Versuch mit a = 6:

$$P(24 \le X \le 36) = P(X \le 36) - P(X \le 23)$$
$$= B(200; 0{,}15; k \le 36) - B(200; 0{,}15; k \le 23)$$
$$= \sum_{i=0}^{36} B(200; 0{,}15; i) - \sum_{i=0}^{23} B(200; 0{,}15; i)$$
$$= 0{,}89872 - 0{,}09592 = 0{,}80280 > 0{,}75$$

oder:

$$P(24 \le X \le 36) = P(X \le 36) - P(X \le 23)$$
$$= F_{0,15}^{200}(36) - F_{0,15}^{200}(23) = 0{,}89872 - 0{,}09592 = 0{,}80280 > 0{,}75$$

Der kleinste Bereich symmetrisch um den Erwartungswert 30 mit einer Wahrscheinlichkeit von mindestens 75 % ist das Intervall [24; 36].

3. $P(6) = \frac{1}{6}$

$$P(N) = \frac{160°}{360°} = \frac{4}{9}$$

$$P(K) = p$$

$$P(E) = 1 - \frac{4}{9} - p = \frac{5}{9} - p$$

Es soll gelten:

E(Gewinn) = 3 €

$$E(\text{Gewinn}) = 0\,€ \cdot \left(\frac{1}{6} \cdot \frac{4}{9}\right) + 28\,€ \cdot \left(\frac{1}{6} \cdot p\right) + 36\,€ \cdot \left[\frac{1}{6} \cdot \left(\frac{5}{9} - p\right)\right]$$
$$= \frac{28\,€}{6} \cdot p + \frac{36\,€ \cdot 5}{6 \cdot 9} - \frac{36\,€}{6} \cdot p$$
$$= \frac{28\,€}{6} \cdot p - 6\,€ \cdot p + \frac{20\,€}{6}$$

$$E(\text{Gewinn}) = 3\,€$$

$$\frac{28\,€}{6} \cdot p - 6\,€ \cdot p + \frac{20\,€}{6} = 3\,€$$
$$28\,€ \cdot p - 36\,€ \cdot p + 20\,€ = 18\,€$$
$$-8\,€ \cdot p = -2\,€$$
$$p = \frac{1}{4}$$

Mittelpunktswinkel von $K = \frac{1}{4}$ von $360° = 90°$

Mittelpunktswinkel von $E = 360° - 160° - 90° = 110°$

4. a) P(nicht alle drei dasselbe Motiv) = 1 − P(alle drei dasselbe Motiv)

$$= 1 - \frac{5 \cdot 1 \cdot 1}{5^3} = 0{,}96 = 96\ \%$$

b) P(drei verschiedene Motive) $= \frac{n \cdot (n-1) \cdot (n-2)}{n^3} = \frac{(n-1) \cdot (n-2)}{n^2}$

c) $\frac{(n-1) \cdot (n-2)}{n^2} > 0{,}9$

$$(n-1) \cdot (n-2) > 0{,}9n^2$$

$$n^2 - 3n + 2 > 0{,}9n^2$$

$$0{,}1n^2 - 3n + 2 > 0 \qquad\qquad 0{,}1n^2 - 3n + 2 = 0$$

$$n_{1/2} = \frac{3 \pm \sqrt{9 - 4 \cdot 0{,}1 \cdot 2}}{2 \cdot 0{,}1}$$

$$n_{1/2} = \frac{3 \pm \sqrt{8{,}2}}{0{,}2}$$

$$n_1 \approx 29{,}3 \qquad n_2 \approx 0{,}7$$

Es müssen mindestens 30 verschiedene Motive zur Auswahl stehen.

Abitur Mathematik (Bayern): Abiturprüfung 2021
Prüfungsteil B – Stochastik Aufgabengruppe 2

BE

Ein Süßwarenunternehmen stellt verschiedene Sorten Fruchtgummis her.

1. Luisa nimmt an einer Betriebsbesichtigung des Unternehmens teil. Zu Beginn der Führung bekommt sie ein Tütchen mit zehn Gummibärchen, von denen fünf weiß, zwei rot und drei grün sind. Luisa öffnet das Tütchen und nimmt, ohne hinzusehen, drei Gummibärchen heraus. Berechnen Sie die Wahrscheinlichkeit dafür, dass die drei Gummibärchen die gleiche Farbe haben. 3

2. Vor dem Verpacken werden die verschiedenfarbigen Gummibärchen in großen Behältern gemischt, wobei der Anteil der roten Gummibärchen 25 % beträgt. Ein Verpackungsautomat füllt jeweils 50 Gummibärchen aus einem der großen Behälter in eine Tüte.

   a) Bestimmen Sie die Wahrscheinlichkeit dafür, dass in einer zufällig ausgewählten Tüte mehr als ein Drittel der Gummibärchen rot ist. 3

   b) Um sicherzustellen, dass jeweils genau 50 Gummibärchen in eine Tüte gelangen, fallen diese einzeln nacheinander aus einer Öffnung des Behälters in den Verpackungsautomaten. Beschreiben Sie im Sachzusammenhang ein Ereignis, dessen Wahrscheinlichkeit mit dem folgenden Term berechnet werden kann:

   $$\sum_{k=0}^{3} (0{,}75^k \cdot 0{,}25)$$ 2

   c) Ermitteln Sie, wie groß der Anteil der gelben Gummibärchen in der Produktion mindestens sein muss, damit in einer zufällig ausgewählten Tüte mit einer Wahrscheinlichkeit von mindestens 95 % mindestens ein gelbes Gummibärchen enthalten ist. 4

3. Das Süßwarenunternehmen produziert auch zuckerreduzierte und vegane Fruchtgummis und bringt diese in entsprechend gekennzeichneten Tüten in den Handel.
   Der Anteil der nicht als vegan gekennzeichneten Tüten ist dreimal so groß wie der Anteil der Tüten, die als vegan gekennzeichnet sind. 42 % der Tüten, die als vegan gekennzeichnet sind, sind zusätzlich auch als zuckerreduziert gekennzeichnet. Insgesamt sind 63 % der Tüten weder als vegan noch als zuckerreduziert gekennzeichnet.
   Betrachtet werden folgende Ereignisse:
   V: „Eine zufällig ausgewählte Tüte ist als vegan gekennzeichnet.“
   R: „Eine zufällig ausgewählte Tüte ist als zuckerreduziert gekennzeichnet.“

a) Bestimmen Sie die Wahrscheinlichkeit des Ereignisses $\overline{R}$. 3

b) Bestimmen Sie die Wahrscheinlichkeit $P_{\overline{V}}(R)$. 3

c) Beschreiben Sie die Bedeutung des Terms $1 - P_{\overline{V}}(R)$ im Sachzusammenhang. 2

4. Bei einer Werbeaktion werden den Fruchtgummitüten Rubbellose beigelegt. Beim Freirubbeln werden auf dem Los bis zu drei Goldäpfel sichtbar. Die Zufallsgröße X beschreibt die Anzahl der Goldäpfel, die beim Freirubbeln sichtbar werden. Die Tabelle zeigt die Wahrscheinlichkeitsverteilung von X.

k	0	1	2	3
$P(X=k)$	p_0	p_1	0,2	0,1

a) Die Zufallsgröße X hat den Erwartungswert 1. Bestimmen Sie die Wahrscheinlichkeiten p_0 und p_1 und berechnen Sie die Varianz von X. 3

b) Ohne Kenntnis des Erwartungswerts ist die Varianz in der Regel nicht aussagekräftig. Daher wird für den Vergleich verschiedener Zufallsgrößen oft der Quotient aus der Standardabweichung und dem Erwartungswert betrachtet, der als relative Standardabweichung bezeichnet wird.
Die Zufallsgröße Y_n beschreibt die Anzahl der Goldäpfel, die beim Freirubbeln von n Losen sichtbar werden. Es gilt $E(Y_n) = n$ und $Var(Y_n) = n$.
Bestimmen Sie den Wert von n, für den die relative Standardabweichung 5 % beträgt. 2

25

Tipps und Hinweise

Aufgabe 1

- Luisa legt die Gummibärchen nicht in die Tüte zurück (sondern isst sie vermutlich).
- Die Formel für Ziehen ohne Zurücklegen finden Sie auf der Merkhilfe.
- Luisa entnimmt 3 der 10 Gummibärchen.
- Da alle drei Gummibärchen dieselbe Farbe haben sollen, können sie nur weiß oder grün sein.

Aufgabe 2 a

- Wie viele Gummibärchen machen mehr als ein Drittel des Inhalts aus?
- Formen Sie „mindestens 17" mithilfe des Gegenereignisses um, um die Stochastiktabelle benutzen zu können.
- „mindestens 17" bedeutet „nicht 0, 1, 2, …, 16".
- Achten Sie darauf, die kumulative Tabelle zu verwenden.

Aufgabe 2 b

- Schreiben Sie den Term ausführlich. Setzen Sie für k nacheinander 0, 1, 2 und 3 ein.
- 0,25 ist der Anteil der roten Gummibärchen.
- Jeder der vier Summanden endet mit 0,25. Es endet also jedes Mal mit einem roten Gummibärchen.
- Bei der wievielten Befüllung kommt beim jeweiligen Summanden ein rotes Gummibärchen aus dem Automaten?

Aufgabe 2 c

- Eine dreimal-mindestens-Aufgabe, bei der die Wahrscheinlichkeit p für ein gelbes Gummibärchen gesucht und die Länge $n = 50$ gegeben ist.
- Die Wahrscheinlichkeit für mindestens ein gelbes Gummibärchen soll mindestens 95 % betragen.
- Formen Sie „mindestens eins" mithilfe des Gegenereignisses um.
- „mindestens eins" bedeutet „nicht 0".
- Wenn p die Wahrscheinlichkeit für ein gelbes Gummibärchen ist, so ist die Wahrscheinlichkeit für kein gelbes Gummibärchen $(1 - p)$.
- Der Lösungsansatz lautet: $1 - (1 - p)^{50} \geq 0{,}95$
- Beim Auflösen der Ungleichung daran denken, dass aus $x^n = a$ folgt $x = \sqrt[n]{a}$.

Aufgabe 3 a

- Listen Sie sich die gegebenen Wahrscheinlichkeiten auf.
- Es gilt: $P(\overline{V}) = \frac{3}{4} = 0{,}75$; $P(V \cap R) = 42\,\%$ von $\frac{1}{4}$; $P(\overline{V} \cap \overline{R}) = 63\,\%$
- Fertigen Sie eine Vierfeldertafel für die beiden Ereignisse V und R an.
- Die gesuchte Wahrscheinlichkeit lässt sich in der Vierfeldertafel ablesen.

Aufgabe 3 b

- Gesucht ist eine bedingte Wahrscheinlichkeit (siehe Merkhilfe).
- Sowohl die Wahrscheinlichkeit des Zählers als auch die des Nenners können Sie der Vierfeldertafel entnehmen.

Aufgabe 3 c

- Formulieren Sie zunächst die Wahrscheinlichkeit von Teilaufgabe 3 b.
- Der gegebene Term gibt die Wahrscheinlichkeit des Gegenereignisses an.

Aufgabe 4 a

- Für die Berechnung von p_0 und p_1 benötigt man zwei Gleichungen.
- Der Erwartungswert ist gegeben und liefert eine Gleichung.
- Die Formel für die Berechnung des Erwartungswerts ist auf der Merkhilfe zu finden.
- Welche Bedingung muss die Summe aller Wahrscheinlichkeiten der Zufallsgröße erfüllen?
- Die Summe aller Wahrscheinlichkeiten muss 1 betragen. Das liefert die zweite Gleichung.
- Es sind zwei Gleichungen mit zwei Unbekannten zu lösen.
- Die Formel für die Berechnung der Varianz finden Sie auf der Merkhilfe.

Aufgabe 4 b

- Setzen Sie den Erwartungswert und die Varianz in den Quotienten der relativen Standardabweichung ein.
- Beachten Sie $\sqrt{n} = n^{\frac{1}{2}}$ und die Gesetze zum Rechnen mit Potenzen (siehe Merkhilfe).

Lösungen

1. Es steht nicht in der Angabe, ob Luisa die Gummibärchen hintereinander oder gleichzeitig entnimmt. Die Wahrscheinlichkeit ist für beide Möglichkeiten die gleiche.
   - hintereinander, also ohne Zurücklegen und mit Reihenfolge:

     $$P(\text{drei weiße oder drei grüne Gummibärchen}) = \frac{5 \cdot 4 \cdot 3 + 3 \cdot 2 \cdot 1}{10 \cdot 9 \cdot 8} = \frac{66}{720} = \frac{11}{120}$$
     $$\approx 0{,}092 = 9{,}2\ \%$$

   - gleichzeitig, also ohne Zurücklegen und ohne Reihenfolge:

     $$P(\text{drei weiße oder drei grüne Gummibärchen}) = \frac{\binom{5}{3} + \binom{3}{3}}{\binom{10}{3}} = \frac{11}{120} \approx 0{,}092 = 9{,}2\ \%$$

2. a) $\frac{1}{3}$ von $50 \approx 16{,}7$, somit mindestens 17 rote Gummibärchen in der Tüte

   $$P(k \geq 17) = 1 - P(k \leq 16) = 1 - B(50; 0{,}25; k \leq 16)$$
   $$= 1 - \sum_{i=0}^{16} B(50; 0{,}25; i) = 1 - 0{,}90169 = 0{,}09831 \approx 9{,}8\ \%$$

   oder:

   $$P(k \geq 17) = 1 - P(k \leq 16)$$
   $$= 1 - F_{0,25}^{50}(16) = 1 - 0{,}90169 = 0{,}09831 \approx 9{,}8\ \%$$

   b) Der gegebene Term lautet ausgeschrieben:

   $$\sum_{k=0}^{3} (0{,}75^k \cdot 0{,}25) = 0{,}75^0 \cdot 0{,}25 + 0{,}75^1 \cdot 0{,}25 + 0{,}75^2 \cdot 0{,}25 + 0{,}75^3 \cdot 0{,}25$$

   „Das erste oder erst das zweite oder erst das dritte oder erst das vierte Gummibärchen ist rot."

   oder:

   „Es wird solange ein Gummibärchen abgefüllt, bis ein rotes erscheint, was spätestens beim vierten Gummibärchen erfüllt ist."

   oder:

   „Unter den ersten vier Gummibärchen ist mindestens eines rot."

c) Die Wahrscheinlichkeit für ein gelbes Gummibärchen sei p.

$$P(\text{mindestens ein gelbes in der Tüte}) \geq 0{,}95$$
$$1 - P(\text{kein gelbes in der Tüte}) \geq 0{,}95$$
$$1-(1-p)^{50} \geq 0{,}95$$
$$-(1-p)^{50} \geq -0{,}05$$
$$(1-p)^{50} \leq 0{,}05$$
$$1-p \leq \sqrt[50]{0{,}05}$$
$$-p \leq \sqrt[50]{0{,}05} - 1$$
$$p \geq 1 - \sqrt[50]{0{,}05} \approx 0{,}058 = 5{,}8\ \%$$

Der Anteil der gelben Gummibärchen muss mindestens ca. 5,8 % betragen.

3. a) Darstellung der gegebenen Wahrscheinlichkeiten mithilfe einer Vierfeldertafel:

	V	$\overline{V}$	
R	$0{,}25 \cdot 0{,}42 = 0{,}105$	**0,12**	**0,225**
$\overline{R}$	**0,145**	0,63	**0,775**
	0,25	0,75	1

Die **fett** gedruckten Werte ergeben sich durch Summenbildung.

$P(\overline{R}) = 0{,}775 = 77{,}5\ \%$

b) $P_{\overline{V}}(R) = \dfrac{P(\overline{V} \cap R)}{P(\overline{V})} = \dfrac{0{,}12}{0{,}75} = 0{,}16 = 16\ \%$

c) $P_{\overline{V}}(R)$ ist die Wahrscheinlichkeit, dass eine Tüte als zuckerreduziert gekennzeichnet ist, wenn sie nicht als vegan gekennzeichnet ist.

$1 - P_{\overline{V}}(R)$ ist die Wahrscheinlichkeit, dass eine Tüte nicht als zuckerreduziert gekennzeichnet ist, wenn sie nicht als vegan gekennzeichnet ist.

4. a) $E(X) = 0 \cdot p_0 + 1 \cdot p_1 + 2 \cdot 0{,}2 + 3 \cdot 0{,}1 = p_1 + 0{,}7$

Aus $E(X) = 1$ folgt hieraus $p_1 = 0{,}3$.

Wegen $p_0 + 0{,}3 + 0{,}2 + 0{,}1 = 1$ gilt $p_0 = 0{,}4$.

$$\begin{aligned} Var(X) &= (0-1)^2 \cdot 0{,}4 + (1-1)^2 \cdot 0{,}3 + (2-1)^2 \cdot 0{,}2 + (3-1)^2 \cdot 0{,}1 \\ &= 1 \cdot 0{,}4 + 0 \cdot 0{,}3 + 1 \cdot 0{,}2 + 4 \cdot 0{,}1 = 1 \end{aligned}$$

b) relative Standardabweichung $= \dfrac{\sqrt{Var(X)}}{E(X)}$

$$\frac{\sqrt{Var(X)}}{E(X)} = \frac{\sqrt{n}}{n} = \frac{n^{\frac{1}{2}}}{n} = n^{-\frac{1}{2}}$$

$$n^{-\frac{1}{2}} = 0{,}05 \quad \Rightarrow \quad n = 0{,}05^{-2} = 400$$

Abitur Mathematik (Bayern): Abiturprüfung 2021
Prüfungsteil B – Geometrie Aufgabengruppe 1

BE

Die Punkte A(6|0|4), B(0|6|4), C(−6|0|4) und D liegen in der Ebene E und bilden die Eckpunkte der quadratischen Grundfläche einer Pyramide ABCDS mit der Spitze S(0|0|1). A, B und S liegen in der Ebene F.

a) Zeigen Sie rechnerisch, dass das Dreieck ABS gleichschenklig ist. Geben Sie die Koordinaten des Punkts D an und beschreiben Sie die besondere Lage der Ebene E im Koordinatensystem. 4

b) Bestimmen Sie eine Gleichung der Ebene F in Koordinatenform.
[zur Kontrolle: F: $x_1 + x_2 - 2x_3 + 2 = 0$] 3

c) Berechnen Sie das Volumen V der Pyramide ABCDS.
[zur Kontrolle: $V = 72$] 2

Ein auf einer Stange montierter Brunnen besteht aus einer Marmorkugel, die in einer Bronzeschale liegt. Die Marmorkugel berührt die vier Innenwände der Bronzeschale an jeweils genau einer Stelle. Die Bronzeschale wird im Modell durch die Seitenflächen der Pyramide ABCDS beschrieben, die Marmorkugel durch eine Kugel mit Mittelpunkt M(0|0|4) und Radius r. Die x_1x_2-Ebene des Koordinatensystems stellt im Modell den horizontal verlaufenden Erdboden dar; eine Längeneinheit entspricht einem Dezimeter in der Realität.

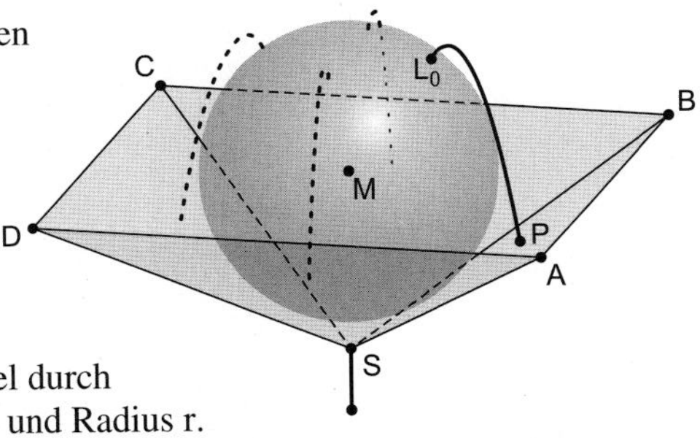

d) Ermitteln Sie den Durchmesser der Marmorkugel auf Zentimeter genau.
[zur Kontrolle: $r = \sqrt{6}$] 4

e) Weisen Sie nach, dass der höchste Punkt des Brunnens ca. 64 cm über dem Erdboden liegt. 2

Auf der Oberfläche der Marmorkugel treten an vier Stellen Wasserfontänen aus. Eine dieser Austrittsstellen wird im Modell durch den Punkt $L_0(1|1|6)$ beschrieben. Die zugehörige Fontäne wird modellhaft durch Punkte $L_t(t+1|t+1|6{,}2-5\cdot(t-0{,}2)^2)$ mit geeigneten Werten $t \in \mathbb{R}_0^+$ beschrieben.

f) Der Punkt P liegt innerhalb des Dreiecks ABS und beschreibt im Modell die Stelle, an der die Fontäne auf die Bronzeschale trifft (vgl. Abbildung). Bestimmen Sie die Koordinaten von P. 4

g) Untersuchen Sie, ob der höchste Punkt der Wasserfontäne höher liegt als der höchste Punkt des Brunnens. 2

h) Aus den vier Austrittsstellen fließen pro Sekunde insgesamt 80 $m\ell$ Wasser in die Bronzeschale. Bestimmen Sie die Zeit in Sekunden, die vergeht, bis der anfangs leere Brunnen vollständig mit Wasser gefüllt ist. 4

25

Tipps und Hinweise

Aufgabe a

- *Dreieck ABS*

Die Abbildung lässt vermuten, dass [AB] die Basis des gleichschenkligen Dreiecks ABS ist.

Berechnen Sie die Längen der Seiten [AS] und [BS].

Die Formel für die Berechnung der Länge eines Vektors finden Sie auf der Merkhilfe.

- *Punkt D*

D ist der vierte Eckpunkt des Quadrats ABCD.

Im Quadrat ABCD gilt: $\overrightarrow{AD} = \overrightarrow{BC}$ und $\overrightarrow{CD} = \overrightarrow{BA}$

- *Lage von E im KOSY*

Was haben alle vier Eckpunkte des Quadrats ABCD gemeinsam?

Vergleichen Sie die Koordinaten der vier Eckpunkte.

Bei allen Eckpunkten lautet die dritte Koordinate 4.

Welche Gleichung hat die Ebene E somit?

Welche Lage hat E daher?

Alle Ebenen der Form $x_3 = a$ verlaufen parallel zur x_1x_2-Ebene.

Aufgabe b

F ist die Ebene, in der das Dreieck ABS liegt.

Bestimmen Sie zwei Richtungsvektoren von F.

Ein Normalenvektor von F ergibt sich als Vektorprodukt der beiden Richtungsvektoren.

Die Formel für die Berechnung des Vektorprodukts finden Sie auf der Merkhilfe.

Setzen Sie den Normalenvektor und einen Aufpunkt (z. B. S) in die Normalenform der Ebene ein (siehe Merkhilfe).

Vergleichen Sie mit der Angabe.

Aufgabe c

Die Formel für die Berechnung eines Pyramidenvolumens finden Sie auf der Merkhilfe.

Die Grundfläche der Pyramide ist ein Quadrat.

Die Höhe der Pyramide ist gleich dem Abstand der Spitze S von der Grundfläche.

oder:

- Auf der Merkhilfe befindet sich auch eine Formel für eine dreiseitige Pyramide mithilfe von Skalar- und Vektorprodukt.
- Die Berechnung für eine vierseitige Pyramide ergibt sich durch Verdopplung.

Aufgabe d

- Die Marmorkugel berührt die vier Innenwände der Bronzeschale (Pyramide).
- Berührt eine Ebene E eine Kugel, so ist der Abstand des Mittelpunkts M von der Ebene gleich dem Radius r der Kugel:
  $d(M; E) = r$

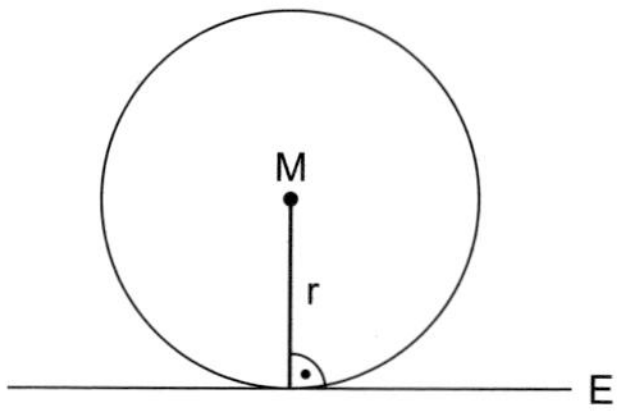

- Berechnen Sie den Abstand des Mittelpunkts M von einer der Ebenen (am leichtesten: F).
- Es gilt die Formel:

$$d(P; E) = \frac{|n_1 \cdot p_1 + n_2 \cdot p_2 + n_3 \cdot p_4 + n_0|}{\sqrt{n_1^2 + n_2^2 + n_3^2}}$$

- Setzen Sie die Koordinaten des Normalenvektors von F und des Punktes M (statt P) ein.
- Die Koordinaten des Normalenvektors von F können Sie an dem Kontrollergebnis von Teilaufgabe b ablesen.
- Gefragt ist nach dem Durchmesser. Dieser ist gleich dem doppelten Radius.
- Beachten Sie den Maßstab.
- Der Durchmesser soll auf Zentimeter genau angegeben werden.
- 1 dm = 10 cm
- Das Ergebnis muss in dm angegeben eine Kommastelle besitzen oder in cm verwandelt werden.

Aufgabe e

- Der Erdboden entspricht der x_1x_2-Ebene.
- Der höchste Punkt des Brunnens entspricht dem höchsten Punkt der Kugel.
- Die Koordinaten von M sind gegeben.
- Wie weit über M ragt die Kugel hinaus?

- Beachten Sie den Maßstab.
- Wandeln Sie in cm um.

Aufgabe f

- Ein Punkt liegt in einer Ebene, wenn er die Ebenengleichung erfüllt.
- Setzen Sie die Koordinaten von L_t in die Ebenengleichung von F ein.
- Es ergibt sich eine quadratische Gleichung für t.
- Die Lösungsformel für quadratische Gleichungen findet sich auf der Merkhilfe.
- Beachten Sie die für t zugelassenen Werte.
- Die Koordinaten von P ergeben sich durch Einsetzen von t in L_t.

Aufgabe g

- Die Höhe des höchsten Punkts des Brunnens ist aus Teilaufgabe e bekannt.
- Die dritte Koordinate von L_t gibt die Höhe der Fontäne an.
- Die dritte Koordinate von L_t ist eine Differenz.
- Beachten Sie jeweils den Maßstab.

Aufgabe h

- Das Volumen der Pyramide (Bronzeschale) wurde in Teilaufgabe c berechnet.
- Die in der Bronzeschale liegende Kugel verkleinert das für das Wasser zur Verfügung stehende Volumen.
- Welcher Teil der Kugel befindet sich vollständig in der Bronzeschale?
- Beachten Sie die Koordinaten des Kugelmittelpunkts.
- Die Formel für das Kugelvolumen findet sich auf der Merkhilfe.
- Beachten Sie den Maßstab.
- Formen Sie 80 $m\ell$ in dm^3 um.
- $1\ \ell = 1\ dm^3$ und $1\ \ell = 1\,000\ m\ell$, somit $1\ m\ell = 1\ cm^3$
- Der Quotient aus dem zur Verfügung stehenden Volumen und der pro Sekunde einfließenden Wassermenge ergibt die benötigte Zeit.

Lösungen

a) $|\overrightarrow{AS}| = \left|\begin{pmatrix}0\\0\\1\end{pmatrix} - \begin{pmatrix}6\\0\\4\end{pmatrix}\right| = \left|\begin{pmatrix}-6\\0\\-3\end{pmatrix}\right| = \sqrt{(-6)^2+0^2+(-3)^2} = \sqrt{45}$

$|\overrightarrow{BS}| = \left|\begin{pmatrix}0\\0\\1\end{pmatrix} - \begin{pmatrix}0\\6\\4\end{pmatrix}\right| = \left|\begin{pmatrix}0\\-6\\-3\end{pmatrix}\right| = \sqrt{0^2+(-6)^2+(-3)^2} = \sqrt{45}$

Das Dreieck ABS ist gleichschenklig mit der Basis [AB].

$\vec{D} = \vec{A} + \overrightarrow{BC} = \begin{pmatrix}6\\0\\4\end{pmatrix} + \left[\begin{pmatrix}-6\\0\\4\end{pmatrix} - \begin{pmatrix}0\\6\\4\end{pmatrix}\right] = \begin{pmatrix}0\\-6\\4\end{pmatrix}$ $\qquad D(0|-6|4)$

oder:

$\vec{D} = \vec{C} + \overrightarrow{BA} = \begin{pmatrix}-6\\0\\4\end{pmatrix} + \left[\begin{pmatrix}6\\0\\4\end{pmatrix} - \begin{pmatrix}0\\6\\4\end{pmatrix}\right] = \begin{pmatrix}0\\-6\\4\end{pmatrix}$ $\qquad D(0|-6|4)$

Alle vier Eckpunkte der Grundfläche haben die x_3-Koordinate 4, somit hat E die Gleichung $x_3 = 4$ und verläuft parallel zur x_1x_2-Ebene.

b) $\vec{n}_F = \overrightarrow{AS} \times \overrightarrow{BS} = \begin{pmatrix}-6\\0\\-3\end{pmatrix} \times \begin{pmatrix}0\\-6\\-3\end{pmatrix} = \begin{pmatrix}0-18\\0-18\\36-0\end{pmatrix} = -18 \cdot \begin{pmatrix}1\\1\\-2\end{pmatrix}$

F: $\begin{pmatrix}1\\1\\-2\end{pmatrix} \circ \left[\vec{X} - \begin{pmatrix}0\\0\\1\end{pmatrix}\right] = 0$

$x_1 + x_2 - 2x_3 + 2 = 0$

c) Die Pyramide hat eine quadratische Grundfläche, die parallel zur x_1x_2-Ebene in der Höhe 4 verläuft. Der Abstand der Spitze $S(0|0|1)$ von dieser Grundfläche beträgt daher $4 - 1 = 3$.

$V = \frac{1}{3} \cdot G \cdot h = \frac{1}{3} \cdot |\overrightarrow{AB}|^2 \cdot 3 = |\overrightarrow{AB}|^2$

$= \left|\begin{pmatrix}0\\6\\4\end{pmatrix} - \begin{pmatrix}6\\0\\4\end{pmatrix}\right|^2 = \left|\begin{pmatrix}-6\\6\\0\end{pmatrix}\right|^2 = \left(\sqrt{(-6)^2+6^2+0^2}\right)^2 = 36+36+0 = 72$

oder:

Hinweis: Diese Alternative ist hier sehr viel aufwendiger!

$$V = \frac{1}{3} \cdot |\overrightarrow{AB} \circ (\overrightarrow{AD} \times \overrightarrow{AS})| = \frac{1}{3} \cdot \left| \left(\begin{pmatrix} 0 \\ 6 \\ 4 \end{pmatrix} - \begin{pmatrix} 6 \\ 0 \\ 4 \end{pmatrix} \right) \circ \left[\left(\begin{pmatrix} 0 \\ -6 \\ 4 \end{pmatrix} - \begin{pmatrix} 6 \\ 0 \\ 4 \end{pmatrix} \right) \times \begin{pmatrix} -6 \\ 0 \\ -3 \end{pmatrix} \right] \right|$$

$$= \frac{1}{3} \cdot \left| \begin{pmatrix} -6 \\ 6 \\ 0 \end{pmatrix} \circ \left[\begin{pmatrix} -6 \\ -6 \\ 0 \end{pmatrix} \times \begin{pmatrix} -6 \\ 0 \\ -3 \end{pmatrix} \right] \right| = \frac{1}{3} \cdot \left| \begin{pmatrix} -6 \\ 6 \\ 0 \end{pmatrix} \circ \begin{pmatrix} 18-0 \\ 0-18 \\ 0-36 \end{pmatrix} \right|$$

$$= \frac{1}{3} \cdot \left| \begin{pmatrix} -6 \\ 6 \\ 0 \end{pmatrix} \circ \begin{pmatrix} 18 \\ -18 \\ -36 \end{pmatrix} \right| = \frac{1}{3} \cdot |-108 - 108 + 0| = 72$$

d) Da die Marmorkugel alle vier Innenwände berührt, ist der Abstand des Mittelpunkts von einer der Innenwände (am leichtesten F) gleich dem Radius.

$$r = d(M; F) = \frac{|1 \cdot 0 + 1 \cdot 0 - 2 \cdot 4 + 2|}{\sqrt{1^2 + 1^2 + (-2)^2}} = \frac{|-6|}{\sqrt{6}} = \frac{6}{\sqrt{6}} = \frac{6 \cdot \sqrt{6}}{\sqrt{6} \cdot \sqrt{6}} = \sqrt{6}$$

$\text{Durchmesser} = 2r \approx 4{,}899$

Wegen des gegebenen Maßstabs hat die Kugel einen Durchmesser von ca. 4,899 dm.

Auf Zentimeter gerundet ergibt sich: $\text{Durchmesser} \approx 4{,}9 \text{ dm} = 49 \text{ cm}$

e) Höhe über dem Erdboden = Höhe über der x_1x_2-Ebene $= \overline{OM} + r = 4 + \sqrt{6} \approx 6{,}449$

Der höchste Punkt des Brunnens befindet sich ca. 6,4 dm = 64 cm über dem Erdboden.

f) Der Punkt P liegt in der Ebene F, wenn:

$$\begin{aligned} (t+1) + (t+1) - 2 \cdot (6{,}2 - 5 \cdot (t - 0{,}2)^2) + 2 &= 0 \\ t + 1 + t + 1 - 12{,}4 + 10 \cdot (t^2 - 0{,}4t + 0{,}04) + 2 &= 0 \\ 2t - 8{,}4 + 10t^2 - 4t + 0{,}4 &= 0 \\ 10t^2 - 2t - 8 &= 0 \\ 5t^2 - t - 4 &= 0 \end{aligned}$$

$$t_{1/2} = \frac{1 \pm \sqrt{1 - 4 \cdot 5 \cdot (-4)}}{2 \cdot 5} = \frac{1 \pm 9}{10}$$

$t_1 = 1$

$t_2 = -0{,}8$ wegen $t \in \mathbb{R}_0^+$ auszuschließen

$P(1+1 \,|\, 1+1 \,|\, 6{,}2 - 5 \cdot 0{,}8^2) \Rightarrow P(2 \,|\, 2 \,|\, 3)$

g) Höchster Punkt des Brunnens:
ca. 6,4 dm über dem Erdboden (siehe Teilaufgabe e)

Höchster Punkt der Fontäne
$\le 6{,}2$ dm (denn für die x_3-Koordinate von L_t gilt: $6{,}2 - 5 \cdot (t - 0{,}2)^2 \le 6{,}2$)

Der höchste Punkt der Fontäne liegt also niedriger als der höchste Punkt des Brunnens.

h) Da der Kugelmittelpunkt M ebenfalls die x_3-Koordinate 4 hat (also der Ebene von A, B, C und D angehört), liegt nur die halbe Kugel in der Bronzeschale, muss also vom Pyramidenvolumen (siehe Teilaufgabe c) subtrahiert werden, um das Wasservolumen zu erhalten, das der Brunnen fasst.

Wasservolumen: $72\,\text{dm}^3 - \frac{1}{2} \cdot \frac{4}{3}\pi \cdot \sqrt{6}^3\,\text{dm}^3 = \left(72 - \frac{2}{3}\pi \cdot \sqrt{6}^3\right)\text{dm}^3$

Zufluss: 80 $m\ell$ pro Sekunde = 80 cm^3 pro Sekunde = 0,08 dm^3 pro Sekunde

Zeit bis zur vollständigen Füllung mit Wasser:

$$t = \frac{\left(72 - \frac{2}{3}\pi \cdot \sqrt{6}^3\right)\text{dm}^3}{0{,}08\,\frac{\text{dm}^3}{\text{sec}}} \approx 515{,}2\text{ sec}$$

BE

Der in Abbildung 1 dargestellte Körper wird begrenzt von der quadratischen Grundfläche ABCD mit $A(5\,|\,5\,|\,0)$, $B(-5\,|\,5\,|\,0)$, $C(-5\,|\,-5\,|\,0)$ und $D(5\,|\,-5\,|\,0)$, acht dreieckigen Seitenflächen und einem weiteren Quadrat EFGH mit $E(2\,|\,0\,|\,4)$, $F(0\,|\,2\,|\,4)$, $G(-2\,|\,0\,|\,4)$ und $H(0\,|\,-2\,|\,4)$.

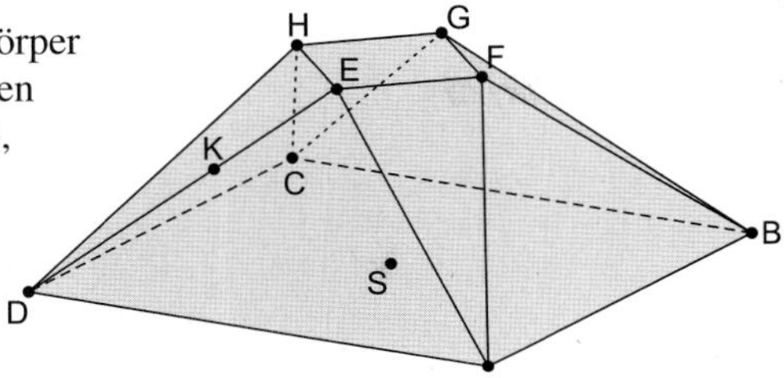

Abb. 1

Der Mittelpunkt S des Quadrats ABCD ist der Ursprung des Koordinatensystems und der gesamte Körper ist symmetrisch sowohl bezüglich der x_1x_3-Ebene als auch bezüglich der x_2x_3-Ebene.

a) Zeigen Sie, dass das Dreieck ABF bei F rechtwinklig ist. 2

b) Das Dreieck ABF liegt in der Ebene W. Ermitteln Sie eine Gleichung von W in Koordinatenform und beschreiben Sie die besondere Lage von W im Koordinatensystem.
[zur Kontrolle: W: $4x_2 + 3x_3 - 20 = 0$] 4

c) Berechnen Sie die Größe des spitzen Winkels, den die Seitenfläche ABF und die Grundfläche ABCD einschließen. 3

Auf der Strecke [DE] gibt es einen Punkt K, für den $\overline{KE} = \overline{EF}$ gilt.

d) Bestimmen Sie die Koordinaten von K. 4

e) $N(1{,}6\,|\,0\,|\,3{,}2)$ ist der Mittelpunkt der Strecke [KF]. Begründen Sie, dass die Gerade EN den Innenwinkel des Dreiecks DFE bei E halbiert, und weisen Sie rechnerisch nach, dass S auf der Geraden EN liegt. 4

f) Der Körper kann in neun Pyramiden zerlegt werden, von denen jede kongruent zu genau einer der drei Pyramiden ABFS, HDES bzw. EFGHS ist (vgl. Abbildung 2). Die Pyramide ABFS hat das Volumen $33\frac{1}{3}$ und die Pyramide HDES hat das Volumen $13\frac{1}{3}$. Bestimmen Sie das Volumen des gesamten Körpers. 4

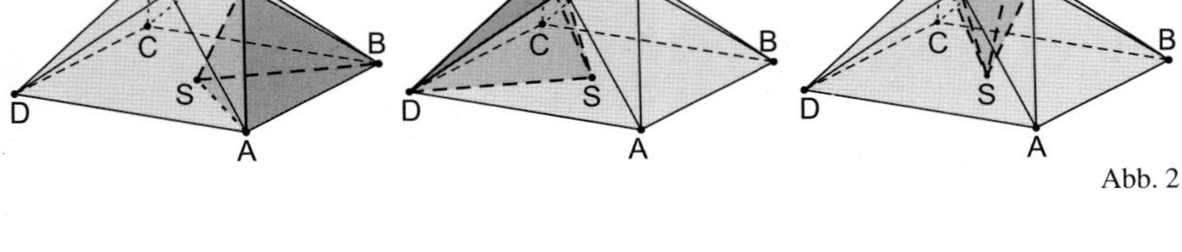

Abb. 2

g) Es gibt genau eine Kugel, auf der alle acht Eckpunkte des Körpers liegen. Ermitteln Sie die Koordinaten des Mittelpunkts dieser Kugel. 4

25

Tipps und Hinweise

Aufgabe a

Der rechte Winkel bei F wird von den Seiten [AF] und [BF] eingeschlossen.

Zwei Vektoren stehen aufeinander senkrecht, wenn ihr Skalarprodukt null ergibt.

$\vec{a} \perp \vec{b} \quad \Leftrightarrow \quad \vec{a} \circ \vec{b} = 0$

Die Formel für das Skalarprodukt steht auf der Merkhilfe.

Aufgabe b

- *Normalengleichung von W*

Bestimmen Sie zwei Richtungsvektoren von W.

Ein Normalenvektor von W ergibt sich als Vektorprodukt der beiden Richtungsvektoren.

Die Formel für die Berechnung des Vektorprodukts finden Sie auf der Merkhilfe.

Setzen Sie den Normalenvektor und einen Aufpunkt (z. B. A) in die Normalenform der Ebene ein (siehe Merkhilfe).

Vergleichen Sie mit der Angabe.

- *Lage von W*

Welche Besonderheit hat der Normalenvektor von W?

Welche x-Koordinate lässt sich in der Normalenform von W beliebig verändern?

Zu welcher Koordinatenachse ist W parallel?

Aufgabe c

Der gesuchte Winkel ist ein Winkel zwischen zwei Ebenen.

Der Winkel, den zwei Ebenen einschließen, ist gleich dem Winkel, den ihre Normalenvektoren einschließen.

Betrachten Sie die Koordinaten der Punkte A, B, C und D, die in der Grundfläche liegen.

Die Punkte A, B, C und D haben alle als dritte Koordinate 0.

In welcher Ebene liegen damit A, B, C und D?

Wie lautet ein Normalenvektor der x_1x_2-Ebene?

Die Formel für die Berechnung des Winkels zwischen zwei Vektoren findet sich auf der Merkhilfe.

Ein Absolutbetrag im Zähler der Formel liefert immer einen spitzen Winkel.

Aufgabe d

Die Angabe nennt zwei Bedingungen für K.

Die Bedingung $\overline{KE} = \overline{EF}$ besagt, dass $|\overrightarrow{KE}| = |\overrightarrow{EF}|$ gelten muss.

Die Formel zur Berechnung der Länge eines Vektors finden Sie auf der Merkhilfe.

Die Länge von $\overrightarrow{KE}$ ist abhängig von den Koordinaten k_1, k_2 und k_3 von K.

K soll auf [DE] liegen (Bedingung 2), erfüllt also die Gleichung der Geraden durch D und E.

Stellen Sie eine Gleichung der Geraden durch D und E auf.

Setzen Sie in Bedingung 1 statt k_1, k_2 und k_3 die entsprechenden Zeilen (jeweils mit dem Parameter λ) der Geradengleichung DE ein.

Es ergibt sich eine quadratische Gleichung für λ (beim Ausmultiplizieren die binomischen Formeln beachten).

Die Lösungsformel für quadratische Gleichungen steht auf der Merkhilfe.

Da K auf der Kante [DE] liegen soll, muss $0 \leq \lambda \leq 1$ gelten.

Einsetzen von $\lambda = 0{,}6$ in die Geradengleichung DE liefert die Koordinaten von K.

oder:

Man erhält die Koordinaten von K mithilfe einer Vektorkette vom Ursprung über E nach K.

Der Vektor $\overrightarrow{EK}$ ergibt sich als Vielfaches des Einheitsvektors $\overrightarrow{ED}^0$.

Die Berechnung des Einheitsvektors entnimmt man der Merkhilfe.

Der Vektor $\overrightarrow{EK}$ ist das $|\overrightarrow{EF}|$-Fache des Einheitsvektors $\overrightarrow{ED}^0$.

Aufgabe e

- *Winkelhalbierende*

Der Winkel bei E im Dreieck DFE ist identisch mit dem Winkel bei E im Dreieck KFE.

Das Dreieck KFE ist gleichschenklig mit der Basis [KF] (siehe Teilaufgabe d).

Welche Eigenschaft hat die Gerade durch E und N im Dreieck KFE?

Da N der Mittelpunkt von [KF] ist, ist EN die Symmetrieachse des Dreiecks KFE.

Die Symmetrieachse eines gleichschenkligen Dreiecks halbiert den Winkel, der der Basis gegenüber liegt.

- *S auf EN*

Die Punkte S, E und N liegen auf einer Geraden, wenn die Vektoren $\overrightarrow{EN}$ und $\overrightarrow{ES}$ parallel sind.

Zwei Vektoren sind parallel, wenn sie Vielfache voneinander sind.

Aufgabe f

- *Volumen der Pyramide EFGHS*

Berechnen Sie das Volumen der Pyramide EFGHS.

Die Formel für die Berechnung eines Pyramidenvolumens finden Sie auf der Merkhilfe.

Die Grundfläche der Pyramide ist ein Quadrat.

Die Höhe der Pyramide ist gleich dem Abstand der Spitze S von der Grundfläche.

Die Grundfläche EFGH liegt in der Ebene $x_3 = 4$, die Spitze S im Ursprung.

oder:

Auf der Merkhilfe befindet sich auch eine Formel für eine dreiseitige Pyramide mithilfe von Skalar- und Vektorprodukt.

Die Berechnung für eine vierseitige Pyramide ergibt sich durch Verdopplung.

- *Volumen des Gesamtkörpers*

Der gegebene Körper lässt sich zerlegen in:
vier Pyramiden, die kongruent zu ABFS sind (Spitzen in F, G, H und E);
vier Pyramiden, die kongruent zu HDES sind (obere Kante [EF], [FG], [GH], [HE]);
eine Pyramide EFGHS

Aufgabe g

Gemäß der Angabe ganz oben ist der Körper symmetrisch sowohl bezüglich der x_1x_3-Ebene als auch bezüglich der x_2x_3-Ebene.

Welche Koordinatenachse gehört beiden Symmetrieebenen an?

Auf welcher Koordinatenachse muss sich der Kugelmittelpunkt M befinden?

Welche Koordinaten aller Punkte auf der x_3-Achse haben den Wert null?

Die Kugel soll durch alle Eckpunkte des Körpers verlaufen.

Alle Punkte auf einer Kugel sind vom Kugelmittelpunkt gleich weit entfernt.

Aufgrund der Symmetrien haben alle Punkte der Grundfläche die gleiche Entfernung e_1 zu einem festen Punkt auf der x_3-Achse und alle Punkte der Deckfläche ebenso die gleiche Entfernung e_2 von diesem Punkt.

Die Kugel verläuft nur dann durch alle acht Eckpunkte, wenn die Entfernung von M zu einem Punkt der Grundfläche genauso groß ist wie die Entfernung von M zu einem Punkt der Deckfläche.

Lösen Sie die Gleichung $|\overrightarrow{MA}| = |\overrightarrow{ME}|$.

Die Formel zur Berechnung der Länge eines Vektors finden Sie auf der Merkhilfe.

Lösungen

a) $\overrightarrow{AF} = \begin{pmatrix}0\\2\\4\end{pmatrix} - \begin{pmatrix}5\\5\\0\end{pmatrix} = \begin{pmatrix}-5\\-3\\4\end{pmatrix}$ $\qquad$ $\overrightarrow{BF} = \begin{pmatrix}0\\2\\4\end{pmatrix} - \begin{pmatrix}-5\\5\\0\end{pmatrix} = \begin{pmatrix}5\\-3\\4\end{pmatrix}$

$$\overrightarrow{AF} \circ \overrightarrow{BF} = \begin{pmatrix}-5\\-3\\4\end{pmatrix} \circ \begin{pmatrix}5\\-3\\4\end{pmatrix} = -25+9+16 = 0$$

Das Dreieck ABF ist bei F rechtwinklig.

b) $\vec{n}_W = \overrightarrow{AF} \times \overrightarrow{BF} = \begin{pmatrix}-5\\-3\\4\end{pmatrix} \times \begin{pmatrix}5\\-3\\4\end{pmatrix} = \begin{pmatrix}-12+12\\20+20\\15+15\end{pmatrix} = \begin{pmatrix}0\\40\\30\end{pmatrix} = 10 \cdot \begin{pmatrix}0\\4\\3\end{pmatrix}$

W: $\begin{pmatrix}0\\4\\3\end{pmatrix} \circ \left[\vec{X} - \begin{pmatrix}5\\5\\0\end{pmatrix}\right] = 0$

$$4x_2 + 3x_3 - (0+20+0) = 0$$

$$4x_2 + 3x_3 - 20 = 0$$

W verläuft parallel zur x_1-Achse.

c) Da A, B, C und D als dritte Koordinate null haben, liegen A, B, C und D in der x_1x_2-Ebene.

Gesucht ist also der Winkel α zwischen dem Normalenvektor von W und dem Normalenvektor der x_1x_2-Ebene (es soll sich ein spitzer Winkel ergeben).

$$\cos\alpha = \frac{\left|\begin{pmatrix}0\\4\\3\end{pmatrix} \circ \begin{pmatrix}0\\0\\1\end{pmatrix}\right|}{\sqrt{0^2+4^2+3^2} \cdot \sqrt{0^2+0^2+1^2}} = \frac{3}{5} \quad \Rightarrow \quad \alpha \approx 53{,}13°$$

d) Es soll gelten: (1) $\overline{KE} = \overline{EF}$ und (2) $K \in [DE]$

(1) $\overline{KE} = \overline{EF}$

$$|\overrightarrow{KE}| = |\overrightarrow{EF}|$$

$$\left|\begin{pmatrix}2\\0\\4\end{pmatrix} - \begin{pmatrix}k_1\\k_2\\k_3\end{pmatrix}\right| = \left|\begin{pmatrix}0\\2\\4\end{pmatrix} - \begin{pmatrix}2\\0\\4\end{pmatrix}\right|$$

$$\left|\begin{pmatrix}2-k_1\\-k_2\\4-k_3\end{pmatrix}\right| = \left|\begin{pmatrix}-2\\2\\0\end{pmatrix}\right|$$

(2) [DE] und damit auch der Punkt K liegen auf der Geraden durch D und E:

$$\vec{X} = \begin{pmatrix} 5 \\ -5 \\ 0 \end{pmatrix} + \lambda \cdot \left[\begin{pmatrix} 2 \\ 0 \\ 4 \end{pmatrix} - \begin{pmatrix} 5 \\ -5 \\ 0 \end{pmatrix} \right]$$

Also gilt für K:

$$\begin{pmatrix} k_1 \\ k_2 \\ k_3 \end{pmatrix} = \begin{pmatrix} 5 \\ -5 \\ 0 \end{pmatrix} + \lambda \cdot \begin{pmatrix} -3 \\ 5 \\ 4 \end{pmatrix}$$

(2) eingesetzt in (1) ergibt:

$$\left| \begin{pmatrix} 2-(5-3\lambda) \\ -(-5+5\lambda) \\ 4-(0+4\lambda) \end{pmatrix} \right| = \left| \begin{pmatrix} -2 \\ 2 \\ 0 \end{pmatrix} \right|$$

$$\left| \begin{pmatrix} -3+3\lambda \\ 5-5\lambda \\ 4-4\lambda \end{pmatrix} \right| = \left| \begin{pmatrix} -2 \\ 2 \\ 0 \end{pmatrix} \right|$$

$$\sqrt{(-3+3\lambda)^2+(5-5\lambda)^2+(4-4\lambda)^2} = \sqrt{(-2)^2+2^2+0^2}$$

$$(9-18\lambda+9\lambda^2)+(25-50\lambda+25\lambda^2)+(16-32\lambda+16\lambda^2) = 8$$

$$50\lambda^2-100\lambda+50 = 8$$

$$50\lambda^2-100\lambda+42 = 0$$

$$\lambda_{1/2} = \frac{100 \pm \sqrt{10\,000-4\cdot 50\cdot 42}}{2\cdot 50} = \frac{100\pm 40}{100} \;\Rightarrow\; \lambda_1 = 1{,}4;\;\; \lambda_2 = 0{,}6$$

Wegen $K \in [DE]$ muss $0 \le \lambda \le 1$ gelten. Somit:

$$\begin{pmatrix} k_1 \\ k_2 \\ k_3 \end{pmatrix} = \begin{pmatrix} 5 \\ -5 \\ 0 \end{pmatrix} + 0{,}6 \cdot \begin{pmatrix} -3 \\ 5 \\ 4 \end{pmatrix} = \begin{pmatrix} 3{,}2 \\ -2 \\ 2{,}4 \end{pmatrix} \qquad K(3{,}2 \,|\, -2 \,|\, 2{,}4)$$

oder:

$$\vec{K} = \vec{E} + \overrightarrow{EK} = \vec{E} + |\overrightarrow{EF}| \cdot \overrightarrow{ED}^{\,0} = \vec{E} + |\overrightarrow{EF}| \cdot \frac{\overrightarrow{ED}}{|\overrightarrow{ED}|}$$

Mit $|\overrightarrow{EF}| = \left| \begin{pmatrix} 0 \\ 2 \\ 4 \end{pmatrix} - \begin{pmatrix} 2 \\ 0 \\ 4 \end{pmatrix} \right| = \left| \begin{pmatrix} -2 \\ 2 \\ 0 \end{pmatrix} \right| = \sqrt{(-2)^2+2^2+0^2} = \sqrt{8}$

und $|\overrightarrow{ED}| = \left| \begin{pmatrix} 5 \\ -5 \\ 0 \end{pmatrix} - \begin{pmatrix} 2 \\ 0 \\ 4 \end{pmatrix} \right| = \left| \begin{pmatrix} 3 \\ -5 \\ -4 \end{pmatrix} \right| = \sqrt{3^2+(-5)^2+(-4)^2} = \sqrt{50}$

ergibt sich:

$$\vec{K} = \vec{E} + \overrightarrow{EK} = \vec{E} + |\overrightarrow{EF}| \cdot \overrightarrow{ED}^{\,0}$$

$$= \vec{E} + |\overrightarrow{EF}| \cdot \frac{\overrightarrow{ED}}{|\overrightarrow{ED}|} = \begin{pmatrix} 2 \\ 0 \\ 4 \end{pmatrix} + \sqrt{8} \cdot \frac{1}{\sqrt{50}} \begin{pmatrix} 3 \\ -5 \\ -4 \end{pmatrix} = \begin{pmatrix} 2 \\ 0 \\ 4 \end{pmatrix} + 0{,}4 \cdot \begin{pmatrix} 3 \\ -5 \\ -4 \end{pmatrix} = \begin{pmatrix} 3{,}2 \\ -2 \\ 2{,}4 \end{pmatrix}$$

K(3,2 | –2 | 2,4)

e) Wegen $\overline{KE} = \overline{EF}$ ist das Dreieck KFE gleichschenklig mit der Basis [KF]. Da N der Mittelpunkt der Basis ist, ist die Gerade EN Symmetrieachse des Dreiecks KFE und halbiert somit den Winkel KEF und damit auch den identischen Winkel DEF.

$$\overrightarrow{EN} = \begin{pmatrix} 1{,}6 \\ 0 \\ 3{,}2 \end{pmatrix} - \begin{pmatrix} 2 \\ 0 \\ 4 \end{pmatrix} = \begin{pmatrix} -0{,}4 \\ 0 \\ -0{,}8 \end{pmatrix} \qquad \overrightarrow{ES} = \begin{pmatrix} 0 \\ 0 \\ 0 \end{pmatrix} - \begin{pmatrix} 2 \\ 0 \\ 4 \end{pmatrix} = \begin{pmatrix} -2 \\ 0 \\ -4 \end{pmatrix}$$

Wegen $\overrightarrow{ES} = 5 \cdot \overrightarrow{EN}$ liegen E, S und N auf einer Geraden.

f) Die Pyramide EFGHS hat die quadratische Grundfläche EFGH, die parallel zur x_1x_2-Ebene in der Ebene $x_3 = 4$ liegt (die Punkte E, F, G und H haben jeweils die x_3-Koordinate 4), und die Spitze S im Ursprung.

$$V_{EFGHS} = \frac{1}{3} \cdot G \cdot h = \frac{1}{3} \cdot |\overrightarrow{EF}|^2 \cdot 4 = \frac{1}{3} \cdot \sqrt{8}^2 \cdot 4 = \frac{4}{3} \cdot 8 = \frac{32}{3} = 10\frac{2}{3}$$

oder:

Hinweis: Diese Alternative ist hier sehr viel aufwendiger!

$$V_{EFGHS} = \frac{1}{3} |\overrightarrow{EH} \circ (\overrightarrow{EF} \times \overrightarrow{ES})| = \frac{1}{3} \cdot \left| \left(\begin{pmatrix} 0 \\ -2 \\ 4 \end{pmatrix} - \begin{pmatrix} 2 \\ 0 \\ 4 \end{pmatrix} \right) \circ \left[\begin{pmatrix} -2 \\ 2 \\ 0 \end{pmatrix} \times \begin{pmatrix} -2 \\ 0 \\ -4 \end{pmatrix} \right] \right|$$

$$= \frac{1}{3} \cdot \left| \begin{pmatrix} -2 \\ -2 \\ 0 \end{pmatrix} \circ \begin{pmatrix} -8-0 \\ 0-8 \\ 0+4 \end{pmatrix} \right| = \frac{1}{3} \cdot (16+16+0) = \frac{32}{3} = 10\frac{2}{3}$$

$$V_{gesamt} = 4 \cdot 33\frac{1}{3} + 4 \cdot 13\frac{1}{3} + 10\frac{2}{3} = 197\frac{1}{3}$$

g) Da der Körper sowohl zur x_1x_3-Ebene als auch zur x_2x_3-Ebene symmetrisch ist, muss der Kugelmittelpunkt M auf der x_3-Achse liegen, also $M(0|0|m)$. Außerdem muss M von jedem Eckpunkt des Grundquadrats dieselbe Entfernung besitzen wie von jedem Eckpunkt des Deckquadrats.

$$|\overrightarrow{MA}| = |\overrightarrow{ME}|$$

$$\left| \begin{pmatrix} 5 \\ 5 \\ 0 \end{pmatrix} - \begin{pmatrix} 0 \\ 0 \\ m \end{pmatrix} \right| = \left| \begin{pmatrix} 2 \\ 0 \\ 4 \end{pmatrix} - \begin{pmatrix} 0 \\ 0 \\ m \end{pmatrix} \right|$$

$$\sqrt{5^2 + 5^2 + (-m)^2} = \sqrt{2^2 + 0^2 + (4-m)^2}$$

$$50 + m^2 = 4 + 16 - 8m + m^2$$

$$30 = -8m$$

$$m = -3{,}75$$

Anmerkung: Der Kugelmittelpunkt $M(0|0|-3{,}75)$ liegt unterhalb des Grundquadrats ABCD.

Abitur Mathematik (Bayern)
Abiturprüfung 2022

Um Ihnen die Prüfung 2022 schnellstmöglich zur Verfügung stellen zu können, bringen wir sie in digitaler Form heraus.

Sobald die Original-Prüfungsaufgaben 2022 freigegeben sind, können sie als PDF auf der Plattform **MyStark** heruntergeladen werden (Zugangscode vgl. Farbseiten vorne im Buch).

Prüfung 2022

www.stark-verlag.de/mystark